ライブラリ　例題から展開する大学数学＝別巻❶

例題から展開する
線形代数演習

海老原 円 著

サイエンス社

サイエンス社のホームページのご案内
http://www.saiensu.co.jp
ご意見・ご要望は　rikei@saiensu.co.jp　まで.

まえがき

本書は，ライブラリ『例題から展開する大学数学』の別巻として位置づけられた線形代数の演習書である．このライブラリにはすでに『例題から展開する線形代数』が刊行されており，本書はそれを補充するものである．

ところで，『例題から展開する線形代数』の「まえがき」には，線形代数とは何か，ということについて，次のような説明がなされている．

線形代数とは何だろう？　ひと言でいえば，1次式を扱う数学である．

線形代数の性格は，このひと言に集約されるといってよいが，そうはいっても，その内容は多岐にわたる．行列，ベクトル，連立1次方程式，内積，ノルム，行列式，線形空間，線形写像，基底，次元，正規直交基底，行列の対角化，2次形式，…．キーワードを並べたてるだけでも，学ぶべきことがらの多さがみてとれる．

「1次式」という素朴なテーマから派生するこれらの多彩な概念を理解し，自分のものにするためには，ある程度まとまった問題演習が不可欠である．本書はそのためのものである．ただし，本書は『例題から展開する線形代数』に完全に準拠してはおらず，独自の構成を持っている．効果的な問題演習をめざす演習書には，それなりの構成があってしかるべきであると考えるからである．

それでは，効果的な問題演習とは，どのようなものだろうか？

うろ覚えの話で恐縮であるが，こんな話を聞いたことがある．率いるチームを何度も優勝に導いたプロ野球の名監督が，そのチームの監督を退いたのち，別のあるチームのキャンプを視察したときの話である．そのキャンプでは，連日，非常に厳しい守備練習が行われていた．コーチがバットで打ち出したボールが猛烈な勢いで転がっていく．それを選手が捕球する練習——いわゆるノックである．選手は泥だらけになってボールを追いかけるが，前後左右に振り回されて，ふらふらの状態である．しかし，コーチは選手が立ち上がる間も与えず，右に左にボールを打ち分けるのであった．

「どうです？　わがチームはこんなに厳しい練習を日々くり返しているんです．」

名監督を案内していたそのチームの関係者が胸を張った．しかし，名監督はその案内人に軽蔑のまなざしを向け，静かに言い放った．

「こんな練習をいくら続けても，守備はちっともうまくなりませんよ．」

心外に思った案内人が理由をたずねたところ，名監督は次のように説明した．

「捕れないところにばかりノックしていると，選手は捕るふりをしたり，ボールを追いかけるふりをしたりすることばかり上手になる．その結果，捕球動作の基本が全く身につかず，小手先でごまかすことだけに専念するようになる．それでは守備はうまくならないのです．」

「…それならば，どのようなノックをすればよいのですか？」

「選手の**正面に強めのボール**を打つんです．そしてそれを何度もくり返すんです．」

その言葉の真意をはかりかねた案内人に対して，名監督は次のように説明した．

「正面へのノックをくり返すことによって，選手は**ボールをこわがらなくなる**．ボールから逃げることができないので，**ボールをよく見るようになる**んです．正面のボールは，基本に忠実な動作をしないとうまく捕球できないので，自然に**基本が身につく**のです．基本を身につけてしまえば，左右のボールへの対処は，その応用に過ぎません．もちろん，ある程度のトレーニングが前提ですが，基本ができていれば，応用はすぐにできるようになるものですよ．**基本を身につけてこその応用**です．基本をないがしろにして応用ばかりに気を取られていると，実は，その『応用』すらおぼつかなくなるのです．」

…うろ覚えの話であるので，不正確なところがあるかもしれない．

演習問題の良し悪しは，結局，その問題が**正面を突いているかどうか**にかかっているように思われる．それは難易度とは無関係である．基本問題が易しい問題であるとは限らず，難しい問題が良問であるともいえない．正面に飛んでくるボールの捕球がけっして簡単ではないのと同様に，本当の意味での基本問題は，解答者が否応なく取り組まなければならない「芯」のようなもの，ごまかしを許さない頑強さのようなものを含んでいることが多い．また，難問を数多くこなしたつもりであっても，結局，それは物事の本質から逃げ続けたに過ぎず，大切なところの理解がなされなかった，という事態もしばしば引き起こされる．

そういうわけで，本書では，読者の真正面に向かう演習問題を意識的に選んだつもりである．読者はそれを**よく見て，こわがらずに正面で受け止めて**ほしい．真正面から向かってくる演習問題を解くには，結局，その問題の内容をきちんと理解することが求められる．そのような問題演習を続けていけば，着実に**基本が身につけられる**．そして，**基本をしっかり身につけてこそ，応用問題にも対処できる**ようになるのである．

最後になってしまったが，サイエンス社の編集部の方々にはたいへんお世話になったことを申し添えておく．編集部の方々からは，全体の構成から細かい字句にいたるまで，非常に貴重なアドバイスを多数いただいた．そのおかげで何とかこうして脱稿の日を迎えている．心より感謝申し上げる次第である．

2016 年秋

著者

目　　次

例題・問題の構成と利用について

導入 例題　演習問題を解くことを運動にたとえるなら，導入例題は「ウォーミングアップ」である．本格的な問題演習に入る前に，この導入例題によって，前提となる知識を整理し，考え方のヒントをつかんでおこう．野球のバッターは，打席に入る前に素振りをして，動きのイメージを体の中によび起こす．読者のみなさんは，導入例題を解くという「素振り」によって，知らず知らずのうちに，これから取り組むべき問題に対する準備をととのえているのである．

確認 例題　なぜ問題を解くのか？　もちろん，「そこに問題があるから」という答えもあり得るだろう．それならば，「なぜ，そこにその問題があるのか」と考えてみよう．それは，適切なタイミングで適切な問題を解くことによって，読者のみなさんが基礎をしっかりと確実に身につけることができるからである．確認例題には，本質的な理解を助けるためのエッセンスが凝縮している．確認例題をすべて解けば，学ぶべき内容の概要をマスターしたといってよい．

基本 例題　問題を解くことの効用はさまざまである．問題演習を通じて，たとえば，今まで習ったことを発展させたり，少し角度を変えて検討したりすることができる．そのような役割を担うのが基本例題である．観光にたとえるならば，「少し足をのばして，周辺の様子をあちこち見てまわる」という感覚に近い．基本例題を読者のみなさんが自分自身で考えることにより，視野が広がり，理解が立体的になる．こうして，「学んだ知識」が「使える知識」へと変貌するのである．

基本問題　基本例題で視野を広げたら，今度は，やや長めの旅に出てみよう．新しい土地の見慣れぬ風景にとまどうかもしれない．だが，こわがることはない．すでに読者のみなさんは，内容の概要をマスターし，使える知識を身につけている．それらを総動員して，基本問題に取り組んでみよう．そのとき，読者のみなさんは，確実に力をつけた自分自身を発見するだろう．基本問題を解くという冒険を終えたとき，読者のみなさんの足腰は，以前にもまして強くなっているだろう．

総合問題　しっかりとした土台を築いたあとは，最終的な総仕上げとして，総合問題にチャレンジしていただこう．1冊の本は，通常，いくつかの章に分かれており，章ごとに，それぞれテーマを持っている．ところが，当然のことながら，そのような枠におさまりきらないような演習問題も存在する．それが総合問題である．いままでに身につけた基礎力を駆使して総合問題に取り組むことにより，読者のみなさんは，真の総合力を手に入れることができるのである．

第1章 ベクトルと行列

1.1 ベクトルと行列の定義

● **ベクトル** ●　n 個の数をたてに並べてカッコでくくったものを **$\boldsymbol{n}$ 次元たてベクトル**，あるいは単に**ベクトル**という．ベクトル $\boldsymbol{x}$ を

$$\boldsymbol{x} = \begin{pmatrix} x_1 \\ x_2 \\ \vdots \\ x_n \end{pmatrix}$$

と表すとき, x_i を $\boldsymbol{x}$ の**第 $\boldsymbol{i}$ 成分**という．$\boldsymbol{x} = (x_i)$ と略記することもある．成分がすべて実数であるベクトルを**実ベクトル**, 成分が複素数であるベクトルを**複素ベクトル**という．

n 次元実ベクトル全体の集合を $\mathbb{R}^n$，n 次元複素ベクトル全体の集合を $\mathbb{C}^n$ と表す．

● **行　列** ●　mn 個の数を次のように並べてカッコでくくったもの

$$A = \begin{pmatrix} a_{11} & a_{12} & \cdots & a_{1n} \\ a_{21} & a_{22} & \cdots & a_{2n} \\ \vdots & \vdots & \ddots & \vdots \\ a_{m1} & a_{m2} & \cdots & a_{mn} \end{pmatrix}$$

を **$(\boldsymbol{m}, \boldsymbol{n})$ 型行列**，あるいは **$\boldsymbol{m} \times \boldsymbol{n}$ 行列**，**$\boldsymbol{m}$ 行 $\boldsymbol{n}$ 列行列**などという．行列の横の並びを**行**（row）といい，たての並びを**列**（column）という．上から i 番目の行を第 i 行といい，左から j 番目の列を第 j 列という．

上から i 番目，左から j 番目の数 a_{ij} を **$\boldsymbol{i}$ 行 $\boldsymbol{j}$ 列成分**，あるいは **$(\boldsymbol{i}, \boldsymbol{j})$ 成分**という．

上のような行列を $A = (a_{ij})$ あるいは $A = (\ \boldsymbol{a}_1 \quad \boldsymbol{a}_2 \quad \cdots \quad \boldsymbol{a}_n\ )$ と略記することもある．ここで，$\boldsymbol{a}_j$ は A の第 j 列を表す（$1 \leq j \leq n$）．

成分がすべて実数である行列を**実行列**とよび，成分が複素数である行列を**複素行列**とよぶ．

(m, n) 型実行列全体の集合を $M(m, n; \mathbb{R})$，あるいは $M_{m,n}(\mathbb{R})$ と表す．(m, n) 型複素行列全体の集合を $M(m, n; \mathbb{C})$，あるいは $M_{m,n}(\mathbb{C})$ と表す．

● **正方行列** ●　(n, n) 型行列を特に n 次**正方行列**とよぶ．

問題演習のねらい　行列の記法をしっかりと身につけよう!

導入 例題 1.1

(1)　3 次元ベクトル

$$\begin{pmatrix} 2 \\ 3 \\ 7 \end{pmatrix}$$

の第 2 成分は何か.

(2)　$(2, 3)$ 型行列

$$\begin{pmatrix} 3 & 0 & -4 \\ 2 & 5 & 1 \end{pmatrix}$$

の $(2, 1)$ 成分は何か.

(3)

$$\boldsymbol{a}_1 = \begin{pmatrix} 2 \\ 1 \end{pmatrix}, \quad \boldsymbol{a}_2 = \begin{pmatrix} 3 \\ 4 \end{pmatrix}, \quad \boldsymbol{a}_3 = \begin{pmatrix} 1 \\ 5 \end{pmatrix}$$

とする. 行列 $(\,\boldsymbol{a}_1 \quad \boldsymbol{a}_2 \quad \boldsymbol{a}_3\,)$ を, 成分をすべて並べた形に表せ.

【解答】　(1)　3　　(2)　2　　(3)　$\begin{pmatrix} 2 & 3 & 1 \\ 1 & 4 & 5 \end{pmatrix}$ ■

問 1.1　(i, j) 成分が b_{ij} $(1 \leq i \leq 3,\ 1 \leq j \leq 2)$ と表される $(3, 2)$ 型行列を, 成分をすべて並べた形に表せ.

1.2　ベクトルと行列の演算

●ベクトルの加法・減法とスカラー乗法●　ベクトルの加法・減法とスカラー乗法は次のように定める (複号同順).

$$\begin{pmatrix} x_1 \\ x_2 \\ \vdots \\ x_n \end{pmatrix} \pm \begin{pmatrix} y_1 \\ y_2 \\ \vdots \\ y_n \end{pmatrix} = \begin{pmatrix} x_1 \pm y_1 \\ x_2 \pm y_2 \\ \vdots \\ x_n \pm y_n \end{pmatrix},$$

$$c \begin{pmatrix} x_1 \\ x_2 \\ \vdots \\ x_n \end{pmatrix} = \begin{pmatrix} cx_1 \\ cx_2 \\ \vdots \\ cx_n \end{pmatrix}.$$

すべての成分が 0 であるベクトルを**零ベクトル**とよび, 記号 $\mathbf{0}$ で表す.

● 行列 × ベクトル ●　(m,n) 型行列 $A=(a_{ij})$，n 次元ベクトル $\boldsymbol{x}=(x_j)$ に対し，m 次元ベクトル $A\boldsymbol{x}$ を次のように定める．

$$\begin{pmatrix} a_{11} & a_{12} & \cdots & a_{1n} \\ a_{21} & a_{22} & \cdots & a_{2n} \\ \vdots & \vdots & \ddots & \vdots \\ a_{m1} & a_{m2} & \cdots & a_{mn} \end{pmatrix}\begin{pmatrix} x_1 \\ x_2 \\ \vdots \\ x_n \end{pmatrix} = \begin{pmatrix} a_{11}x_1+a_{12}x_2+\cdots+a_{1n}x_n \\ a_{21}x_1+a_{22}x_2+\cdots+a_{2n}x_n \\ \vdots \\ a_{m1}x_1+a_{m2}x_2+\cdots+a_{mn}x_n \end{pmatrix}.$$

● 行列の加法・減法とスカラー乗法 ●　2 つの (m,n) 型行列の加法・減法と，行列のスカラー乗法は，次のように定める．

$$\begin{pmatrix} a_{11} & a_{12} & \cdots & a_{1n} \\ a_{21} & a_{22} & \cdots & a_{2n} \\ \vdots & \vdots & \ddots & \vdots \\ a_{m1} & a_{m2} & \cdots & a_{mn} \end{pmatrix} \pm \begin{pmatrix} b_{11} & b_{12} & \cdots & b_{1n} \\ b_{21} & b_{22} & \cdots & b_{2n} \\ \vdots & \vdots & \ddots & \vdots \\ b_{m1} & b_{m2} & \cdots & b_{mn} \end{pmatrix}$$

$$= \begin{pmatrix} a_{11}\pm b_{11} & a_{12}\pm b_{12} & \cdots & a_{1n}\pm b_{1n} \\ a_{21}\pm b_{21} & a_{22}\pm b_{22} & \cdots & a_{2n}\pm b_{2n} \\ \vdots & \vdots & \ddots & \vdots \\ a_{m1}\pm b_{m1} & a_{m2}\pm b_{m2} & \cdots & a_{mn}\pm b_{mn} \end{pmatrix} \quad \text{(複号同順)}.$$

$$c\begin{pmatrix} a_{11} & a_{12} & \cdots & a_{1n} \\ a_{21} & a_{22} & \cdots & a_{2n} \\ \vdots & \vdots & \ddots & \vdots \\ a_{m1} & a_{m2} & \cdots & a_{mn} \end{pmatrix} = \begin{pmatrix} ca_{11} & ca_{12} & \cdots & ca_{1n} \\ ca_{21} & ca_{22} & \cdots & ca_{2n} \\ \vdots & \vdots & \ddots & \vdots \\ ca_{m1} & ca_{m2} & \cdots & ca_{mn} \end{pmatrix}.$$

すべての成分が 0 である行列を**零行列**といい，記号 O で表す．

● 行列の積 ●　行列同士の積は，次のように定める．

(l,m) 型行列 $A=(a_{ij})$，(m,n) 型行列 $B=(b_{ij})$ の積 AB は (l,n) 型行列であって，その (i,j) 成分を c_{ij} とすれば

$$\begin{aligned} c_{ij} &= \sum_{k=1}^{m} a_{ik}b_{kj} \\ &= a_{i1}b_{1j}+a_{i2}b_{2j}+\cdots+a_{im}b_{mj} \quad (1 \le i \le l,\ 1 \le j \le n) \end{aligned}$$

である．

問題演習のねらい ベクトルや行列の演算の基本を具体例によって会得しよう！

確認 例題 1.1

次の計算をせよ．

(1) $\begin{pmatrix} 5 & 1 \\ 2 & 4 \end{pmatrix}\begin{pmatrix} 3 \\ 2 \end{pmatrix}$　(2) $\begin{pmatrix} 2 & 1 & 3 \\ 1 & 4 & 0 \end{pmatrix}\begin{pmatrix} 5 \\ 2 \\ 3 \end{pmatrix}$

(3) $\begin{pmatrix} 3 & 1 \\ 2 & 5 \end{pmatrix}+\begin{pmatrix} 0 & 1 \\ -1 & 2 \end{pmatrix}$　(4) $3\begin{pmatrix} 2 & 1 \\ 2 & 0 \\ 3 & -2 \end{pmatrix}-2\begin{pmatrix} 1 & 2 \\ 1 & 3 \\ 4 & 1 \end{pmatrix}$

(5) $\begin{pmatrix} 1 & 2 \\ 3 & 4 \end{pmatrix}\begin{pmatrix} 2 & 4 \\ 2 & 5 \end{pmatrix}$　(6) $\begin{pmatrix} 3 & 1 & -2 \\ 2 & 0 & 3 \end{pmatrix}\begin{pmatrix} 2 & 4 \\ 1 & 2 \\ 3 & 1 \end{pmatrix}$

【解答】 (1) $\begin{pmatrix} 5\times 3+1\times 2 \\ 2\times 3+4\times 2 \end{pmatrix}=\begin{pmatrix} 17 \\ 14 \end{pmatrix}$.

(2) $\begin{pmatrix} 2\times 5+1\times 2+3\times 3 \\ 1\times 5+4\times 2+0\times 3 \end{pmatrix}=\begin{pmatrix} 21 \\ 13 \end{pmatrix}$.

(3) $\begin{pmatrix} 3+0 & 1+1 \\ 2+(-1) & 5+2 \end{pmatrix}=\begin{pmatrix} 3 & 2 \\ 1 & 7 \end{pmatrix}$.

(4) $\begin{pmatrix} 3\times 2-2\times 1 & 3\times 1-2\times 2 \\ 3\times 2-2\times 1 & 3\times 0-2\times 3 \\ 3\times 3-2\times 4 & 3\times(-2)-2\times 1 \end{pmatrix}=\begin{pmatrix} 4 & -1 \\ 4 & -6 \\ 1 & -8 \end{pmatrix}$.

(5) $\begin{pmatrix} 1\times 2+2\times 2 & 1\times 4+2\times 5 \\ 3\times 2+4\times 2 & 3\times 4+4\times 5 \end{pmatrix}=\begin{pmatrix} 6 & 14 \\ 14 & 32 \end{pmatrix}$.

(6) $\begin{pmatrix} 3\times 2+1\times 1+(-2)\times 3 & 3\times 4+1\times 2+(-2)\times 1 \\ 2\times 2+0\times 1+3\times 3 & 2\times 4+0\times 2+3\times 1 \end{pmatrix}=\begin{pmatrix} 1 & 12 \\ 13 & 11 \end{pmatrix}$.

■

問 1.2 $A=\begin{pmatrix} 1 & 0 & 2 \\ 3 & 2 & -1 \\ 1 & 4 & 3 \end{pmatrix}$, $B=\begin{pmatrix} 3 & -1 & -2 \\ -1 & 2 & 1 \\ 4 & 1 & -3 \end{pmatrix}$, $\boldsymbol{x}=\begin{pmatrix} 1 \\ 2 \\ -1 \end{pmatrix}$ とする．次の計算をせよ．

(1) $2A+3B$　(2) $B\boldsymbol{x}$　(3) $A(B\boldsymbol{x})$

(4) AB　(5) BA　(6) $(AB)\boldsymbol{x}$

1.3　ベクトルと行列の基本的な性質

●ベクトルと行列の演算の基本的な性質●　行列の演算については，一般に，乗法に関する交換法則が成り立たない．すなわち，行列の積 AB が定義されても，BA が定義されるとは限らないし，定義されたとしても，BA と AB は必ずしも一致しない．

行列 A, B が

$$AB = BA$$

をみたすとき，A と B は**交換可能**であるという．

行列の乗法の交換法則を除けば，行列やベクトルの演算について，普通の数の演算と同様の性質が成り立つ．たとえば，加法に関する交換法則と結合法則，乗法に関する結合法則，加法と乗法に関する分配法則などが成り立つ．

●単位行列●　(i, j) 成分（$1 \leq i \leq n, 1 \leq j \leq n$）が

$$\delta_{ij} = \begin{cases} 1 & (i = j \text{ のとき}) \\ 0 & (i \neq j \text{ のとき}) \end{cases}$$

である n 次正方行列を E_n と表し，n 次の**単位行列**とよぶ．

$$E_n = \begin{pmatrix} 1 & 0 & \cdots & 0 \\ 0 & 1 & \cdots & 0 \\ \vdots & \vdots & \ddots & \vdots \\ 0 & 0 & \cdots & 1 \end{pmatrix}.$$

(m, n) 型行列 A に対して，次の式が成り立つ．

$$AE_n = E_m A = A.$$

注意：上の δ_{ij} を**クロネッカー記号**（**クロネッカーのデルタ**）とよぶ．

●複素共役行列●　複素数

$$z = x + \sqrt{-1}\, y \quad (x, y \in \mathbb{R})$$

の**（複素）共役** $\overline{z}$ を

$$\overline{z} = x - \sqrt{-1}\, y$$

と定める．複素行列 $A = (a_{ij})$ の**（複素）共役行列** $\overline{A}$ を

$$\overline{A} = (\overline{a_{ij}})$$

により定める．$\overline{A}$ は A の成分をすべてその複素共役に取りかえた行列である．

●転置行列●　(m, n) 型行列 $A = (a_{ij})$ の**転置行列**

$$ {}^tA = (b_{ij}) $$

を

$$ b_{ij} = a_{ji} \quad (1 \leq i \leq n,\ 1 \leq j \leq m) $$

により定める．${}^tA$ は (n, m) 型行列である．感覚的にいえば，${}^tA$ は A のたてと横を入れかえた行列である．

A は (l, m) 型行列，B は (m, n) 型行列とするとき，次の式が成り立つ．

$$ {}^t(AB) = {}^tB\,{}^tA. $$

問題演習のねらい　(m, n) 型行列の演算を自由自在にあやつれるようにしよう!

ここでは，行列やベクトルの演算に関する**証明問題**にも取り組んでみよう．そのためには，一般の (m, n) 型行列の取り扱いに慣れておく必要がある．

導入　例題 1.2

$A = (a_{ij})$ および $B = (b_{ij})$ は (l, m) 型行列，$C = (c_{ij})$ は (m, n) 型行列とする．

(1)　A の第 i 行の成分を列挙せよ $(1 \leq i \leq l)$．

(2)　C の第 j 列の成分を列挙せよ $(1 \leq j \leq n)$．

(3)　$A + B$ の (i, j) 成分を書け $(1 \leq i \leq l, 1 \leq j \leq m)$．

(4)　AC の (i, j) 成分を，シグマ記号を用いた形とそうでない形で書け $(1 \leq i \leq l, 1 \leq j \leq n)$．

【解答】　(1)　$a_{i1}, a_{i2}, \ldots, a_{im}$

(2)　$c_{1j}, c_{2j}, \ldots, c_{mj}$

(3)　$a_{ij} + b_{ij}$

(4)　$\displaystyle\sum_{k=1}^{m} a_{ik}c_{kj} = a_{i1}c_{1j} + a_{i2}c_{2j} + \cdots + a_{im}c_{mj}$　■

導入 例題 1.3

$A=(a_{ij})$ は (m,n) 型行列とし，E_n は n 次の単位行列とする．

(1) AE_n の (i,j) 成分が a_{ij} であることを示せ $(1 \leq i \leq m,\ 1 \leq j \leq n)$．

(2) $AE_n = A$ が成り立つことを示せ．

【解答】 (1) 行列の積の定義より，次が成り立つ（δ_{kj} はクロネッカー記号）．

$$(AE_n \text{ の } (i,j) \text{ 成分}) = \sum_{k=1}^{n} (A \text{ の } (i,k) \text{ 成分})(E_n \text{ の } (k,j) \text{ 成分}) = \sum_{k=1}^{n} a_{ik}\delta_{kj}.$$

ここで，$k=j$ のとき $\delta_{kj}=\delta_{jj}=1$ であり，$k \neq j$ のときは $\delta_{kj}=0$ であるので

$$\begin{aligned}
&\sum_{k=1}^{n} a_{ik}\delta_{kj} \\
&= a_{i1}\delta_{1j} + \cdots + a_{i,j-1}\delta_{j-1,j} + a_{ij}\delta_{jj} + a_{i,j+1}\delta_{j+1,j} + \cdots + a_{in}\delta_{nj} \\
&= a_{i1}\cdot 0 + \cdots + a_{i,j-1}\cdot 0 + a_{ij}\cdot 1 + a_{i,j+1}\cdot 0 + \cdots + a_{in}\cdot 0 \\
&= a_{ij}
\end{aligned}$$

が成り立つ．（この式は次のように書くこともできる．

$$\begin{aligned}
\sum_{k=1}^{n} a_{ik}\delta_{kj} &= a_{ij}\delta_{jj} + \sum_{\substack{1 \leq k \leq n \\ k \neq j}} a_{ik}\delta_{kj} \\
&= a_{ij}\cdot 1 + \sum_{\substack{1 \leq k \leq n \\ k \neq j}} a_{ik}\cdot 0 \\
&= a_{ij}.
\end{aligned}$$

ここで，記号 $\displaystyle\sum_{\substack{1 \leq k \leq n \\ k \neq j}}$ は，k が j を除く 1 から n までの数にわたる総和を表す．）

(2) AE_n, A はどちらも (m,n) 型行列である．また，その (i,j) 成分はどちらも a_{ij} である $(1 \leq i \leq m,\ 1 \leq j \leq n)$．**型が一致し，対応する成分がすべて等しいので，この 2 つの行列は等しい．** ■

問 1.3 $A=(a_{ij})$ は (m,n) 型行列とし，E_m は m 次の単位行列とするとき

$$E_m A = A$$

が成り立つことを示せ．

確認 例題 1.2

(l, m) 型行列 $A = (a_{ij})$，(m, n) 型行列 $B = (b_{ij})$ に対して

$$^{t}(AB) = {}^{t}B\,{}^{t}A \tag{1.1}$$

が成り立つことを証明したい．

$$AB = C = (c_{ij}), \quad {}^{t}(AB) = {}^{t}C = D = (d_{ij}),$$
$${}^{t}A = F = (f_{ij}), \quad {}^{t}B = G = (g_{ij}), \quad {}^{t}B\,{}^{t}A = GF = H = (h_{ij})$$

とおく．

(1) D と H はどちらも (n, l) 型行列であることを確認せよ．

(2) $d_{pq} = h_{pq}$ が成り立つことを示せ（$1 \leq p \leq n$, $1 \leq q \leq l$）．

(3) 式 (1.1) が成り立つことを示せ．

【解答】 (1) $C = AB$ は (l, n) 型であるので，$D = {}^{t}C$ は (n, l) 型である．一方，${}^{t}B$ は (n, m) 型，${}^{t}A$ は (m, l) 型であるので，$H = {}^{t}B\,{}^{t}A$ は (n, l) 型である．

(2) $D = {}^{t}C$, $C = AB$ であるので

$$d_{pq} = c_{qp} = \sum_{r=1}^{m} a_{qr} b_{rp}$$

である．一方，$H = GF$, $G = {}^{t}B$, $F = {}^{t}A$ であるので

$$h_{pq} = \sum_{r=1}^{m} g_{pr} f_{rq} = \sum_{r=1}^{m} b_{rp} a_{qr}$$

である．このことにより，$d_{pq} = h_{pq}$ であることがわかる．

(3) 小問 (1) と小問 (2) より，D と H は型が等しく，対応する成分がすべて等しい．よって，$D = H$ である．すなわち，式 (1.1) が成り立つ． ■

問 1.4 $A = (a_{ij})$ は (l, m) 型行列，$B = (b_{ij})$, $C = (c_{ij})$ は (m, n) 型行列とする．このとき，次の式が成り立つことを次の手順に沿って証明せよ．

$$A(B + C) = AB + AC.$$

(1) $B + C = D = (d_{ij})$, $A(B + C) = AD = F = (f_{ij})$, $AB = G = (g_{ij})$, $AC = H = (h_{ij})$, $AB + AC = G + H = P = (p_{ij})$ とおく．このとき，F, P はどちらも (l, n) 型行列であることを確認せよ．

(2) $f_{ij} = p_{ij}$ が成り立つことを示せ（$1 \leq i \leq l$, $1 \leq j \leq n$）．

(3) $A(B + C) = AB + AC$ が成り立つことを示せ．

次に，もう少し複雑な証明問題を考える力を養おう．そのためには，**シグマ記号の取り扱い**に習熟する必要がある．

導入 例題 1.4

mn 個の数 α_{jk} $(1 \leq j \leq m, 1 \leq k \leq n)$ が次の表のように並んでいる．

	1	2	$\cdots$	k	$\cdots$	n	小計
1	α_{11}	α_{12}	$\cdots$	α_{1k}	$\cdots$	α_{1n}	**(ア)**
2	α_{21}	α_{22}	$\cdots$	α_{2k}	$\cdots$	α_{2n}	**(イ)**
$\vdots$	$\vdots$	$\vdots$		$\vdots$		$\vdots$	
j	α_{j1}	α_{j2}	$\cdots$	α_{jk}	$\cdots$	α_{jn}	**(エ)**
$\vdots$	$\vdots$	$\vdots$		$\vdots$		$\vdots$	
m	α_{m1}	α_{m2}	$\cdots$	α_{mk}	$\cdots$	α_{mn}	**(ウ)**
小計	**(オ)**	**(カ)**		**(ク)**		**(キ)**	**(ケ)**

このとき，次の式 (1.2) が成り立つ．

$$\sum_{j=1}^{m}\left(\sum_{k=1}^{n}\alpha_{jk}\right)=\sum_{k=1}^{n}\left(\sum_{j=1}^{m}\alpha_{jk}\right). \tag{1.2}$$

その理由を説明した次の文章の空欄 [(a)] から [(g)] にあてはまる式を答えよ．

「上の表において，小計 **(ア)** は，横に並んだ n 個の数 α_{11} から α_{1n} までをすべて加えたものである．シグマ記号を用いてこれを表すと $\displaystyle\sum_{k=1}^{n}\alpha_{1k}$ となる．同様に，**(イ)** はシグマ記号を用いれば [(a)] ，**(ウ)** は [(b)] となる．さらに **(エ)** は [(c)] と表される．さて，こうして得られた小計をすべて加えてみよう．小計 **(ア)** から **(ウ)** までをたてに加えると

$$\sum_{k=1}^{n}\alpha_{1k}+\sum_{k=1}^{n}\alpha_{2k}+\cdots+\sum_{k=1}^{n}\alpha_{jk}+\cdots+\sum_{k=1}^{n}\alpha_{mk}=\sum_{j=1}^{m}\left(\sum_{k=1}^{n}\alpha_{jk}\right) \tag{1.3}$$

となる．そして，それは mn 個の数の総合計 **(ケ)** にほかならない．一方，たての小計 **(オ)** は $\displaystyle\sum_{j=1}^{m}\alpha_{j1}$ である．同様に，**(カ)** は [(d)] ，**(キ)** は [(e)] ，**(ク)** は [(f)] となる．これらの小計を横に加えたものは [(g)] と表すことができるが，これもまた結局，mn 個の数の総合計 **(ケ)** にほかならない．

これと式 (1.3) を比べることにより，式 (1.2) が成り立つことがわかる．」

【解答】 (a) $\displaystyle\sum_{k=1}^{n} \alpha_{2k}$　(b) $\displaystyle\sum_{k=1}^{n} \alpha_{mk}$　(c) $\displaystyle\sum_{k=1}^{n} \alpha_{jk}$　(d) $\displaystyle\sum_{j=1}^{m} \alpha_{j2}$

(e) $\displaystyle\sum_{j=1}^{m} \alpha_{jn}$　(f) $\displaystyle\sum_{j=1}^{m} \alpha_{jk}$　(g) $\displaystyle\sum_{k=1}^{n} \left(\sum_{j=1}^{m} \alpha_{jk} \right)$ ■

導入 例題 1.5

$A = (a_{ij})$ は (l, m) 型行列，$B = (b_{ij})$ は (m, n) 型行列，$\boldsymbol{x} = (x_i)$ は n 次元ベクトルとする．このとき，次の式 (1.4) が成り立つことを示したい．

$$A(B\boldsymbol{x}) = (AB)\boldsymbol{x} \tag{1.4}$$

(1) $B\boldsymbol{x}$ の第 j 成分（$1 \leq j \leq m$）を求めよ．

(2) $A(B\boldsymbol{x})$ の第 i 成分（$1 \leq i \leq l$）を求めよ．

(3) AB の (i, k) 成分（$1 \leq i \leq l, 1 \leq k \leq n$）を求めよ．

(4) $(AB)\boldsymbol{x}$ の第 i 成分（$1 \leq i \leq l$）を求めよ．

(5) 式 (1.4) が成り立つことを示せ．

【解答】 (1) $\displaystyle\sum_{k=1}^{n} b_{jk} x_k$　(2) $\displaystyle\sum_{j=1}^{m} a_{ij} \left(\sum_{k=1}^{n} b_{jk} x_k \right)$

(3) $\displaystyle\sum_{j=1}^{m} a_{ij} b_{jk}$　(4) $\displaystyle\sum_{k=1}^{n} \left(\sum_{j=1}^{m} a_{ij} b_{jk} \right) x_k$

(5) $A(B\boldsymbol{x})$, $(AB)\boldsymbol{x}$ は**どちらも l 次元ベクトル**である．さらに

$$\begin{aligned}
\sum_{j=1}^{m} a_{ij} \left(\sum_{k=1}^{n} b_{jk} x_k \right) &= \sum_{j=1}^{m} \left(\sum_{k=1}^{n} a_{ij} b_{jk} x_k \right) \\
&= \sum_{k=1}^{n} \left(\sum_{j=1}^{m} a_{ij} b_{jk} x_k \right) \\
&= \sum_{k=1}^{n} \left(\sum_{j=1}^{m} a_{ij} b_{jk} \right) x_k
\end{aligned}$$

であるので，**対応する成分同士が等しい**．よって，両者は等しい． ■

確認 例題 1.3

n 次正方行列 $X = (x_{ij})$ に対して，その**トレース** $\mathrm{tr}(X)$ を

$$\mathrm{tr}(X) = \sum_{i=1}^{n} x_{ii} = x_{11} + x_{22} + \cdots + x_{nn}$$

と定める．このとき，(m,n) 型行列 $A = (a_{ij})$，(n,m) 型行列 $B = (b_{ij})$ に対して

$$\mathrm{tr}(AB) = \mathrm{tr}(BA)$$

が成り立つことを示せ．

【解答】 $AB = C = (c_{ij})$ とおくと，C は m 次正方行列であり

$$\mathrm{tr}(AB) = \mathrm{tr}(C) = \sum_{i=1}^{m} c_{ii} = \sum_{i=1}^{m} \left(\sum_{j=1}^{n} a_{ij} b_{ji} \right)$$

となる．同様に，$BA = D = (d_{ij})$ とおくと，D は n 次正方行列であり

$$\mathrm{tr}(BA) = \mathrm{tr}(D) = \sum_{p=1}^{n} d_{pp} = \sum_{p=1}^{n} \left(\sum_{q=1}^{m} b_{pq} a_{qp} \right)$$

となるが，この式の変数 p, q を j, i と書き直し，シグマ記号の順序を入れかえれば

$$\mathrm{tr}(BA) = \sum_{j=1}^{n} \left(\sum_{i=1}^{m} b_{ji} a_{ij} \right) = \sum_{i=1}^{m} \left(\sum_{j=1}^{n} a_{ij} b_{ji} \right)$$

となる．よって，$\mathrm{tr}(AB) = \mathrm{tr}(BA)$ が示される． ■

問 1.5 $A = (a_{ij})$ は (k,l) 型行列，$B = (b_{ij})$ は (l,m) 型行列，$C = (c_{ij})$ は (m,n) 型行列とする．このとき結合法則

$$(AB)C = A(BC)$$

が成り立つことを次の手順に沿って証明せよ．

(1) $AB = D = (d_{ij})$，$(AB)C = DC = F = (f_{ij})$，$BC = G = (g_{ij})$，$A(BC) = AG = H = (h_{ij})$ とおくとき，行列 F, H はどちらも (k,n) 型行列であることを確認せよ．

(2) $f_{ps} = h_{ps}$（$1 \leq p \leq k$, $1 \leq s \leq n$）が成り立つことを示せ．

(3) $(AB)C = A(BC)$ が成り立つことを示せ．

1.4　正方行列・正則行列，行列の区分け

●正則行列・逆行列●　n 次正方行列 A に対して

$$AX = XA = E_n$$

をみたす n 次正方行列 X が存在するとき，X は A の**逆行列**であるといい，記号 A^{-1} で表す．逆行列が存在するような正方行列を**正則行列**という．

A, B が n 次正則行列であるとき，次の式が成り立つ．

$$(A^{-1})^{-1} = A,$$
$$(AB)^{-1} = B^{-1}A^{-1}.$$

2 次正方行列 $A = \begin{pmatrix} a_{11} & a_{12} \\ a_{21} & a_{22} \end{pmatrix}$ において，$a_{11}a_{22} - a_{21}a_{12} \neq 0$ のとき，A は正則であり，逆行列 A^{-1} は次の式で与えられる．

$$A^{-1} = \frac{1}{a_{11}a_{22} - a_{21}a_{12}} \begin{pmatrix} a_{22} & -a_{12} \\ -a_{21} & a_{11} \end{pmatrix}.$$

●正方行列のべき乗・多項式への代入●　n 次正方行列 A を k 回かけ合わせた行列を A^k と表す．

$$A^0 = E_n$$

と定める．多項式

$$f(x) = a_k x^k + a_{k-1}x^{k-1} + \cdots + a_1 x + a_0$$

に A を代入した行列 $f(A)$ を

$$f(A) = a_k A^k + a_{k-1}A^{k-1} + \cdots + a_1 A + a_0 E_n$$

と定める．

●対角成分・対角行列●　n 次正方行列 $A = (a_{ij})$ において，$a_{11}, a_{22}, \ldots, a_{nn}$ を**対角成分**とよぶ．対角成分以外の成分がすべて 0 である行列を**対角行列**という．

●零因子●　n 次正方行列 A, B が

$$A \neq O,\ B \neq O \text{ かつ } AB = O$$

をみたすとき，A, B は**零因子**であるという．

●対称行列●　n 次正方行列 A が

$${}^tA = A$$

をみたすとき，A は**対称行列**であるという．

●行列の区分け●　一般に，(m,n) 型行列を区切ってブロックに分けて，小さな行列がたて横に並んだものと考え，演算を行うことができる．これを行列の**区分け**（**ブロック分け**）という．行列を区分けして，「行列を成分とする行列」のように扱い，たとえば

$$\begin{pmatrix} A_{11} & A_{12} \\ A_{21} & A_{22} \end{pmatrix}\begin{pmatrix} B_{11} & B_{12} \\ B_{21} & B_{22} \end{pmatrix} = \begin{pmatrix} A_{11}B_{11}+A_{12}B_{21} & A_{11}B_{12}+A_{12}B_{22} \\ A_{21}B_{11}+A_{22}B_{21} & A_{21}B_{12}+A_{22}B_{22} \end{pmatrix}$$

というような計算ができる．この場合，左の行列の列の区切りと右の行列の行の区切りが一致している必要がある．また，積の順序は乱してはならない．

区分けの特別な場合として，次の式もよく使われる．

$$A\,(\,\boldsymbol{b}_1 \quad \boldsymbol{b}_2 \quad \cdots \quad \boldsymbol{b}_n\,) = (\,A\boldsymbol{b}_1 \quad A\boldsymbol{b}_2 \quad \cdots \quad A\boldsymbol{b}_n\,).$$

問題演習のねらい　行列，特に正方行列の演算について，仕上げをしよう!

まず，行列の交換可能性についての問題を考えよう．

導入 例題 1.6

n 次正方行列 A, B が $AB = BA$ をみたすとき，A と B は交換可能であるという．

(1)　n 次正方行列 A, B が交換可能ならば

$$(A+B)^2 = A^2 + 2AB + B^2$$

が成り立つことを示せ．

(2)　2 次正方行列 A, B であって，交換可能でないものの例をあげよ．

【解答】　(1)

$$\begin{aligned}(A+B)^2 &= A^2 + AB + BA + B^2 \\ &= A^2 + 2AB + B^2.\end{aligned}$$

(2)　たとえば

$$A = \begin{pmatrix} 1 & 0 \\ 0 & 0 \end{pmatrix}, \quad B = \begin{pmatrix} 1 & 1 \\ 0 & 0 \end{pmatrix}$$

とすると

$$AB = \begin{pmatrix} 1 & 1 \\ 0 & 0 \end{pmatrix}, \quad BA = \begin{pmatrix} 1 & 0 \\ 0 & 0 \end{pmatrix}$$

であるので，$AB \neq BA$.　■

確認 **例題 1.4**

n 次正方行列 A, B は交換可能であるとする．

(1)　任意の自然数 k に対して

$$BA^k = A^k B$$

が成り立つことを示せ．

(2)　任意の自然数 k, l に対して

$$B^l A^k = A^k B^l$$

が成り立つことを示せ．

【解答】 (1)　k **についての数学的帰納法を用いる**．$k=1$ のとき，A, B が交換可能であることより

$$B^k A = BA = AB = A^k B$$

が成り立つ．そこで，ある自然数 k に対して $BA^k = A^k B$ が成り立つと仮定すると

$$\begin{aligned} BA^{k+1} &= BA^k A = A^k BA \\ &= A^k AB = A^{k+1} B \end{aligned}$$

となる．よって，任意の自然数 k に対して，$BA^k = A^k B$ が成り立つ．

(2)　l **についての数学的帰納法**を用いる．$l=1$ のとき，小問 (1) より

$$B^l A^k = BA^k = A^k B = A^k B^l$$

が成り立つ．そこで，ある自然数 l と任意の自然数 k に対して，$B^l A^k = A^k B^l$ が成り立つと仮定する．このとき，帰納法の仮定と小問 (1) とを用いれば

$$\begin{aligned} B^{l+1} A^k &= BB^l A^k = BA^k B^l \\ &= A^k BB^l = A^k B^{l+1} \end{aligned}$$

が得られる．よって，任意の自然数 k, l に対して，$B^l A^k = A^k B^l$ が成り立つ．■

問 1.6　n 次正方行列 A, B が交換可能ならば，任意の自然数 k に対して

$$(A+B)^k = \sum_{i=0}^{k} \binom{k}{i} A^i B^{k-i}$$

が成り立つことを示せ．ここで

$$\binom{k}{i} = \frac{k!}{i!\,(k-i)!}$$

である．

次に，逆行列や行列の正則性に関する問題を考えよう．

導入 例題 1.7

n 次正方行列 A が逆行列を持てば，それはただ 1 つであることを示せ．

【解答】 X, Y がともに A の逆行列であるとすると

$$AX = XA = E_n, \quad AY = YA = E_n$$

をみたす．このとき

$$X = XE_n = X(AY) = (XA)Y = E_nY = Y$$

より，$X = Y$ である．よって，逆行列は存在すれば 1 つしかない． ■

確認 例題 1.5

n 次正方行列 A, B がどちらも正則行列ならば，積 AB も正則行列であり，$(AB)^{-1} = B^{-1}A^{-1}$ であることを示せ．

【解答】

$$\begin{aligned}(AB)(B^{-1}A^{-1}) &= A(BB^{-1})A^{-1} = AE_nA^{-1} \\ &= AA^{-1} = E_n, \\ (B^{-1}A^{-1})(AB) &= B^{-1}(A^{-1}A)B = B^{-1}E_nB \\ &= B^{-1}B = E_n\end{aligned}$$

であるので，AB は正則行列であり，$B^{-1}A^{-1}$ は AB の逆行列である． ■

確認 例題 1.6

$1 \leq p \leq n$ とする．n 次正方行列 $A = (a_{ij})$ の第 p 行の成分がすべて 0 ならば，A は正則行列でないことを示せ．

【解答】 A が逆行列 $X = (x_{ij})$ を持つとする．このとき，AX の (p, p) 成分は

$$a_{p1}x_{1p} + a_{p2}x_{2p} + \cdots + a_{pn}x_{np} = 0 \cdot x_{1p} + 0 \cdot x_{2p} + \cdots + 0 \cdot x_{np} = 0$$

である．一方，AX（$= E_n$）の (p, p) 成分は 1 でなければならない．これは矛盾である．したがって，A は正則行列でない． ■

問 1.7 $1 \leq q \leq n$ とする．n 次正方行列 $B = (b_{ij})$ の第 q 列の成分がすべて 0 ならば，B は正則行列でないことを証明せよ．

次に，行列の区分けに関する問題を考えよう．

導入 例題 1.8

$$A_{11}=\begin{pmatrix}1&1\\0&0\end{pmatrix},\quad A_{12}=\begin{pmatrix}2&1\\1&2\end{pmatrix},\quad A_{22}=\begin{pmatrix}2&3\\1&1\end{pmatrix},$$

$$B_{11}=\begin{pmatrix}3&1\\2&4\end{pmatrix},\quad B_{12}=\begin{pmatrix}0&1\\1&0\end{pmatrix},\quad B_{22}=\begin{pmatrix}1&3\\4&1\end{pmatrix}$$

とし

$$A=\begin{pmatrix}A_{11}&A_{12}\\O&A_{22}\end{pmatrix},\quad B=\begin{pmatrix}B_{11}&B_{12}\\O&B_{22}\end{pmatrix}$$

とする．このとき

$$AB=\begin{pmatrix}A_{11}B_{11}&A_{11}B_{12}+A_{12}B_{22}\\O&A_{22}B_{22}\end{pmatrix}$$

となることを実際に計算して確かめよ．

【解答】 $AB=\begin{pmatrix}1&1&2&1\\0&0&1&2\\0&0&2&3\\0&0&1&1\end{pmatrix}\begin{pmatrix}3&1&0&1\\2&4&1&0\\0&0&1&3\\0&0&4&1\end{pmatrix}=\begin{pmatrix}5&5&7&8\\0&0&9&5\\0&0&14&9\\0&0&5&4\end{pmatrix}$,

$$A_{11}B_{11}=\begin{pmatrix}5&5\\0&0\end{pmatrix},$$

$$A_{22}B_{22}=\begin{pmatrix}14&9\\5&4\end{pmatrix},$$

$$A_{11}B_{12}+A_{12}B_{22}=\begin{pmatrix}1&1\\0&0\end{pmatrix}+\begin{pmatrix}6&7\\9&5\end{pmatrix}=\begin{pmatrix}7&8\\9&5\end{pmatrix}$$

より，$AB=\begin{pmatrix}A_{11}B_{11}&A_{11}B_{12}+A_{12}B_{22}\\O&A_{22}B_{22}\end{pmatrix}$ である． ■

問 1.8　A, B, C, D は n 次正方行列とし，さらに A は**正則**であるとする．このとき，$2n$ 次正方行列 $\begin{pmatrix}A&B\\C&D\end{pmatrix}$ に対して，左から $\begin{pmatrix}E_n&O\\X&E_n\end{pmatrix}$（$X$ は n 次正方行列）という形の行列をかけることにより，$\begin{pmatrix}A&B\\O&D'\end{pmatrix}$（$D'$ は n 次正方行列）という形の行列を作ることができることを示せ．

確認　例題 1.7

$A = (a_{ij})$ は (l, m) 型行列，$B = (b_{ij}) = (\,\boldsymbol{b}_1 \quad \boldsymbol{b}_2 \quad \cdots \quad \boldsymbol{b}_n\,)$ は (m, n) 型行列とする．

(1)　$AB = (\,A\boldsymbol{b}_1 \quad A\boldsymbol{b}_2 \quad \cdots \quad A\boldsymbol{b}_n\,)$ が成り立つことを示せ．

(2)　m 次元ベクトル $\boldsymbol{e}_1 = \begin{pmatrix} 1 \\ 0 \\ \vdots \\ 0 \end{pmatrix}, \boldsymbol{e}_2 = \begin{pmatrix} 0 \\ 1 \\ \vdots \\ 0 \end{pmatrix}, \ldots, \boldsymbol{e}_m = \begin{pmatrix} 0 \\ 0 \\ \vdots \\ 1 \end{pmatrix}$ に対して，

$A = (\,A\boldsymbol{e}_1 \quad A\boldsymbol{e}_2 \quad \cdots \quad A\boldsymbol{e}_m\,)$ が成り立つことを示せ．

【解答】　(1)　$\boldsymbol{b}_j$ の第 k 成分は b_{kj} であるので

$$(A\boldsymbol{b}_j \text{ の第 } i \text{ 成分}) = \sum_{k=1}^{m} a_{ik}\,(\boldsymbol{b}_j \text{ の第 } k \text{ 成分}) = \sum_{k=1}^{m} a_{ik} b_{kj} = (AB \text{ の } (i,j) \text{ 成分})$$

である．したがって，$A\boldsymbol{b}_j$ は行列 AB の第 j 列と一致し，$AB = (\,A\boldsymbol{b}_1 \quad A\boldsymbol{b}_2 \quad \cdots \quad A\boldsymbol{b}_n\,)$ が成り立つ．

(2)　小問 (1) において，$n = m$ とし，$B = E_m$ とすれば

$$(\,A\boldsymbol{e}_1 \quad A\boldsymbol{e}_2 \quad \cdots \quad A\boldsymbol{e}_m\,) = A(\,\boldsymbol{e}_1 \quad \boldsymbol{e}_2 \quad \cdots \quad \boldsymbol{e}_m\,) = AE_m = A$$

が得られる．ここで，$E_m = (\,\boldsymbol{e}_1 \quad \boldsymbol{e}_2 \quad \cdots \quad \boldsymbol{e}_m\,)$ であることを用いている．■

次に，対角行列や上三角行列を取り扱おう．

導入　例題 1.9

n 次対角行列 $A = \begin{pmatrix} \alpha_1 & & & \\ & \alpha_2 & & \\ & & \ddots & \\ & & & \alpha_n \end{pmatrix}, B = \begin{pmatrix} \beta_1 & & & \\ & \beta_2 & & \\ & & \ddots & \\ & & & \beta_n \end{pmatrix}$ に対して

$$AB = \begin{pmatrix} \alpha_1\beta_1 & & & \\ & \alpha_2\beta_2 & & \\ & & \ddots & \\ & & & \alpha_n\beta_n \end{pmatrix}$$

が成り立つことを示せ．ここで，空白の部分の成分はすべて 0 である．

【解答】 $A=(a_{ij})$, $B=(b_{ij})$, $AB=C=(c_{ij})$ とする．このとき

$$a_{ij}=\begin{cases}\alpha_i & (i=j\text{ のとき})\\ 0 & (i\neq j\text{ のとき})\end{cases}$$

$$b_{ij}=\begin{cases}\beta_i & (i=j\text{ のとき})\\ 0 & (i\neq j\text{ のとき})\end{cases}$$

である．いま，$1\leq i\leq n$, $1\leq j\leq n$ とする．C の (i,i) 成分は

$$\begin{aligned}c_{ii}&=\sum_{k=1}^{n}a_{ik}b_{ki}\\&=a_{ii}b_{ii}+\sum_{\substack{1\leq k\leq n\\ k\neq i}}a_{ik}b_{ki}=\alpha_i\beta_i\end{aligned}$$

である．$i\neq j$ のとき，C の (i,j) 成分は

$$c_{ij}=\sum_{k=1}^{n}a_{ik}b_{kj}$$

であるが，$k\neq i$ **ならば**, $a_{ik}=0$ より $a_{ik}b_{kj}=0$ である．$k=i$ **ならば**, $b_{kj}=b_{ij}=0$ より，$a_{ik}b_{kj}=0$ である．よって，$c_{ij}=0$ となる．したがって

$$c_{ij}=\begin{cases}\alpha_i\beta_i & (i=j\text{ のとき})\\ 0 & (i\neq j\text{ のとき})\end{cases}$$

となることが示される． ■

問 1.9 n 次対角行列 $A=\begin{pmatrix}\alpha_1 & & & \\ & \alpha_2 & & \\ & & \ddots & \\ & & & \alpha_n\end{pmatrix}$ について，次の問いに答えよ．ここで，空白の部分の成分はすべて 0 である．

(1) $\alpha_1\alpha_2\cdots\alpha_n\neq 0$ ならば，A は正則行列であり，A^{-1} は次のような対角行列であることを示せ．

$$A^{-1}=\begin{pmatrix}\dfrac{1}{\alpha_1} & & & \\ & \dfrac{1}{\alpha_2} & & \\ & & \ddots & \\ & & & \dfrac{1}{\alpha_n}\end{pmatrix}.$$

(2) 「A が正則行列 $\Leftrightarrow \alpha_1\alpha_2\cdots\alpha_n\neq 0$」が成り立つことを示せ．

確認 例題 1.8

n 次正方行列 $X=(x_{ij})$ が

$$「i>j \Rightarrow x_{ij}=0」 \quad (1 \leq i \leq n,\ 1 \leq j \leq n)$$

をみたすとき，X は**上三角行列**であるという．n 次正方行列 $A=(a_{ij})$, $B=(b_{ij})$ が上三角行列ならば，積 AB も上三角行列であることを示せ．

【解答】 自然数 $i,\ j,\ k$ について

$$i>j \Rightarrow 「i>k \text{ または } k>j」$$

が成り立つ．実際，対偶をとれば

$$「i \leq k \text{ かつ } k \leq j」 \Rightarrow i \leq j$$

となり，これは正しい．AB の (i,j) 成分は

$$\sum_{k=1}^{n} a_{ik}b_{kj}$$

であるが，いま，$i>j$ であるとすると，$i>k$ または $k>j$ が成り立つ．$i>k$ **のとき**，$a_{ik}=0$ であり，$k>j$ **のとき**，$b_{kj}=0$ であるので，いずれの場合も $a_{ik}b_{kj}=0$ である．よって，$i>j$ のとき，AB の (i,j) 成分は 0 である．すなわち，AB は上三角行列である． ■

問 1.10

$$A=\begin{pmatrix} \alpha_1 & & & \\ & \alpha_2 & & \\ & & \ddots & \\ & & & \alpha_n \end{pmatrix}$$

は n 次対角行列とする．任意の自然数 k について，次の式が成り立つことを証明せよ．

$$A^k=\begin{pmatrix} \alpha_1^k & & & \\ & \alpha_2^k & & \\ & & \ddots & \\ & & & \alpha_n^k \end{pmatrix}.$$

ここで，空白の部分の成分はすべて 0 である．

1.5 行列の基本変形と階数

●基本行列と基本変形●　次の 3 種類の n 次正方行列 $P_n(i,j)$, $Q_n(i;c)$ $(c \neq 0)$, $R_n(i,j;c)$ を**基本行列**とよぶ.

$$P_n(i,j) = \begin{pmatrix} 1 & & & \vdots & & \vdots & & \\ & \ddots & & \vdots & & \vdots & & \\ \cdots & \cdots & & 0 & \cdots & 1 & \cdots & \cdots \\ & & & \vdots & \ddots & \vdots & & \\ \cdots & \cdots & & 1 & \cdots & 0 & \cdots & \cdots \\ & & & \vdots & & \vdots & \ddots & \\ & & & \vdots & & \vdots & & 1 \end{pmatrix} \begin{matrix} \\ \\ \text{第 } i \text{ 行} \\ \\ \text{第 } j \text{ 行} \\ \\ \\ \end{matrix}$$

第 i 列　第 j 列　　$(i \neq j)$

(単位行列の第 i 行と第 j 行を入れかえた行列)

$$Q_n(i;c) = \begin{pmatrix} 1 & & & \vdots & & & \\ & \ddots & & \vdots & & & \\ & & 1 & \vdots & & & \\ \cdots & \cdots & \cdots & c & \cdots & \cdots & \cdots \\ & & & \vdots & 1 & & \\ & & & \vdots & & \ddots & \\ & & & \vdots & & & 1 \end{pmatrix} \begin{matrix} \\ \\ \\ \text{第 } i \text{ 行} \\ \\ \\ \\ \end{matrix}$$

第 i 列　　$(c \neq 0)$

(単位行列の (i,i) 成分を c に取りかえた行列)

$$R_n(i,j;c) = \begin{pmatrix} 1 & & & & \vdots & & \\ & \ddots & & & \vdots & & \\ \cdots & \cdots & 1 & \cdots & c & \cdots & \cdots \\ & & & \ddots & \vdots & & \\ & & & & 1 & & \\ & & & & \vdots & \ddots & \\ & & & & \vdots & & 1 \end{pmatrix} \begin{matrix} \\ \\ \text{第 } i \text{ 行} \\ \\ \\ \\ \\ \end{matrix}$$

第 j 列　　$(i \neq j)$

(単位行列の (i,j) 成分を c に取りかえた行列)

基本行列は正則行列であり，その逆行列も基本行列である．

$$P_n(i,j)^{-1} = P_n(i,j), \quad Q_n(i;c)^{-1} = Q_n(i;\tfrac{1}{c}), \quad R_n(i,j;c)^{-1} = R_n(i,j;-c).$$

基本行列をかけることにより生ずる変形を**基本変形**という．基本行列を左からかけると行に関する変形（**左基本変形，行基本変形**）が生じ，右からかけると列に関する変形（**右基本変形，列基本変形**）が生ずる．基本変形は次の 6 種類である（ここで R_i, C_j などは，それぞれ第 i 行，第 j 列などを表す）．

$R_i \leftrightarrow R_j$	第 i 行と第 j 行を交換する（$\Leftarrow$ $P_m(i,j)$ を左からかける）．
$C_i \leftrightarrow C_j$	第 i 列と第 j 列を交換する（$\Leftarrow$ $P_n(i,j)$ を右からかける）．
$R_i \times c$	第 i 行を c 倍する（$c \neq 0$）（$\Leftarrow$ $Q_m(i;c)$ を左からかける）．
$C_i \times c$	第 i 列を c 倍する（$c \neq 0$）（$\Leftarrow$ $Q_n(i;c)$ を右からかける）．
$R_i + cR_j$	第 i 行に第 j 行の c 倍を加える（$\Leftarrow$ $R_m(i,j;c)$ を左からかける）．
$C_j + cC_i$	第 j 列に第 i 列の c 倍を加える（$\Leftarrow$ $R_n(i,j;c)$ を右からかける）．

基本変形を逆にたどる変形もまた基本変形である．

●階　数●　次の 3 つの性質（ア），（イ），（ウ）をみたす行列を**階段行列**とよぶ．

（ア）　各行は，左端から 0 がいくつか連続して並んだあと，そのすぐ右の成分が 1 となる．ただし，0 が全く並ばず，左端に成分 1 がくることもある．また，行のすべての成分が 0 となって，1 が全く あらわれない場合もある．

（イ）　行が下にいくにつれて，左端から連続して並ぶ 0 の数が増えていく．

（ウ）　左端から並んだ 0 のすぐ右の成分 1 に着目すると，その上下の成分はすべて 0 である．

たとえば，次のような行列が階段行列である．

$$\begin{pmatrix} 1 & 0 & -2 & 1 \\ 0 & 1 & -3 & -1 \\ 0 & 0 & 0 & 0 \end{pmatrix}, \quad \begin{pmatrix} 0 & 1 & 0 & 2 & 0 & 1 \\ 0 & 0 & 1 & 0 & 0 & 3 \\ 0 & 0 & 0 & 0 & 1 & 4 \\ 0 & 0 & 0 & 0 & 0 & 0 \end{pmatrix}$$

(m,n) 型行列 A の (p,q) 成分が 0 でないとき，行基本変形をくり返しほどこすことにより，次の性質を持つ行列を得ることができる．このような操作を「**(p,q) 成分を中心として，第 q 列を掃き出す**」という．

(1)　(p,q) 成分は 1 である．

(2)　(p,q) 成分以外の第 q 列の成分はすべて 0 である．

同様に，列基本変形をくり返すと，「**(p,q) 成分を中心として，第 p 行を掃き出す**」ことができる．一般に，このような操作を続けて簡単な行列を得ることを**掃き出し法**

とよぶ.

A を任意の (m,n) 型行列とするとき，A に行基本変形をくり返しほどこして階段行列を作ることができる．このときに得られた階段行列において，0 以外の成分を含む行の本数を r とすると，r は基本変形の選び方によらない．この r を A の**階数**（**ランク**）といい，$\mathrm{rank}(A)$ と表す．

A に行基本変形と列基本変形をくり返しほどこすと，行列 $\left(\begin{array}{c|c} E_r & O \\ \hline O & O \end{array}\right)$ を作ることができる．ここで，$r = \mathrm{rank}(A)$ である．

● 基本変形と正則行列 ●

n 次正方行列 A については，「A が正則 $\Leftrightarrow \mathrm{rank}(A) = n$」が成り立つ．

任意の正則行列はいくつかの基本行列の積として表される．

● 逆行列の計算 ● n 次正則行列 A の右に単位行列 E_n を並べて作った $(n, 2n)$ 型行列に**行基本変形**をほどこし，左側の部分を単位行列に変形する．このとき，右側にあらわれる行列が A^{-1} である．$(A|E_n) \to \cdots \to (E_n|A^{-1})$.

● 連立 1 次方程式の係数行列と拡大係数行列 ● 未知数 $x_1, x_2, \ldots, x_n$ に関する連立 1 次方程式

$$\begin{cases} a_{11}x_1 + a_{12}x_2 + \cdots + a_{1n}x_n = c_1 \\ a_{21}x_1 + a_{22}x_2 + \cdots + a_{2n}x_n = c_2 \\ \qquad \cdots \\ a_{m1}x_1 + a_{m2}x_2 + \cdots + a_{mn}x_n = c_m \end{cases}$$

は $A\boldsymbol{x} = \boldsymbol{c}$ という形に表せる．ここで

$$A = \begin{pmatrix} a_{11} & a_{12} & \cdots & a_{1n} \\ a_{21} & a_{22} & \cdots & a_{2n} \\ \vdots & \vdots & \ddots & \vdots \\ a_{m1} & a_{m2} & \cdots & a_{mn} \end{pmatrix}, \ \boldsymbol{x} = \begin{pmatrix} x_1 \\ x_2 \\ \vdots \\ x_n \end{pmatrix}, \ \boldsymbol{c} = \begin{pmatrix} c_1 \\ c_2 \\ \vdots \\ c_m \end{pmatrix}$$

である．A は**係数行列**，$\boldsymbol{x}$ は**未知数ベクトル**，$\boldsymbol{c}$ は**定数項ベクトル**とよばれる．さらに

$$\widetilde{A} = (A\ \boldsymbol{c}) = \begin{pmatrix} a_{11} & a_{12} & \cdots & a_{1n} & c_1 \\ a_{21} & a_{22} & \cdots & a_{2n} & c_2 \\ \vdots & \vdots & \ddots & \vdots & \vdots \\ a_{m1} & a_{m2} & \cdots & a_{mn} & c_m \end{pmatrix}, \quad \widetilde{\boldsymbol{x}} = \begin{pmatrix} \boldsymbol{x} \\ -1 \end{pmatrix} = \begin{pmatrix} x_1 \\ x_2 \\ \vdots \\ x_n \\ -1 \end{pmatrix}$$

とおくと，$\widetilde{A}\widetilde{\boldsymbol{x}} = \boldsymbol{0}$ と書き直せる．この $\widetilde{A}$ を**拡大係数行列**とよぶ．

● 行列の基本変形と連立 1 次方程式 ● 連立 1 次方程式 $A\boldsymbol{x} = \boldsymbol{c}$ の拡大係数行列 $\widetilde{A} = (A\ \boldsymbol{c})$ に行基本変形をくり返しほどこすことにより，係数行列の部分を**階段行列**にすることができる．得られた階段行列の形によって，方程式が解を持つかどうかを

判定することができる．また，解を持つときには，その具体的な形を求めることができる．

$$\text{連立 1 次方程式 } A\boldsymbol{x} = \boldsymbol{c} \text{ が解を持つ} \Leftrightarrow \mathrm{rank}(\widetilde{A}) = \mathrm{rank}(A).$$

● 斉次連立 1 次方程式 ●　定数項が 0 である連立 1 次方程式 $A\boldsymbol{x} = \boldsymbol{0}$ を**斉次連立 1 次方程式**という．$\boldsymbol{x} = \boldsymbol{0}$ は解である．これを**自明な解**とよぶ．

A が (m, n) 型行列であり，$\mathrm{rank}(A) = r$ であるとすると，この方程式の一般解は $(n - r)$ 個の任意定数を含む．

未知数の個数が式の本数より多い斉次連立 1 次方程式は自明でない解を持つ．

A が n 次正方行列のとき，次が成り立つ．

$$A\boldsymbol{x} = \boldsymbol{0} \text{ が自明でない解を持つ} \Leftrightarrow A \text{ が正則行列でない．}$$

問題演習のねらい　行列の基本変形のしくみを理解し，実際の操作に習熟しよう！

導入　例題 1.10

次の問いに答えよ．

(1)　行列 $A = \begin{pmatrix} a_{11} & a_{12} & \cdots & a_{1n} \\ a_{21} & a_{22} & \cdots & a_{2n} \\ \vdots & \vdots & \ddots & \vdots \\ a_{m1} & a_{m2} & \cdots & a_{mn} \end{pmatrix}$ において，$\begin{pmatrix} a_{11} \\ a_{21} \\ \vdots \\ a_{m1} \end{pmatrix} \neq \begin{pmatrix} 0 \\ 0 \\ \vdots \\ 0 \end{pmatrix}$ ならば，A に行基本変形を何回かほどこすことにより

$$\begin{pmatrix} 1 & * & \cdots & * \\ 0 & * & \cdots & * \\ \vdots & \vdots & \ddots & \vdots \\ 0 & * & \cdots & * \end{pmatrix}$$

という形の行列に変形できることを示せ．

(2)　行列 $B = \begin{pmatrix} 1 & b_{12} & \cdots & b_{1n} \\ 0 & b_{22} & \cdots & b_{2n} \\ \vdots & \vdots & \ddots & \vdots \\ 0 & b_{m2} & \cdots & b_{mn} \end{pmatrix}$ において，$\begin{pmatrix} b_{22} \\ \vdots \\ b_{m2} \end{pmatrix} \neq \begin{pmatrix} 0 \\ \vdots \\ 0 \end{pmatrix}$ ならば，B に行基本変形を何回かほどこすことにより

$$\begin{pmatrix} 1 & 0 & * & \cdots & * \\ 0 & 1 & * & \cdots & * \\ \vdots & \vdots & \vdots & \ddots & * \\ 0 & 0 & * & \cdots & * \end{pmatrix}$$

という形の行列に変形できることを示せ．

【解答】 (1) 第1列の成分のうち，たとえば a_{i1} が0でないとする．$i \neq 1$ ならば，A の第1行と第 i 行を交換することにより，**(1,1) 成分が 0 でない行列**が得られる（$i = 1$ ならば何もしない）．その $(1,1)$ 成分の逆数を第1行全体にかければ，**(1,1) 成分が 1** である行列 A' が得られる．

$$A' = \begin{pmatrix} 1 & a'_{12} & \cdots & a'_{1n} \\ a'_{21} & a'_{22} & \cdots & a'_{2n} \\ \vdots & \vdots & \ddots & \vdots \\ a'_{m1} & a'_{m2} & \cdots & a'_{mn} \end{pmatrix}.$$

さらに，$2 \leq i \leq m$ をみたす自然数 i について，**第 i 行から第 1 行の a'_{i1} 倍を引けば**，$(i,1)$ 成分（$2 \leq i \leq m$）をすべて0にすることができる．

(2) 必要ならば，第2行から第 m 行までの行のうちの2つの行を交換することにより，**(2,2) 成分が 0 でない行列**が得られる．その $(2,2)$ 成分の逆数を第2行全体にかけることにより，**(2,2) 成分が 1** である行列 B' が得られる．

$$B' = \begin{pmatrix} 1 & b'_{12} & b'_{13} & \cdots & b'_{1n} \\ 0 & 1 & b'_{23} & \cdots & b'_{2n} \\ 0 & b'_{32} & b'_{33} & \cdots & b'_{3n} \\ \vdots & \vdots & \vdots & \ddots & \vdots \\ 0 & b'_{m2} & b'_{m3} & \cdots & b'_{mn} \end{pmatrix}.$$

次に，第1行から第2行の b'_{12} 倍を引けば，$(1,2)$ 成分が0になる．さらに，$3 \leq i \leq m$ をみたす i について，**第 i 行から第 2 行の b'_{i2} 倍を引けば**，$(i,2)$ 成分（$3 \leq i \leq m$）がすべて0になる．■

問 1.11 次の行列に行基本変形をくり返しほどこして，単位行列を作れ．

(1) $\begin{pmatrix} 2 & 3 \\ 4 & 5 \end{pmatrix}$

(2) $\begin{pmatrix} 3 & 1 & 2 \\ 1 & 1 & 0 \\ 2 & 3 & 5 \end{pmatrix}$

確認 例題 1.9

掃き出し法を利用して，次の連立 1 次方程式を解け.

(1) $\begin{cases} 2x+3y=1 \\ 4x+5y=0 \end{cases}$　(2) $\begin{cases} 3x+\ \ y+2z=0 \\ \ \ x+\ \ y \qquad\ \ =1 \\ 2x+3y+5z=0 \end{cases}$

【解答】 (1) 拡大係数行列に行基本変形をほどこす.

$$\begin{pmatrix} 2 & 3 & 1 \\ 4 & 5 & 0 \end{pmatrix} \xrightarrow{R_1\times\frac{1}{2}} \begin{pmatrix} 1 & \frac{3}{2} & \frac{1}{2} \\ 4 & 5 & 0 \end{pmatrix} \xrightarrow{R_2-4R_1} \begin{pmatrix} 1 & \frac{3}{2} & \frac{1}{2} \\ 0 & -1 & -2 \end{pmatrix}$$

$$\xrightarrow{R_2\times(-1)} \begin{pmatrix} 1 & \frac{3}{2} & \frac{1}{2} \\ 0 & 1 & 2 \end{pmatrix} \xrightarrow{R_1-\frac{3}{2}R_2} \begin{pmatrix} 1 & 0 & -\frac{5}{2} \\ 0 & 1 & 2 \end{pmatrix}.$$

これは，方程式を同値変形して

$$\begin{cases} x=-\dfrac{5}{2} \\ y=2 \end{cases}$$

が得られたことを意味する．よって，求める解は，$x=-\dfrac{5}{2}$, $y=2$.

(2) $$\begin{pmatrix} 3 & 1 & 2 & 0 \\ 1 & 1 & 0 & 1 \\ 2 & 3 & 5 & 0 \end{pmatrix} \xrightarrow{R_1\leftrightarrow R_2} \begin{pmatrix} 1 & 1 & 0 & 1 \\ 3 & 1 & 2 & 0 \\ 2 & 3 & 5 & 0 \end{pmatrix} \xrightarrow[R_3-2R_1]{R_2-3R_1} \begin{pmatrix} 1 & 1 & 0 & 1 \\ 0 & -2 & 2 & -3 \\ 0 & 1 & 5 & -2 \end{pmatrix}$$

$$\xrightarrow{R_2\times\left(-\frac{1}{2}\right)} \begin{pmatrix} 1 & 1 & 0 & 1 \\ 0 & 1 & -1 & \frac{3}{2} \\ 0 & 1 & 5 & -2 \end{pmatrix} \xrightarrow[R_3-R_2]{R_1-R_2} \begin{pmatrix} 1 & 0 & 1 & -\frac{1}{2} \\ 0 & 1 & -1 & \frac{3}{2} \\ 0 & 0 & 6 & -\frac{7}{2} \end{pmatrix}$$

$$\xrightarrow{R_3\times\frac{1}{6}} \begin{pmatrix} 1 & 0 & 1 & -\frac{1}{2} \\ 0 & 1 & -1 & \frac{3}{2} \\ 0 & 0 & 1 & -\frac{7}{12} \end{pmatrix} \xrightarrow[R_2+R_3]{R_1-R_3} \begin{pmatrix} 1 & 0 & 0 & \frac{1}{12} \\ 0 & 1 & 0 & \frac{11}{12} \\ 0 & 0 & 1 & -\frac{7}{12} \end{pmatrix}.$$

これより，求める解は，$x=\dfrac{1}{12}$, $y=\dfrac{11}{12}$, $z=-\dfrac{7}{12}$. ■

問 1.12 掃き出し法を利用して，次の連立 1 次方程式を解け.

(1) $\begin{cases} 2x+3y=0 \\ 4x+5y=1 \end{cases}$　(2) $\begin{cases} 3x+\ \ y+2z=0 \\ \ \ x+\ \ y \qquad\ \ =0 \\ 2x+3y+5z=1 \end{cases}$

確認 例題 1.10

掃き出し法を利用して，次の行列の逆行列を求めよ．

(1) $\begin{pmatrix} 2 & 3 \\ 4 & 5 \end{pmatrix}$ (2) $\begin{pmatrix} 3 & 1 & 2 \\ 1 & 1 & 0 \\ 2 & 3 & 5 \end{pmatrix}$

【解答】 (1) **与えられた行列の右側に単位行列を並べ，全体に行基本変形をほどこして，左側を単位行列にする．そのとき，右側に逆行列があらわれる．** いまの場合

$$\left(\begin{array}{cc|cc} 2 & 3 & 1 & 0 \\ 4 & 5 & 0 & 1 \end{array}\right) \xrightarrow{R_1 \times \frac{1}{2}} \left(\begin{array}{cc|cc} 1 & \frac{3}{2} & \frac{1}{2} & 0 \\ 4 & 5 & 0 & 1 \end{array}\right)$$

$$\xrightarrow{R_2 - 4R_1} \left(\begin{array}{cc|cc} 1 & \frac{3}{2} & \frac{1}{2} & 0 \\ 0 & -1 & -2 & 1 \end{array}\right) \xrightarrow{R_2 \times (-1)} \left(\begin{array}{cc|cc} 1 & \frac{3}{2} & \frac{1}{2} & 0 \\ 0 & 1 & 2 & -1 \end{array}\right)$$

$$\xrightarrow{R_1 - \frac{3}{2}R_2} \left(\begin{array}{cc|cc} 1 & 0 & -\frac{5}{2} & \frac{3}{2} \\ 0 & 1 & 2 & -1 \end{array}\right)$$ より，逆行列は $\begin{pmatrix} -\frac{5}{2} & \frac{3}{2} \\ 2 & -1 \end{pmatrix}$.

(2) $$\left(\begin{array}{ccc|ccc} 3 & 1 & 2 & 1 & 0 & 0 \\ 1 & 1 & 0 & 0 & 1 & 0 \\ 2 & 3 & 5 & 0 & 0 & 1 \end{array}\right) \xrightarrow{R_1 \leftrightarrow R_2} \left(\begin{array}{ccc|ccc} 1 & 1 & 0 & 0 & 1 & 0 \\ 3 & 1 & 2 & 1 & 0 & 0 \\ 2 & 3 & 5 & 0 & 0 & 1 \end{array}\right)$$

$$\xrightarrow[R_3 - 2R_1]{R_2 - 3R_1} \left(\begin{array}{ccc|ccc} 1 & 1 & 0 & 0 & 1 & 0 \\ 0 & -2 & 2 & 1 & -3 & 0 \\ 0 & 1 & 5 & 0 & -2 & 1 \end{array}\right) \xrightarrow{R_2 \times \left(-\frac{1}{2}\right)} \left(\begin{array}{ccc|ccc} 1 & 1 & 0 & 0 & 1 & 0 \\ 0 & 1 & -1 & -\frac{1}{2} & \frac{3}{2} & 0 \\ 0 & 1 & 5 & 0 & -2 & 1 \end{array}\right)$$

$$\xrightarrow[R_3 - R_2]{R_1 - R_2} \left(\begin{array}{ccc|ccc} 1 & 0 & 1 & \frac{1}{2} & -\frac{1}{2} & 0 \\ 0 & 1 & -1 & -\frac{1}{2} & \frac{3}{2} & 0 \\ 0 & 0 & 6 & \frac{1}{2} & -\frac{7}{2} & 1 \end{array}\right) \xrightarrow{R_3 \times \frac{1}{6}} \left(\begin{array}{ccc|ccc} 1 & 0 & 1 & \frac{1}{2} & -\frac{1}{2} & 0 \\ 0 & 1 & -1 & -\frac{1}{2} & \frac{3}{2} & 0 \\ 0 & 0 & 1 & \frac{1}{12} & -\frac{7}{12} & \frac{1}{6} \end{array}\right)$$

$$\xrightarrow[R_2 + R_3]{R_1 - R_3} \left(\begin{array}{ccc|ccc} 1 & 0 & 0 & \frac{5}{12} & \frac{1}{12} & -\frac{1}{6} \\ 0 & 1 & 0 & -\frac{5}{12} & \frac{11}{12} & \frac{1}{6} \\ 0 & 0 & 1 & \frac{1}{12} & -\frac{7}{12} & \frac{1}{6} \end{array}\right).$$

これより，求める逆行列は $\begin{pmatrix} \frac{5}{12} & \frac{1}{12} & -\frac{1}{6} \\ -\frac{5}{12} & \frac{11}{12} & \frac{1}{6} \\ \frac{1}{12} & -\frac{7}{12} & \frac{1}{6} \end{pmatrix}$. ■

問 1.13 掃き出し法を利用して，次の行列の逆行列を求めよ．

(1) $\begin{pmatrix} 1 & a \\ 0 & 1 \end{pmatrix}$ (2) $\begin{pmatrix} 1 & a & 0 \\ 0 & 1 & b \\ 0 & 0 & 1 \end{pmatrix}$

基本変形と基本行列の関係についても考えてみよう．3 種類の基本行列を表す記号については，ここでも $P_n(i,j)$, $Q_n(i;c)$, $R_n(i,j;c)$ を用いる（p.20 要項参照）．

確認 例題 1.11

行列 $A = \begin{pmatrix} 2 & 3 \\ 4 & 5 \end{pmatrix}$ を基本行列の積の形に表せ．

【解答】　問 1.11 (1) の基本変形を参考にする．A を単位行列に変形するまでに用いた基本変形を順に並べると，次のようになる．

$$\text{(I)}: R_1 \times \frac{1}{2}, \qquad \text{(II)}: R_2 - 4R_1,$$
$$\text{(III)}: R_2 \times (-1), \qquad \text{(IV)}: R_1 - \frac{3}{2}R_2.$$

これらの基本変形は，それぞれ次の基本行列を左からかけることに対応している．

$$\text{(I)}: Q_2\left(1; \frac{1}{2}\right), \qquad \text{(II)}: R_2(2,1;-4),$$
$$\text{(III)}: Q_2(2;-1), \qquad \text{(IV)}: R_2\left(1,2;-\frac{3}{2}\right).$$

(I) から (IV) の基本行列を順に左からかけて単位行列が得られたので

$$R_2\left(1,2;-\frac{3}{2}\right) Q_2(2;-1) R_2(2,1;-4) Q_2\left(1;\frac{1}{2}\right) A = E_2$$

が成り立つ．この式の両辺に

$$\begin{aligned}
&\left(R_2\left(1,2;-\frac{3}{2}\right) Q_2(2;-1) R_2(2,1;-4) Q_2\left(1;\frac{1}{2}\right)\right)^{-1} \\
&= Q_2\left(1;\frac{1}{2}\right)^{-1} R_2(2,1;-4)^{-1} Q_2(2;-1)^{-1} R_2\left(1,2;-\frac{3}{2}\right)^{-1} \\
&= Q_2(1;2) R_2(2,1;4) Q_2(2;-1) R_2\left(1,2;\frac{3}{2}\right)
\end{aligned}$$

をかければ，次が得られる．

$$\begin{aligned}
A &= Q_2(1;2) R_2(2,1;4) Q_2(2;-1) R_2\left(1,2;\frac{3}{2}\right) \\
&= \begin{pmatrix} 2 & 0 \\ 0 & 1 \end{pmatrix} \begin{pmatrix} 1 & 0 \\ 4 & 1 \end{pmatrix} \begin{pmatrix} 1 & 0 \\ 0 & -1 \end{pmatrix} \begin{pmatrix} 1 & \frac{3}{2} \\ 0 & 1 \end{pmatrix}.
\end{aligned}$$

（もちろん，これ以外にもいろいろな解答があり得る．）■

問 1.14　行列 $B = \begin{pmatrix} 1 & a & 0 \\ 0 & 1 & b \\ 0 & 0 & 1 \end{pmatrix}$ を基本行列の積の形に表せ．

行基本変形による掃き出し法について，もう少し考えておこう．

導入 例題 1.11

$A=\begin{pmatrix}1&2&1&4\\2&4&3&9\\1&2&3&6\end{pmatrix}$ に行基本変形をくり返しほどこして階段行列を作れ．また，A の階数を求めよ．

【解答】 まず，**第1列を掃き出す**．次に，**第2列は掃き出せないので，第3列を掃き出す**と，階段行列になる．

$$\begin{pmatrix}1&2&1&4\\2&4&3&9\\1&2&3&6\end{pmatrix}\xrightarrow[R_3-R_1]{R_2-2R_1}\begin{pmatrix}1&2&1&4\\0&0&1&1\\0&0&2&2\end{pmatrix}\xrightarrow[R_3-2R_2]{R_1-R_2}\begin{pmatrix}1&2&0&3\\0&0&1&1\\0&0&0&0\end{pmatrix}.$$

最終的に得られた階段行列の行のうち，第3行の成分はすべて0である．0でない成分を含む行は，第1行と第2行の2個であるので，**A の階数は2**である．■

問 1.15　行列 $A=\begin{pmatrix}0&1&0&2&1\\0&1&1&5&1\\0&0&1&3&1\\0&2&2&10&4\end{pmatrix}$ に行基本変形をくり返しほどこして階段行列を作れ．また，A の階数を求めよ．

確認 例題 1.12

掃き出し法を利用して，次の連立1次方程式を解け．

(1) $\begin{cases}x_1+x_2+x_4=3\\x_1+x_2+x_3+3x_4=6\\x_1+x_2-x_3-x_4=0\end{cases}$

(2) $\begin{cases}x_1+2x_2-x_3+2x_4=0\\x_1+2x_2-x_4=1\\2x_1+4x_2-2x_4=3\end{cases}$

【解答】 (1)　拡大係数行列に行基本変形をくり返しほどこして，係数行列の部分（最後の列を除いた部分）を階段行列にする．

$$\begin{pmatrix}1&1&0&1&3\\1&1&1&3&6\\1&1&-1&-1&0\end{pmatrix}\xrightarrow[R_3-R_1]{R_2-R_1}\begin{pmatrix}1&1&0&1&3\\0&0&1&2&3\\0&0&-1&-2&-3\end{pmatrix}$$

$$\xrightarrow{R_3+R_2} \begin{pmatrix} 1 & 1 & 0 & 1 & 3 \\ 0 & 0 & 1 & 2 & 3 \\ 0 & 0 & 0 & 0 & 0 \end{pmatrix}.$$

最後に得られた階段行列に対応する連立 1 次方程式は

$$\begin{cases} x_1 + x_2 \qquad + \ x_4 = 3 \\ \qquad\qquad x_3 + 2x_4 = 3 \\ \qquad\qquad\qquad 0 = 0 \end{cases}$$

となる．第 1 式と第 2 式において，x_1, x_3 以外の項を右辺に移項すると

$$\begin{cases} x_1 = 3 - x_2 - x_4 \\ x_3 = 3 - 2x_4 \end{cases}$$

となる．そこで，$x_2 = \alpha$, $x_4 = \beta$（α, β は任意定数）とおけば，それに応じて

$$x_1 = 3 - \alpha - \beta, \quad x_3 = 3 - 2\beta$$

とすれば，上の方程式をみたす．したがって，求める解は次のように与えられる．

$$x_1 = 3 - \alpha - \beta, \quad x_2 = \alpha, \quad x_3 = 3 - 2\beta, \quad x_4 = \beta \quad (\alpha, \beta \text{ は任意定数}).$$

(2)　拡大係数行列を変形すると，次のようになる．

$$\begin{pmatrix} 1 & 2 & -1 & 2 & 0 \\ 1 & 2 & 0 & -1 & 1 \\ 2 & 4 & 0 & -2 & 3 \end{pmatrix} \xrightarrow[R_3-2R_1]{R_2-R_1} \begin{pmatrix} 1 & 2 & -1 & 2 & 0 \\ 0 & 0 & 1 & -3 & 1 \\ 0 & 0 & 2 & -6 & 3 \end{pmatrix}$$

$$\xrightarrow[R_3-2R_2]{R_1+R_2} \begin{pmatrix} 1 & 2 & 0 & -1 & 1 \\ 0 & 0 & 1 & -3 & 1 \\ 0 & 0 & 0 & 0 & 1 \end{pmatrix}.$$

よって，問題文の方程式は，次の方程式と同値である．

$$\begin{cases} x_1 + 2x_2 \qquad - \ x_4 = 1 \\ \qquad\qquad x_3 - 3x_4 = 1 \\ \qquad\qquad\qquad 0 = 1 \end{cases}$$

この方程式は「$0 = 1$」という不合理な式を含むので，**解がない**．■

問 1.16　掃き出し法を利用して，次の連立 1 次方程式を解け．

(1) $\begin{cases} x_1 \qquad\quad - \ 2x_3 + 2x_4 = 3 \\ x_1 + \ x_2 - \ 5x_3 + 2x_4 = 5 \\ \qquad 2x_2 - \ 6x_3 + 2x_4 = 6 \\ 2x_1 + 3x_2 - 13x_3 + 7x_4 = 15 \end{cases}$　(2) $\begin{cases} x_1 \qquad\quad - \ 2x_3 + 2x_4 = 3 \\ x_1 + \ x_2 - \ 5x_3 + 2x_4 = 5 \\ \qquad 2x_2 - \ 6x_3 + 2x_4 = 6 \\ 2x_1 + 3x_2 - 13x_3 + 7x_4 = 18 \end{cases}$

確認 例題 1.13

次の連立1次方程式が解を持つような a を求め，さらに，そのときの解を求めよ．

$$\begin{cases} x_1 + x_2 + 2x_3 + x_4 = 2 \\ 2x_1 + x_3 = 1 \\ 2x_2 + 3x_3 + 2x_4 = a \end{cases}$$

【解答】 拡大係数行列に次のような行基本変形をほどこす．

$$\begin{pmatrix} 1 & 1 & 2 & 1 & 2 \\ 2 & 0 & 1 & 0 & 1 \\ 0 & 2 & 3 & 2 & a \end{pmatrix} \xrightarrow{R_2-2R_1} \begin{pmatrix} 1 & 1 & 2 & 1 & 2 \\ 0 & -2 & -3 & -2 & -3 \\ 0 & 2 & 3 & 2 & a \end{pmatrix}$$

$$\xrightarrow{R_2\times\left(-\frac{1}{2}\right)} \begin{pmatrix} 1 & 1 & 2 & 1 & 2 \\ 0 & 1 & \frac{3}{2} & 1 & \frac{3}{2} \\ 0 & 2 & 3 & 2 & a \end{pmatrix} \xrightarrow[R_3-2R_2]{R_1-R_2} \begin{pmatrix} 1 & 0 & \frac{1}{2} & 0 & \frac{1}{2} \\ 0 & 1 & \frac{3}{2} & 1 & \frac{3}{2} \\ 0 & 0 & 0 & 0 & a-3 \end{pmatrix}.$$

この一連の変形の最後に得られた行列に対応する連立1次方程式は

$$\begin{cases} x_1 + \dfrac{1}{2}x_3 = \dfrac{1}{2} \\ x_2 + \dfrac{3}{2}x_3 + x_4 = \dfrac{3}{2} \\ 0 = a-3 \end{cases}$$

である．よって，方程式が解を持つためには，$a=3$ でなければならない．

$a=3$ のとき

$$x_3 = \alpha, \quad x_4 = \beta$$

とおくことにより，解は次のように与えられる．

$$x_1 = \frac{1}{2} - \frac{1}{2}\alpha, \quad x_2 = \frac{3}{2} - \frac{3}{2}\alpha - \beta, \quad x_3 = \alpha, \quad x_4 = \beta \qquad (\alpha,\ \beta \text{ は任意定数}).$$

■

次に，行基本変形と列基本変形を両方用いることによって，行列を変形することを考えよう．

導入　例題 1.12

次の問いに答えよ．

(1)　(m,n) 型行列 A が零行列でなければ，必要に応じて A に行基本変形と列基本変形をほどこすことにより

$$B = \left(\begin{array}{c|c} 1 & {}^t\mathbf{0} \\ \hline \mathbf{0} & * \end{array}\right)$$

という形の行列に変形できることを示せ．ここで，B は第 1 行と第 2 行の間，第 1 列と第 2 列の間で区分けしている．

(2)　行列

$$B = \left(\begin{array}{c|c} 1 & {}^t\mathbf{0} \\ \hline \mathbf{0} & * \end{array}\right)$$

において，右下のブロックが O でなければ，必要に応じて B に行基本変形と列基本変形をほどこすことにより

$$\left(\begin{array}{c|c} E_2 & O \\ \hline O & * \end{array}\right)$$

という形の行列に変形できることを示せ．

【解答】　(1)　A には 0 でない成分があるので，必要ならば行や列を交換して，**$(1,1)$ 成分が 0 でない行列に変形**する．さらに，第 1 行を定数倍して，**$(1,1)$ 成分を 1 にする**．

次に，行基本変形を用いて，**$(1,1)$ 成分を中心として第 1 列を掃き出す**．さらに，列基本変形を用いて，**$(1,1)$ 成分を中心として第 1 行を掃き出せばよい**．

(2)　行や列の交換により，$(2,2)$ 成分が 0 でない行列に変形し，さらに，**$(2,2)$ 成分を 1 にしてから，第 2 列と第 2 行を掃き出せばよい**．■

確認 例題 1.14

導入例題 1.11 の行列

$$A = \begin{pmatrix} 1 & 2 & 1 & 4 \\ 2 & 4 & 3 & 9 \\ 1 & 2 & 3 & 6 \end{pmatrix}$$

に行基本変形と列基本変形をくり返しほどこして

$$\left(\begin{array}{c|c} E_r & O \\ \hline O & O \end{array}\right)$$

の形にせよ．また，A の階数は何か．

【解答】 次のように変形する．

$$\begin{pmatrix} 1 & 2 & 1 & 4 \\ 2 & 4 & 3 & 9 \\ 1 & 2 & 3 & 6 \end{pmatrix} \xrightarrow[R_3 - R_1]{R_2 - 2R_1} \begin{pmatrix} 1 & 2 & 1 & 4 \\ 0 & 0 & 1 & 1 \\ 0 & 0 & 2 & 2 \end{pmatrix}$$

$$\xrightarrow[\substack{C_3 - C_1 \\ C_4 - 4C_1}]{C_2 - 2C_1} \begin{pmatrix} 1 & 0 & 0 & 0 \\ 0 & 0 & 1 & 1 \\ 0 & 0 & 2 & 2 \end{pmatrix} \xrightarrow{C_2 \leftrightarrow C_3} \begin{pmatrix} 1 & 0 & 0 & 0 \\ 0 & 1 & 0 & 1 \\ 0 & 2 & 0 & 2 \end{pmatrix}$$

$$\xrightarrow{R_3 - 2R_2} \begin{pmatrix} 1 & 0 & 0 & 0 \\ 0 & 1 & 0 & 1 \\ 0 & 0 & 0 & 0 \end{pmatrix} \xrightarrow{C_4 - C_2} \left(\begin{array}{cc|cc} 1 & 0 & 0 & 0 \\ 0 & 1 & 0 & 0 \\ \hline 0 & 0 & 0 & 0 \end{array}\right).$$

これより，A の階数は 2 であることがわかる． ■

問 1.17　問 1.15 の行列

$$A = \begin{pmatrix} 0 & 1 & 0 & 2 & 1 \\ 0 & 1 & 1 & 5 & 1 \\ 0 & 0 & 1 & 3 & 1 \\ 0 & 2 & 2 & 10 & 4 \end{pmatrix}$$

に行基本変形と列基本変形をくり返しほどこして

$$\left(\begin{array}{c|c} E_r & O \\ \hline O & O \end{array}\right)$$

の形にせよ．また，A の階数は何か．

確認 例題 1.15

「$A = \begin{pmatrix} 1 & 0 & 1 \\ 1 & 1 & 3 \\ 2 & 1 & 4 \end{pmatrix}$ とする．A の階数 r を求め，さらに $PAQ = \left(\begin{array}{c|c} E_r & O \\ \hline O & O \end{array}\right)$ となる正則行列 P, Q の例を1組求めよ.」という問題に対し，太郎君は次のように解答した．

【太郎君の解答】　次のように基本変形をほどこす．

$$\left(\begin{array}{ccc|ccc} 1 & 0 & 1 & 1 & 0 & 0 \\ 1 & 1 & 3 & 0 & 1 & 0 \\ 2 & 1 & 4 & 0 & 0 & 1 \\ \hline 1 & 0 & 0 & \times & \times & \times \\ 0 & 1 & 0 & \times & \times & \times \\ 0 & 0 & 1 & \times & \times & \times \end{array}\right) \xrightarrow[R_3-2R_1]{R_2-R_1} \left(\begin{array}{ccc|ccc} 1 & 0 & 1 & 1 & 0 & 0 \\ 0 & 1 & 2 & -1 & 1 & 0 \\ 0 & 1 & 2 & -2 & 0 & 1 \\ \hline 1 & 0 & 0 & \times & \times & \times \\ 0 & 1 & 0 & \times & \times & \times \\ 0 & 0 & 1 & \times & \times & \times \end{array}\right)$$

$$\xrightarrow{C_3-C_1} \left(\begin{array}{ccc|ccc} 1 & 0 & 0 & 1 & 0 & 0 \\ 0 & 1 & 2 & -1 & 1 & 0 \\ 0 & 1 & 2 & -2 & 0 & 1 \\ \hline 1 & 0 & -1 & \times & \times & \times \\ 0 & 1 & 0 & \times & \times & \times \\ 0 & 0 & 1 & \times & \times & \times \end{array}\right) \xrightarrow{R_3-R_2} \left(\begin{array}{ccc|ccc} 1 & 0 & 0 & 1 & 0 & 0 \\ 0 & 1 & 2 & -1 & 1 & 0 \\ 0 & 0 & 0 & -1 & -1 & 1 \\ \hline 1 & 0 & -1 & \times & \times & \times \\ 0 & 1 & 0 & \times & \times & \times \\ 0 & 0 & 1 & \times & \times & \times \end{array}\right)$$

$$\xrightarrow{C_3-2C_2} \left(\begin{array}{ccc|ccc} 1 & 0 & 0 & 1 & 0 & 0 \\ 0 & 1 & 0 & -1 & 1 & 0 \\ 0 & 0 & 0 & -1 & -1 & 1 \\ \hline 1 & 0 & -1 & \times & \times & \times \\ 0 & 1 & -2 & \times & \times & \times \\ 0 & 0 & 1 & \times & \times & \times \end{array}\right).$$

このことより $r = 2$ である．また，$P = \begin{pmatrix} 1 & 0 & 0 \\ -1 & 1 & 0 \\ -1 & -1 & 1 \end{pmatrix}$, $Q = \begin{pmatrix} 1 & 0 & -1 \\ 0 & 1 & -2 \\ 0 & 0 & 1 \end{pmatrix}$

とおけばよい．

太郎君の方法がどのようなものであり，また，なぜそのような方法によって P, Q が求められるのかを説明せよ．

【解答】　$F = \begin{pmatrix} 1 & 0 & 0 \\ 0 & 1 & 0 \\ 0 & 0 & 0 \end{pmatrix}$ とおく．太郎君は，まず $\left(\begin{array}{c|c} A & E_3 \\ \hline E_3 & \times \end{array}\right)$ という行列を作った（右下のエリア「×」は空白）．**行基本変形をほどこすときは，A とその右の部分に一斉に変形をほどこし，列基本変形は A とその下の部分に一斉にほどこす**．行基本変形に対応する基本行列の積を P，列基本変形に対応する基本行列の積を Q とすれば，$PAQ = F$ となるが，太郎君が最初に作った大きな行列の**右上の部分には行基本変形**

のみがほどこされるので，最終的に $PE_3 = P$ に変形される．同様に，左下の部分は列基本変形のみの影響を受けるので，最終的に $E_3Q = Q$ となる． ■

問 1.18　$A = \begin{pmatrix} 2 & 4 & 3 \\ 1 & 2 & 1 \end{pmatrix}$ の階数が2であることを示し，$PAB = \begin{pmatrix} 1 & 0 & 0 \\ 0 & 1 & 0 \end{pmatrix}$ となる2次正則行列 P，3次正則行列 Q の例を1組与えよ．

問 1.19　n 次正則行列 A の右側に単位行列 E_n を並べ，$(A|E_n)$ 全体に行基本変形のみをくり返しほどこし，左側が単位行列 E_n になったとき，右側には A^{-1} があらわれる．それはなぜか．

理論的なことがらも確認しておこう．

導入 例題 1.13

n 次正方行列 A に基本変形をほどこして，行列 B が得られたとする．このとき，「A が正則 $\Leftrightarrow$ B が正則」が成り立つことを示せ．

【解答】　行基本変形に対応する基本行列の積を P, 列基本変形に対応する基本行列の積を Q とすれば，P, Q は正則であって，$B = PAQ$ となる．A が正則ならば，B は3つの正則行列 P, A, Q の積であるので，B もまた正則である．また，$A = P^{-1}BQ^{-1}$ であるので，B が正則ならば，A は3つの正則行列 P^{-1}, B, Q^{-1} の積となり，A もまた正則行列である． ■

確認 例題 1.16

A は n 次正方行列とする．
(1)　A の階数が n ならば，A は正則行列であることを示せ．
(2)　A の階数が n より小さければ，A は正則行列でないことを示せ．
(3)　「$\mathrm{rank}(A) = n \Leftrightarrow A$ が正則」を示せ．

【解答】　(1)　A の階数が n のとき，A に基本変形をほどこして単位行列 E_n が得られる．E_n は正則であるので，導入例題 1.13 より，A も正則である．

(2)　A の階数を r とすると，A に基本変形をほどこして，行列 $\left(\begin{array}{c|c} E_r & O \\ \hline O & O \end{array}\right)$ が得られる．$r < n$ とすると，この行列の第 $(r+1)$ 行の成分がすべて0であるので，確認例題 1.6 より，この行列は正則でない．よって，導入例題 1.13 より，A も正則でない．

(3)　小問 (1) と小問 (2) よりしたがう． ■

1.6　ベクトルの内積とその性質

● 内積の定義 ●　n 次元ベクトル $\boldsymbol{a}=(a_i)$, $\boldsymbol{b}=(b_i)$ の**内積** $(\boldsymbol{a},\boldsymbol{b})$ を

$$(\boldsymbol{a},\boldsymbol{b})=\sum_{i=1}^{n}a_i\overline{b}_i=a_1\overline{b}_1+a_2\overline{b}_2+\cdots+a_n\overline{b}_n$$

と定める．ここで，$\overline{z}$ は複素数 z の**複素共役**を表す（実ベクトルの内積については，複素共役は不要）．

● 内積の基本的性質 ●　n 次元ベクトル $\boldsymbol{a}$, $\boldsymbol{a}'$, $\boldsymbol{b}$, $\boldsymbol{b}'$ および数 c に対して次が成り立つ．

(1)　$(\boldsymbol{a}+\boldsymbol{a}',\boldsymbol{b})=(\boldsymbol{a},\boldsymbol{b})+(\boldsymbol{a}',\boldsymbol{b})$.
(2)　$(c\boldsymbol{a},\boldsymbol{b})=c(\boldsymbol{a},\boldsymbol{b})$.
(3)　$(\boldsymbol{a},\boldsymbol{b}+\boldsymbol{b}')=(\boldsymbol{a},\boldsymbol{b})+(\boldsymbol{a},\boldsymbol{b}')$.
(4)　$(\boldsymbol{a},c\boldsymbol{b})=\overline{c}(\boldsymbol{a},\boldsymbol{b})$.
(5)　$(\boldsymbol{b},\boldsymbol{a})=\overline{(\boldsymbol{a},\boldsymbol{b})}$.
(6)　$(\boldsymbol{a},\boldsymbol{a})$ は 0 以上の実数である．さらに，$(\boldsymbol{a},\boldsymbol{a})=0\Leftrightarrow\boldsymbol{a}=\boldsymbol{0}$.

$\sqrt{(\boldsymbol{a},\boldsymbol{a})}$ を $\boldsymbol{a}$ の**ノルム**（**長さ**）といい，記号 $\|\boldsymbol{a}\|$ で表す．$\|c\boldsymbol{a}\|=|c|\,\|\boldsymbol{a}\|$ が成り立つ．ここで $|c|$ は複素数 c の絶対値を表す．$|c|=\sqrt{c\overline{c}}$.

● シュワルツの不等式と三角不等式 ●

シュワルツの不等式：$|(\boldsymbol{a},\boldsymbol{b})|\leq\|\boldsymbol{a}\|\,\|\boldsymbol{b}\|$（等号成立 $\Leftrightarrow$ $\boldsymbol{a}$ と $\boldsymbol{b}$ が線形従属（p.101 の要項参照））.

三角不等式：$\|\boldsymbol{a}+\boldsymbol{b}\|\leq\|\boldsymbol{a}\|+\|\boldsymbol{b}\|$

（等号成立 $\Leftrightarrow$ 0 以上の実数 c が存在して $\boldsymbol{b}=c\boldsymbol{a}$，または $\boldsymbol{a}=\boldsymbol{0}$）.

問題演習のねらい　内積の取り扱いに習熟し，シュワルツの不等式や三角不等式を理解しよう！

まず，ベクトルの内積やノルムの計算に慣れることからはじめよう．

導入　例題 1.14

$i=\sqrt{-1}$ とし，$z=2+3i$, $w=4-i$ とする．次の数を求めよ．

(1)　$\overline{w}$　　(2)　$z\overline{w}$　　(3)　$z\overline{z}$　　(4)　$|z|$

【解答】　(1)　$\overline{w}=4+i$.　　(2)　$z\overline{w}=(2+3i)(4+i)=5+14i$.

(3)　$z\overline{z}=(2+3i)(2-3i)=13$.　　(4)　$|z|=\sqrt{z\overline{z}}=\sqrt{13}$.　■

確認 例題 1.17

(1)　$\boldsymbol{a} = \begin{pmatrix} 2 \\ 1 \\ 3 \end{pmatrix}$, $\boldsymbol{b} = \begin{pmatrix} 1 \\ 1 \\ 1 \end{pmatrix}$ とする．$\boldsymbol{a}$ と $\boldsymbol{b}$ の内積 $(\boldsymbol{a}, \boldsymbol{b})$ と，$\boldsymbol{a}$, $\boldsymbol{b}$ のノルム $\|\boldsymbol{a}\|$, $\|\boldsymbol{b}\|$ を求めよ．

(2)　$\boldsymbol{a} = \begin{pmatrix} 2+i \\ 1-i \end{pmatrix}$, $\boldsymbol{b} = \begin{pmatrix} 1+2i \\ 1+i \end{pmatrix}$ とする．$\boldsymbol{a}$ と $\boldsymbol{b}$ の内積 $(\boldsymbol{a}, \boldsymbol{b})$ と，$\boldsymbol{a}$, $\boldsymbol{b}$ のノルム $\|\boldsymbol{a}\|$, $\|\boldsymbol{b}\|$ を求めよ．ただし，$i = \sqrt{-1}$ とする．

【解答】　(1)

$$(\boldsymbol{a}, \boldsymbol{b}) = 2 \times 1 + 1 \times 1 + 3 \times 1 = 6,$$

$$\|\boldsymbol{a}\| = \sqrt{(\boldsymbol{a}, \boldsymbol{a})} = \sqrt{2^2 + 1^2 + 3^2} = \sqrt{14},$$

$$\|\boldsymbol{b}\| = \sqrt{1^2 + 1^2 + 1^2} = \sqrt{3}.$$

(2)

$$\begin{aligned} (\boldsymbol{a}, \boldsymbol{b}) &= (2+i)\overline{(1+2i)} + (1-i)\overline{(1+i)} \\ &= (2+i)(1-2i) + (1-i)(1-i) = 4-5i, \\ \|\boldsymbol{a}\|^2 &= (\boldsymbol{a}, \boldsymbol{a}) = (2+i)\overline{(2+i)} + (1-i)\overline{(1-i)} \\ &= (2+i)(2-i) + (1-i)(1+i) = 7, \\ \|\boldsymbol{b}\|^2 &= (1+2i)(1-2i) + (1+i)(1-i) = 7 \end{aligned}$$

より

$$\|\boldsymbol{a}\| = \sqrt{7}, \quad \|\boldsymbol{b}\| = \sqrt{7}$$

である．■

次に，内積やノルムの性質をいくつか確認しておこう．

導入 例題 1.15

$z = x + yi$ $(x,\ y \in \mathbb{R},\ i = \sqrt{-1})$ とする．このとき，$z\overline{z} = |z|^2$ は0以上の実数であることを示せ．また，「$|z| = 0 \Leftrightarrow z = 0$」を示せ．

【解答】

$$z\overline{z} = (x+yi)(x-yi) = x^2 + y^2 \geq 0$$

である．$z = 0$ ならば $z\overline{z} = 0$ である．逆に，$z\overline{z} = x^2 + y^2 = 0$ ならば，$x = y = 0$ となるので，$z = 0$ である．■

確認 例題 1.18

$$\boldsymbol{a} = \begin{pmatrix} a_1 \\ a_2 \\ \vdots \\ a_n \end{pmatrix},\ \boldsymbol{a}' = \begin{pmatrix} a_1' \\ a_2' \\ \vdots \\ a_n' \end{pmatrix},\ \boldsymbol{b} = \begin{pmatrix} b_1 \\ b_2 \\ \vdots \\ b_n \end{pmatrix}$$ は n 次元複素ベクトルとし，c は複素数とする．

(1) $(\boldsymbol{a}+\boldsymbol{a}', \boldsymbol{b}) = (\boldsymbol{a}, \boldsymbol{b}) + (\boldsymbol{a}', \boldsymbol{b})$ が成り立つことを示せ．

(2) $(c\boldsymbol{a}, \boldsymbol{b}) = c(\boldsymbol{a}, \boldsymbol{b})$ が成り立つことを示せ．

(3) $(\boldsymbol{a}, c\boldsymbol{b}) = \overline{c}(\boldsymbol{a}, \boldsymbol{b})$ が成り立つことを示せ．

【解答】 (1) $\boldsymbol{a}+\boldsymbol{a}'$ の第 k 成分は

$$a_k + a_k' \quad (1 \leq k \leq n)$$

であるので

$$\begin{aligned}(\boldsymbol{a}+\boldsymbol{a}', \boldsymbol{b}) &= \sum_{k=1}^{n} (a_k + a_k')\overline{b}_k \\ &= \sum_{k=1}^{n} a_k\overline{b}_k + \sum_{k=1}^{n} a_k'\overline{b}_k = (\boldsymbol{a}, \boldsymbol{b}) + (\boldsymbol{a}', \boldsymbol{b}).\end{aligned}$$

(2) $$\begin{aligned}(c\boldsymbol{a}, \boldsymbol{b}) &= \sum_{k=1}^{n} (ca_k)\overline{b}_k \\ &= c\sum_{k=1}^{n} a_k\overline{b}_k = c(\boldsymbol{a}, \boldsymbol{b}).\end{aligned}$$

(3) $$\begin{aligned}(\boldsymbol{a}, c\boldsymbol{b}) &= \sum_{k=1}^{n} a_k(\overline{cb_k}) = \sum_{k=1}^{n} a_k(\overline{c}\,\overline{b}_k) \\ &= \overline{c}\sum_{k=1}^{n} a_k\overline{b}_k = \overline{c}(\boldsymbol{a}, \boldsymbol{b}).\end{aligned}$$ ■

問 1.20 上の確認例題 1.18 の $\boldsymbol{a}$, $\boldsymbol{b}$ に対して

$$(\boldsymbol{b}, \boldsymbol{a}) = \overline{(\boldsymbol{a}, \boldsymbol{b})}$$

が成り立つことを示せ．

確認 例題 1.19

$$\boldsymbol{a} = \begin{pmatrix} a_1 \\ a_2 \\ \vdots \\ a_n \end{pmatrix} \text{ とする.}$$

(1)　$(\boldsymbol{a}, \boldsymbol{a}) \geq 0$ であることを示せ.　　(2)「$(\boldsymbol{a}, \boldsymbol{a}) = 0 \Leftrightarrow \boldsymbol{a} = \boldsymbol{0}$」を示せ.

【解答】　(1)　$(\boldsymbol{a}, \boldsymbol{a}) = a_1\overline{a}_1 + \cdots + a_n\overline{a}_n = |a_1|^2 + \cdots + |a_n|^2$ である. 導入例題 1.15 より, $a_k\overline{a}_k = |a_k|^2 \geq 0$ $(1 \leq k \leq n)$ であるので, $(\boldsymbol{a}, \boldsymbol{a}) \geq 0$.

(2)　$\boldsymbol{a} = \boldsymbol{0}$ ならば, 各 k $(1 \leq k \leq n)$ について, $|a_k| = 0$ であるので, $(\boldsymbol{a}, \boldsymbol{a}) = 0$ となる. 逆に, $(\boldsymbol{a}, \boldsymbol{a}) = 0$ とすると, 0 以上の実数 $|a_k|^2$ $(1 \leq k \leq n)$ の総和が 0 であるので, 各 $|a_k|^2$ がすべて 0 でなければならない. このとき, 導入例題 1.15 より, $a_k = 0$ である. したがって, $\boldsymbol{a} = \boldsymbol{0}$ である. ■

問 1.21　$\boldsymbol{a} \in \mathbb{C}^n$ とする. 任意の複素 n 次元ベクトル $\boldsymbol{b}$ に対して $(\boldsymbol{a}, \boldsymbol{b}) = 0$ が成り立つならば, $\boldsymbol{a} = \boldsymbol{0}$ であることを示せ. **ヒント**: $\boldsymbol{b} = \boldsymbol{a}$ の場合を考えてみよ.

問 1.22　n 次元複素ベクトル $\boldsymbol{a}$ と複素数 c に対して, $\|c\boldsymbol{a}\| = |c|\,\|\boldsymbol{a}\|$ が成り立つことを示せ.

次に, シュワルツの不等式や三角不等式について考えてみよう.

導入 例題 1.16

$\boldsymbol{a}, \boldsymbol{b}$ は n 次元実ベクトルとし, $\boldsymbol{a} \neq \boldsymbol{0}$ とする.

(1)　t は実数とする. $\|t\boldsymbol{a} + \boldsymbol{b}\|^2$ を t についての 2 次式の形に表せ.

(2)　小問 (1) の 2 次式を平方完成することにより, シュワルツの不等式を導け.

【解答】　(1)　$\|t\boldsymbol{a} + \boldsymbol{b}\|^2 = (t\boldsymbol{a} + \boldsymbol{b}, t\boldsymbol{a} + \boldsymbol{b}) = \|\boldsymbol{a}\|^2 t^2 + 2(\boldsymbol{a}, \boldsymbol{b})t + \|\boldsymbol{b}\|^2$.

(2)　小問 (1) の式を平方完成すると, 次のようになる.

$$\|\boldsymbol{a}\|^2 t^2 + 2(\boldsymbol{a}, \boldsymbol{b})t + \|\boldsymbol{b}\|^2 = \|\boldsymbol{a}\|^2 \left(t + \frac{(\boldsymbol{a}, \boldsymbol{b})}{\|\boldsymbol{a}\|^2}\right)^2 + \frac{\|\boldsymbol{a}\|^2\,\|\boldsymbol{b}\|^2 - (\boldsymbol{a}, \boldsymbol{b})^2}{\|\boldsymbol{a}\|^2}.$$

任意の実数 t に対して上の式の値が 0 以上だから, 特に $t = -\dfrac{(\boldsymbol{a}, \boldsymbol{b})}{\|\boldsymbol{a}\|^2}$ を代入すれば

$$\frac{\|\boldsymbol{a}\|^2\,\|\boldsymbol{b}\|^2 - (\boldsymbol{a}, \boldsymbol{b})^2}{\|\boldsymbol{a}\|^2} \geq 0$$

が得られる. よって, $\|\boldsymbol{a}\|^2\,\|\boldsymbol{b}\|^2 \geq (\boldsymbol{a}, \boldsymbol{b})^2$ となる. この不等式の両辺の正の平方根をとれば, シュワルツの不等式 $\|\boldsymbol{a}\|\,\|\boldsymbol{b}\| \geq |(\boldsymbol{a}, \boldsymbol{b})|$ が得られる. ■

確認 例題 1.20

$\boldsymbol{a}, \boldsymbol{b}$ は n 次元複素ベクトルとし，$\boldsymbol{a} \neq \boldsymbol{0}$ とする．t は複素数とする．

(1)　$\|t\boldsymbol{a}+\boldsymbol{b}\|^2 = \|\boldsymbol{a}\|^2 \left| t + \dfrac{\overline{(\boldsymbol{a},\boldsymbol{b})}}{\|\boldsymbol{a}\|^2} \right|^2 + \dfrac{\|\boldsymbol{a}\|^2\,\|\boldsymbol{b}\|^2 - |(\boldsymbol{a},\boldsymbol{b})|^2}{\|\boldsymbol{a}\|^2}$ が成り立つことを示せ．

(2)　シュワルツの不等式 $\|\boldsymbol{a}\|\,\|\boldsymbol{b}\| \geq \left|(\boldsymbol{a},\boldsymbol{b})\right|$ が成り立つことを示せ．

【解答】

(1)
$$
\begin{aligned}
&\|t\boldsymbol{a}+\boldsymbol{b}\|^2 \\
&= (t\boldsymbol{a}+\boldsymbol{b}, t\boldsymbol{a}+\boldsymbol{b}) \\
&= t\bar{t}\,\|\boldsymbol{a}\|^2 + (t\boldsymbol{a},\boldsymbol{b}) + (\boldsymbol{b}, t\boldsymbol{a}) + \|\boldsymbol{b}\|^2 \\
&= \|\boldsymbol{a}\|^2\, t\bar{t} + (\boldsymbol{a},\boldsymbol{b})t + \overline{(\boldsymbol{a},\boldsymbol{b})}\,\bar{t} + \|\boldsymbol{b}\|^2 \\
&= \|\boldsymbol{a}\|^2 \left(t + \frac{\overline{(\boldsymbol{a},\boldsymbol{b})}}{\|\boldsymbol{a}\|^2}\right)\left(\bar{t} + \frac{(\boldsymbol{a},\boldsymbol{b})}{\|\boldsymbol{a}\|^2}\right) + \|\boldsymbol{b}\|^2 - \frac{(\boldsymbol{a},\boldsymbol{b})\overline{(\boldsymbol{a},\boldsymbol{b})}}{\|\boldsymbol{a}\|^2} \\
&= \|\boldsymbol{a}\|^2 \left(t + \frac{\overline{(\boldsymbol{a},\boldsymbol{b})}}{\|\boldsymbol{a}\|^2}\right)\overline{\left(t + \frac{\overline{(\boldsymbol{a},\boldsymbol{b})}}{\|\boldsymbol{a}\|^2}\right)} + \frac{\|\boldsymbol{a}\|^2\,\|\boldsymbol{b}\|^2 - |(\boldsymbol{a},\boldsymbol{b})|^2}{\|\boldsymbol{a}\|^2} \\
&= \|\boldsymbol{a}\|^2 \left| t + \frac{\overline{(\boldsymbol{a},\boldsymbol{b})}}{\|\boldsymbol{a}\|^2} \right|^2 + \frac{\|\boldsymbol{a}\|^2\,\|\boldsymbol{b}\|^2 - |(\boldsymbol{a},\boldsymbol{b})|^2}{\|\boldsymbol{a}\|^2}.
\end{aligned}
$$

(2)　**任意の複素数 t に対して $\|t\boldsymbol{a}+\boldsymbol{b}\|^2 \geq 0$** であるので，特に $t = -\dfrac{\overline{(\boldsymbol{a},\boldsymbol{b})}}{\|\boldsymbol{a}\|^2}$ の場合を考えれば

$$
\frac{\|\boldsymbol{a}\|^2\,\|\boldsymbol{b}\|^2 - |(\boldsymbol{a},\boldsymbol{b})|^2}{\|\boldsymbol{a}\|^2} \geq 0
$$

が得られる．よって，$\|\boldsymbol{a}\|^2\,\|\boldsymbol{b}\|^2 \geq \left|(\boldsymbol{a},\boldsymbol{b})\right|^2$ が得られ，さらに両辺の正の平方根をとれば，シュワルツの不等式が得られる．■

問 1.23　(1)　複素数 z に対して，$z+\bar{z}$ は実数であり，さらに，$z+\bar{z} \leq 2|z|$ が成り立つことを示せ．

(2)　$\boldsymbol{a}, \boldsymbol{b}$ は n 次元複素ベクトルとする．$\left(\|\boldsymbol{a}\|+\|\boldsymbol{b}\|\right)^2 - \|\boldsymbol{a}+\boldsymbol{b}\|^2$ を計算することにより，シュワルツの不等式から三角不等式 $\|\boldsymbol{a}+\boldsymbol{b}\| \leq \|\boldsymbol{a}\| + \|\boldsymbol{b}\|$ を導け．

1.7 ベクトルの内積と行列

● 回転行列・鏡映行列 ●

$$A = \begin{pmatrix} \cos\alpha & -\sin\alpha \\ \sin\alpha & \cos\alpha \end{pmatrix}$$

を**回転行列**という（α は実数）．この行列を平面ベクトル（2 次元実ベクトル）にかけると，ベクトルは反時計回りに角度 α 回転する．

$$B = \begin{pmatrix} \cos 2\alpha & \sin 2\alpha \\ \sin 2\alpha & -\cos 2\alpha \end{pmatrix}$$

を**鏡映行列**という（α は実数）．xy 平面において，x 軸を反時計回りに角度 α 回転して得られる直線を ℓ とする．上の行列 B を平面ベクトルにかけると，ベクトルは直線 ℓ を軸として線対称に折り返される．

● 随伴行列 ● (m,n) 型行列 A に対して ${}^t\overline{A}$ を A の**随伴行列**とよび，記号 A^* で表す．

n 次元ベクトル $\boldsymbol{x}$，m 次元ベクトル $\boldsymbol{y}$ に対して $(A\boldsymbol{x}, \boldsymbol{y}) = (\boldsymbol{x}, A^*\boldsymbol{y})$ が成り立つ．

● エルミート行列，対称行列，ユニタリ行列，直交行列 ●

n 次正方行列 A が **エルミート行列** $\Leftrightarrow A^* = A$.

実エルミート行列を特に **（実）対称行列**とよぶ．A が対称行列 $\Leftrightarrow {}^tA = A$.

n 次正方行列 A が **ユニタリ行列** $\Leftrightarrow A^*A = E_n$.

実ユニタリ行列を特に **（実）直交行列**とよぶ．A が 直交行列 $\Leftrightarrow {}^tAA = E_n$.

定理 1.1 n 次複素正方行列（実正方行列）A に対して，次の 4 条件は同値である．

(a) A はユニタリ行列（直交行列）である．

(b) 任意の n 次元ベクトル $\boldsymbol{x}$ に対して

$$\|A\boldsymbol{x}\| = \|\boldsymbol{x}\|$$

が成り立つ．

(c) 任意の n 次元ベクトル $\boldsymbol{x}$, $\boldsymbol{y}$ に対して

$$(A\boldsymbol{x}, A\boldsymbol{y}) = (\boldsymbol{x}, \boldsymbol{y})$$

が成り立つ．

(d) $A = \begin{pmatrix} \boldsymbol{a}_1 & \boldsymbol{a}_2 & \cdots & \boldsymbol{a}_n \end{pmatrix}$ とするとき

$$(\boldsymbol{a}_i, \boldsymbol{a}_j) = \delta_{ij} \quad (1 \leq i \leq n,\ 1 \leq j \leq n)$$

が成り立つ（δ_{ij} はクロネッカー記号を表す）．

回転行列や鏡映行列は直交行列の一種である．また，2 次直交行列は回転行列か鏡映行列のどちらかに限られる．

問題演習のねらい 随伴行列，エルミート行列，対称行列，直交行列について，ベクトルの内積と関連づけて理解しよう!

まず，回転行列と鏡映行列について考えよう．

導入 例題 1.17

xy 平面において，原点を始点とするベクトル $\boldsymbol{x} = \begin{pmatrix} x \\ y \end{pmatrix}$ を反時計回りに角度 α 回転させて得られるベクトルを $\boldsymbol{x}' = \begin{pmatrix} x' \\ y' \end{pmatrix}$ とする．$\boldsymbol{x}$ の長さを r とし，$\boldsymbol{x}$ の向きは，x 軸の正の向きから反時計回りに角度 θ 回転した向きであるとする．

(1)　r, θ を用いて x, y を表せ．

(2)　r, θ, α を用いて x', y' を表せ．

(3)　$\boldsymbol{x}' = A\boldsymbol{x}$ となる行列 A を求めよ．**ヒント**：三角関数の加法定理を用いる．

【解答】　(1)　$x = r\cos\theta,\ y = r\sin\theta$.

(2)　$x' = r\cos(\theta+\alpha),\ y' = r\sin(\theta+\alpha)$.

(3)　$x' = r\cos(\theta+\alpha) = r\cos\theta\cos\alpha - r\sin\theta\sin\alpha = x\cos\alpha - y\sin\alpha,$

$y' = r\sin(\theta+\alpha) = r\cos\theta\sin\alpha + r\sin\theta\cos\alpha = x\sin\alpha + y\cos\alpha$

より

$$\begin{pmatrix} x' \\ y' \end{pmatrix} = \begin{pmatrix} \cos\alpha & -\sin\alpha \\ \sin\alpha & \cos\alpha \end{pmatrix} \begin{pmatrix} x \\ y \end{pmatrix}.$$

よって，$A = \begin{pmatrix} \cos\alpha & -\sin\alpha \\ \sin\alpha & \cos\alpha \end{pmatrix}$ である．

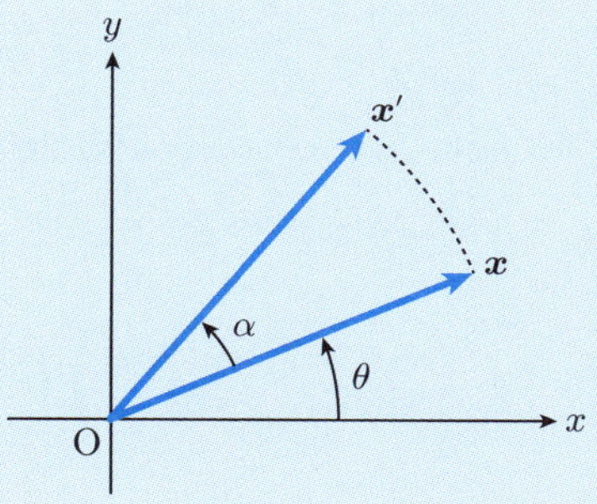

確認 例題 1.21

xy 平面において，x 軸を原点を中心として反時計回りに角度 α 回転させた直線を ℓ とする．原点を始点とするベクトル $\boldsymbol{x} = \begin{pmatrix} x \\ y \end{pmatrix}$ を直線 ℓ を軸として折り返して，ベクトル $\boldsymbol{x}' = \begin{pmatrix} x' \\ y' \end{pmatrix}$ が得られたとする．$\boldsymbol{x}$ の向きは，x 軸の正の向きから反時計回りに角度 θ 回転した向きであるとし，$\boldsymbol{x}'$ の向きは，x 軸の正の向きから反時計回りに角度 φ 回転した向きであるとする．

(1)　α, θ を用いて φ を表せ．**ヒント**：θ と φ の平均が α である．

(2)　$\boldsymbol{x}' = B\boldsymbol{x}$ となる行列 B を求めよ．

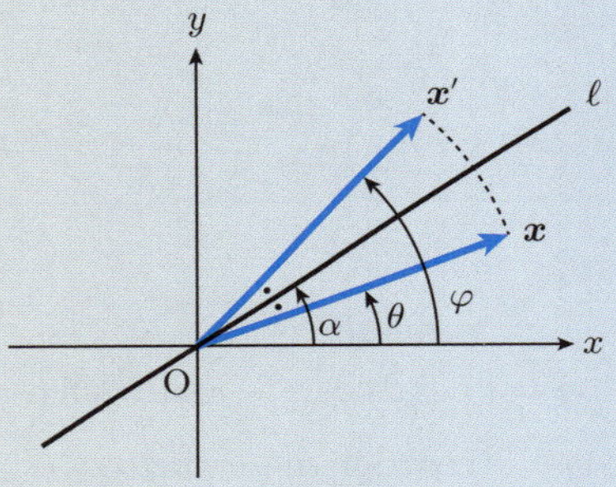

【解答】　(1)　$\dfrac{\theta + \varphi}{2} = \alpha$ より，$\varphi = 2\alpha - \theta$.

(2)　$x = r\cos\theta,\ y = r\sin\theta$ である．また

$$\begin{aligned} x' &= r\cos(2\alpha - \theta) \\ &= r\cos 2\alpha\cos\theta + r\sin 2\alpha\sin\theta \\ &= x\cos 2\alpha + y\sin 2\alpha, \\ y' &= r\sin(2\alpha - \theta) \\ &= r\sin 2\alpha\cos\theta - r\cos 2\alpha\sin\theta \\ &= x\sin 2\alpha - y\cos 2\alpha \end{aligned}$$

であるので

$$\begin{pmatrix} x' \\ y' \end{pmatrix} = \begin{pmatrix} \cos 2\alpha & \sin 2\alpha \\ \sin 2\alpha & -\cos 2\alpha \end{pmatrix} \begin{pmatrix} x \\ y \end{pmatrix}$$

となる．

よって，$B = \begin{pmatrix} \cos 2\alpha & \sin 2\alpha \\ \sin 2\alpha & -\cos 2\alpha \end{pmatrix}$ である．■

確認 例題 1.22

$A = \begin{pmatrix} \cos\alpha & -\sin\alpha \\ \sin\alpha & \cos\alpha \end{pmatrix}$（$\alpha \in \mathbb{R}$）は直交行列であることを示せ．

【解答】

$$^tAA = \begin{pmatrix} \cos^2\alpha + \sin^2\alpha & -\cos\alpha\sin\alpha + \sin\alpha\cos\alpha \\ -\sin\alpha\cos\alpha + \cos\alpha\sin\alpha & \sin^2\alpha + \cos^2\alpha \end{pmatrix} = \begin{pmatrix} 1 & 0 \\ 0 & 1 \end{pmatrix}$$

であるので，A は直交行列である．■

問 1.24　$B = \begin{pmatrix} \cos 2\alpha & \sin 2\alpha \\ \sin 2\alpha & -\cos 2\alpha \end{pmatrix}$（$\alpha \in \mathbb{R}$）は直交行列であることを示せ．

次に，内積と随伴行列の関係について考え，エルミート行列，対称行列，ユニタリ行列，直交行列の定義を理解しよう．

導入 例題 1.18

n 次元ベクトル $\boldsymbol{x} = (x_i)$, $\boldsymbol{y} = (y_i)$ に対して

$$(\boldsymbol{x}, \boldsymbol{y}) = {}^t\boldsymbol{x}\overline{\boldsymbol{y}}$$

が成り立つことを示せ．ここで，右辺は，$\boldsymbol{x}$, $\boldsymbol{y}$ を $(n, 1)$ 型行列とみて計算し，$(1, 1)$ 行列は単なる数とみなす．また，$\boldsymbol{x}$, $\boldsymbol{y}$ が実ベクトルの場合は，複素共役は不要である．

【解答】　$${}^t\boldsymbol{x}\overline{\boldsymbol{y}} = \begin{pmatrix} x_1 & \cdots & x_n \end{pmatrix} \begin{pmatrix} \overline{y}_1 \\ \vdots \\ \overline{y}_n \end{pmatrix} = \sum_{k=1}^{n} x_k \overline{y}_k = (\boldsymbol{x}, \boldsymbol{y}).$$ ■

確認 例題 1.23

(m, n) 型行列 A，n 次元ベクトル $\boldsymbol{x}$，m 次元ベクトル $\boldsymbol{y}$ に対して

$$(A\boldsymbol{x}, \boldsymbol{y}) = (\boldsymbol{x}, A^*\boldsymbol{y})$$

が成り立つことを示せ．ただし，$A^* = {}^t\overline{A}$（A の随伴行列）である．

【解答】　導入例題 1.18 を用いて，次のように示される．

$$(A\boldsymbol{x}, \boldsymbol{y}) = {}^t(A\boldsymbol{x})\overline{\boldsymbol{y}} = {}^t\boldsymbol{x}\,{}^tA\overline{\boldsymbol{y}} = {}^t\boldsymbol{x}\overline{({}^t\overline{A}\boldsymbol{y})} = (\boldsymbol{x}, {}^t\overline{A}\boldsymbol{y}) = (\boldsymbol{x}, A^*\boldsymbol{y}).$$ ■

導入 例題 1.19

A は (l,m) 型行列とし，B は (m,n) 型行列とする．

(1)　$(A^*)^* = A$ を示せ．

(2)　$(AB)^* = B^* A^*$ を示せ．

【解答】 (1)

$$(A^*)^* = {}^t(\overline{{}^t\overline{A}}) = {}^t({}^t\overline{\overline{A}}) = {}^t({}^tA) = A.$$

(2)

$$(AB)^* = {}^t(\overline{AB}) = {}^t(\overline{A}\,\overline{B}) = {}^t\overline{B}\,{}^t\overline{A} = B^* A^*.$$

■

確認 例題 1.24

(1)　n 次複素正方行列 A がエルミート行列ならば，任意の n 次元複素ベクトル $\boldsymbol{x}$, $\boldsymbol{y}$ に対して

$$(A\boldsymbol{x}, \boldsymbol{y}) = (\boldsymbol{x}, A\boldsymbol{y})$$

が成り立つことを示せ．

(2)　n 次実正方行列 A が対称行列ならば，任意の n 次元実ベクトル $\boldsymbol{x}$, $\boldsymbol{y}$ に対して

$$(A\boldsymbol{x}, \boldsymbol{y}) = (\boldsymbol{x}, A\boldsymbol{y})$$

が成り立つことを示せ．

【解答】 (1)　確認例題 1.23 より

$$(A\boldsymbol{x}, \boldsymbol{y}) = (\boldsymbol{x}, A^*\boldsymbol{y})$$

であるが，A がエルミート行列であることより，$A^* = A$ であるので

$$(A\boldsymbol{x}, \boldsymbol{y}) = (\boldsymbol{x}, A\boldsymbol{y})$$

が得られる．

(2)　小問 (1) と同様．

■

問 1.25

$$A = \begin{pmatrix} 1 & a \\ 1-i & 3 \end{pmatrix}$$

がエルミート行列になるように複素数 a を定めよ．ただし，ここで $i = \sqrt{-1}$ である．

確認 例題 1.25

A, B は n 次ユニタリ行列とする．

(1)　A と B の積 AB もユニタリ行列であることを示せ．

(2)　A は正則行列であり，逆行列は $A^{-1} = {}^t\overline{A} = A^*$ であり，さらに，A^{-1} もユニタリ行列であることを示せ．

【解答】　(1)　$A^*A = AA^* = E_n$, $B^*B = BB^* = E_n$ であるので

$$(AB)^*(AB) = B^*A^*AB = B^*E_nB = B^*B = E_n,$$

$$(AB)(AB)^* = ABB^*A^* = AE_nA^* = AA^* = E_n$$

が成り立つ．よって，AB はユニタリ行列である．

(2)　$AA^* = A^*A = E_n$ より，A は正則行列であり，$A^{-1} = A^*$ である．さらに

$$(A^*)^*A^* = AA^* = E_n, \quad A^*(A^*)^* = A^*A = E_n$$

が成り立つので，A^* はユニタリ行列である．■

問 1.26　$A = \begin{pmatrix} \frac{1}{2} & -\frac{\sqrt{3}}{2} \\ \frac{\sqrt{3}}{2} & a \end{pmatrix}$ が直交行列となるように実数 a を定めよ．

最後に，定理 1.1 について考えてみよう．

導入 例題 1.20

n 次元実ベクトル $\boldsymbol{x}, \boldsymbol{y}$ に対して $(\boldsymbol{x}, \boldsymbol{y}) = \dfrac{1}{2}\left(\|\boldsymbol{x}+\boldsymbol{y}\|^2 - \|\boldsymbol{x}\|^2 - \|\boldsymbol{y}\|^2\right)$ が成り立つことを示せ．

【解答】　$\|\boldsymbol{x}+\boldsymbol{y}\|^2 = (\boldsymbol{x}+\boldsymbol{y}, \boldsymbol{x}+\boldsymbol{y}) = \|\boldsymbol{x}\|^2 + 2(\boldsymbol{x}, \boldsymbol{y}) + \|\boldsymbol{y}\|^2$ であるので

$$2(\boldsymbol{x}, \boldsymbol{y}) = \|\boldsymbol{x}+\boldsymbol{y}\|^2 - \|\boldsymbol{x}\|^2 - \|\boldsymbol{y}\|^2$$

が成り立つ．両辺を 2 で割れば求める式が得られる．■

導入 例題 1.21

複素数 $z = u + vi$ $(u, v \in \mathbb{R},\ i = \sqrt{-1})$ に対して，u を z の実部といい，記号 $\mathrm{Re}(z)$ で表す．v を z の虚部といい，記号 $\mathrm{Im}(z)$ で表す．

(1)　$z + \overline{z} = 2\,\mathrm{Re}(z)$ を示せ．　　(2)　$z - \overline{z} = 2i\,\mathrm{Im}(z)$ を示せ．

【解答】　(1)　$z + \overline{z} = u + vi + u - vi = 2u = 2\,\mathrm{Re}(z)$.

(2)　$z - \overline{z} = u + vi - (u - vi) = 2vi = 2i\,\mathrm{Im}(z)$.　■

確認 例題 1.26

$\boldsymbol{x}$, $\boldsymbol{y}$ は n 次元複素ベクトルとする．$i=\sqrt{-1}$ とする．

(1) $\dfrac{1}{2}\left(\|\boldsymbol{x}+\boldsymbol{y}\|^2-\|\boldsymbol{x}\|^2-\|\boldsymbol{y}\|^2\right)=\mathrm{Re}\big((\boldsymbol{x},\boldsymbol{y})\big)$ を示せ．

(2) $\dfrac{1}{2}\left(\|\boldsymbol{x}\|^2+\|\boldsymbol{y}\|^2-\|i\boldsymbol{x}+\boldsymbol{y}\|^2\right)=\mathrm{Im}\big((\boldsymbol{x},\boldsymbol{y})\big)$ を示せ．

(3) 次の式が成り立つことを示せ．

$$(\boldsymbol{x},\boldsymbol{y})=\frac{1}{2}\left(\|\boldsymbol{x}+\boldsymbol{y}\|^2-\|\boldsymbol{x}\|^2-\|\boldsymbol{y}\|^2\right)+\frac{i}{2}\left(\|\boldsymbol{x}\|^2+\|\boldsymbol{y}\|^2-\|i\boldsymbol{x}+\boldsymbol{y}\|^2\right).$$

【解答】 (1)

$$\begin{aligned}\|\boldsymbol{x}+\boldsymbol{y}\|^2&=(\boldsymbol{x}+\boldsymbol{y},\boldsymbol{x}+\boldsymbol{y})\\&=(\boldsymbol{x},\boldsymbol{x})+(\boldsymbol{x},\boldsymbol{y})+(\boldsymbol{y},\boldsymbol{x})+(\boldsymbol{y},\boldsymbol{y})\\&=\|\boldsymbol{x}\|^2+(\boldsymbol{x},\boldsymbol{y})+\overline{(\boldsymbol{x},\boldsymbol{y})}+\|\boldsymbol{y}\|^2\\&=\|\boldsymbol{x}\|^2+2\,\mathrm{Re}\big((\boldsymbol{x},\boldsymbol{y})\big)+\|\boldsymbol{y}\|^2\end{aligned}$$

（⇐ 導入例題 1.21 (1)）

より，求める式が得られる．

(2)

$$\begin{aligned}\|i\boldsymbol{x}+\boldsymbol{y}\|^2&=(i\boldsymbol{x}+\boldsymbol{y},i\boldsymbol{x}+\boldsymbol{y})\\&=(i\boldsymbol{x},i\boldsymbol{x})+(i\boldsymbol{x},\boldsymbol{y})+(\boldsymbol{y},i\boldsymbol{x})+(\boldsymbol{y},\boldsymbol{y})\\&=i\bar{i}\,(\boldsymbol{x},\boldsymbol{x})+i(\boldsymbol{x},\boldsymbol{y})+\bar{i}\,(\boldsymbol{y},\boldsymbol{x})+(\boldsymbol{y},\boldsymbol{y})\\&=\|\boldsymbol{x}\|^2+i(\boldsymbol{x},\boldsymbol{y})-i\,\overline{(\boldsymbol{x},\boldsymbol{y})}+\|\boldsymbol{y}\|^2\\&=\|\boldsymbol{x}\|^2+i\big((\boldsymbol{x},\boldsymbol{y})-\overline{(\boldsymbol{x},\boldsymbol{y})}\big)+\|\boldsymbol{y}\|^2\\&=\|\boldsymbol{x}\|^2+i\cdot 2i\,\mathrm{Im}\big((\boldsymbol{x},\boldsymbol{y})\big)+\|\boldsymbol{y}\|^2\\&=\|\boldsymbol{x}\|^2-2\,\mathrm{Im}\big((\boldsymbol{x},\boldsymbol{y})\big)+\|\boldsymbol{y}\|^2\end{aligned}$$

（⇐ 導入例題 1.21 (2)）

より，求める式が得られる．

(3)

$$(\boldsymbol{x},\boldsymbol{y})=\mathrm{Re}\big((\boldsymbol{x},\boldsymbol{y})\big)+i\,\mathrm{Im}\big((\boldsymbol{x},\boldsymbol{y})\big)$$

に小問 (1), (2) の結果を代入すれば，求める式が得られる． ■

確認 例題 1.27

A は n 次ユニタリ行列とし，$\boldsymbol{x}$, $\boldsymbol{y}$ は n 次元複素ベクトルとする．

(1)　$(A\boldsymbol{x}, A\boldsymbol{y}) = (\boldsymbol{x}, \boldsymbol{y})$ を示せ．

(2)　$\|A\boldsymbol{x}\| = \|\boldsymbol{x}\|$ を示せ．

【解答】　(1)　確認例題 1.23 より，$(A\boldsymbol{x}, A\boldsymbol{y}) = \big(\boldsymbol{x}, A^*(A\boldsymbol{y})\big) = (\boldsymbol{x}, A^*A\boldsymbol{y})$ である．さらに，$A^*A = E_n$ であるので，$(A\boldsymbol{x}, A\boldsymbol{y}) = (\boldsymbol{x}, E_n\boldsymbol{y}) = (\boldsymbol{x}, \boldsymbol{y})$ が成り立つ．

(2)　小問 (1) において，$\boldsymbol{y} = \boldsymbol{x}$ とすれば，$\|A\boldsymbol{x}\|^2 = \|\boldsymbol{x}\|^2$ が得られる．両辺の正の平方根をとれば，求める式が得られる．■

確認 例題 1.28

A は n 次複素正方行列とする．任意の n 次元複素ベクトル $\boldsymbol{x}$ に対して $\|A\boldsymbol{x}\| = \|\boldsymbol{x}\|$ が成り立つと仮定する．このとき，任意の n 次元複素ベクトル $\boldsymbol{x}$, $\boldsymbol{y}$ に対して，$(A\boldsymbol{x}, A\boldsymbol{y}) = (\boldsymbol{x}, \boldsymbol{y})$ が成り立つことを示せ．**ヒント**：確認例題 1.26.

【解答】

$$
\begin{aligned}
(A\boldsymbol{x}, A\boldsymbol{y}) &= \frac{1}{2}\left(\|A\boldsymbol{x} + A\boldsymbol{y}\|^2 - \|A\boldsymbol{x}\|^2 - \|A\boldsymbol{y}\|^2\right) \\
&\quad + \frac{i}{2}\left(\|A\boldsymbol{x}\|^2 + \|A\boldsymbol{y}\|^2 - \|iA\boldsymbol{x} + A\boldsymbol{y}\|^2\right) \qquad (\Leftarrow \text{確認例題 1.26 (3)}) \\
&= \frac{1}{2}\left(\big\|A(\boldsymbol{x} + \boldsymbol{y})\big\|^2 - \|A\boldsymbol{x}\|^2 - \|A\boldsymbol{y}\|^2\right) \\
&\quad + \frac{i}{2}\left(\|A\boldsymbol{x}\|^2 + \|A\boldsymbol{y}\|^2 - \big\|A(i\boldsymbol{x} + \boldsymbol{y})\big\|^2\right) \\
&= \frac{1}{2}\left(\|\boldsymbol{x} + \boldsymbol{y}\|^2 - \|\boldsymbol{x}\|^2 - \|\boldsymbol{y}\|^2\right) \\
&\quad + \frac{i}{2}\left(\|\boldsymbol{x}\|^2 + \|\boldsymbol{y}\|^2 - \|i\boldsymbol{x} + \boldsymbol{y}\|^2\right) \qquad (\Leftarrow \text{問題の仮定}) \\
&= (\boldsymbol{x}, \boldsymbol{y}). \qquad (\Leftarrow \text{確認例題 1.26 (3)})
\end{aligned}
$$

■

問 1.27　A は n 次実正方行列とする．

任意の n 次元実ベクトル $\boldsymbol{x}$ に対して，$\|A\boldsymbol{x}\| = \|\boldsymbol{x}\|$ が成り立つと仮定すると，任意の n 次元実ベクトル $\boldsymbol{x}$, $\boldsymbol{y}$ に対して，$(A\boldsymbol{x}, A\boldsymbol{y}) = (\boldsymbol{x}, \boldsymbol{y})$ が成り立つことを示せ．

確認 例題 1.29

A は n 次複素正方行列とする．任意の n 次元複素ベクトル $\boldsymbol{x}$, $\boldsymbol{y}$ に対して，$(A\boldsymbol{x}, A\boldsymbol{y}) = (\boldsymbol{x}, \boldsymbol{y})$ が成り立つと仮定する．

(1) 任意の n 次元複素ベクトル $\boldsymbol{x}$, $\boldsymbol{y}$ に対して

$$(\boldsymbol{x}, A^* A\boldsymbol{y}) = (\boldsymbol{x}, \boldsymbol{y})$$

が成り立つことを示せ．

(2) 任意の n 次元複素ベクトル $\boldsymbol{y}$ に対して

$$(A^* A - E_n)\boldsymbol{y} = \boldsymbol{0}$$

であることを示せ．

(3) $A^* A = E_n$ であること，すなわち，A がユニタリ行列であることを示せ．

【解答】 (1) 確認例題 1.23 より

$$(A\boldsymbol{x}, A\boldsymbol{y}) = (\boldsymbol{x}, A^* A\boldsymbol{y})$$

であるので，問題の仮定とあわせれば $(\boldsymbol{x}, A^* A\boldsymbol{y}) = (\boldsymbol{x}, \boldsymbol{y})$ が得られる．

(2) 小問 (1) の結果より，$(\boldsymbol{x}, A^* A\boldsymbol{y} - \boldsymbol{y}) = 0$ であるが，これが**任意の $\boldsymbol{x}$ に対して成り立つ**ことより

$$A^* A\boldsymbol{y} - \boldsymbol{y} = \boldsymbol{0},$$

すなわち，$(A^* A - E_n)\boldsymbol{y} = \boldsymbol{0}$ である．

(3) **任意の $\boldsymbol{y}$ に対して**

$$(A^* A - E_n)\boldsymbol{y} = \boldsymbol{0}$$

が成り立つので，$A^* A - E_n$ は零行列である．よって，$A^* A = E_n$ であり，A はユニタリ行列である． ■

問 1.28 $A = (\, \boldsymbol{a}_1 \quad \boldsymbol{a}_2 \quad \cdots \quad \boldsymbol{a}_n \,)$ は n 次ユニタリ行列とする．このとき

$$(\boldsymbol{a}_i, \boldsymbol{a}_j) = \begin{cases} 1 & (i = j \text{ のとき}), \\ 0 & (i \neq j \text{ のとき}). \end{cases} \quad (1 \leq i \leq n,\ 1 \leq j \leq n)$$

が成り立つことを示せ．

ヒント：基本ベクトル $\boldsymbol{e}_i$ $(1 \leq i \leq n)$ に対して，確認例題 1.27 を適用してみよ．

第 1 章　章末問題

基本 例題 1.1

（東京大学大学院新領域創成科学研究科基盤科学研究系先端エネルギー工学専攻入試問題）

次の n 次正方行列 A について以下の問いに答えよ．ただし $n \geq 4$ とする．

$$A = \begin{pmatrix} 0 & a & 0 & \cdots & \cdots & 0 \\ 0 & 0 & a & 0 & & \vdots \\ \vdots & 0 & \ddots & \ddots & \ddots & \vdots \\ \vdots & & \ddots & \ddots & \ddots & 0 \\ \vdots & & & \ddots & \ddots & a \\ 0 & \cdots & \cdots & \cdots & 0 & 0 \end{pmatrix}$$

(1)　A^m を求めよ．ただし m は自然数とする．

(2)　$n = 4$ のとき，次の行列 B について，$B = E + A$ と変形して B^{100} を求めよ．ただし E は 4 次単位行列とする．

$$B = \begin{pmatrix} 1 & a & 0 & 0 \\ 0 & 1 & a & 0 \\ 0 & 0 & 1 & a \\ 0 & 0 & 0 & 1 \end{pmatrix}$$

【解答】　(1)　A^m の (i, j) 成分を $a_{ij}^{(m)}$ と表すことにする（$1 \leq i \leq n$, $1 \leq j \leq n$, $m \geq 1$）．このとき，A^m は n 次正方行列で，$a_{ij}^{(m)}$ が次のように与えられる．

$$a_{ij}^{(m)} = \begin{cases} a^m & (1 \leq i \leq n,\ 1 \leq j \leq n,\ j = i + m \text{ のとき}), \\ 0 & (\text{それ以外のとき}). \end{cases}$$

実際，$m = 1$ のときには成り立つ．そこで，$m \geq 2$ とし，$a_{ij}^{(m-1)}$ については正しいと仮定する．このとき，$A^m = A^{m-1}A$ であるので

$$a_{ij}^{(m)} = \sum_{k=1}^{n} a_{ik}^{(m-1)} a_{kj}^{(1)}$$

である．ここで，$k = i + m - 1$ **のとき以外は** $a_{ik}^{(m-1)} = 0$ であり，$j = k + 1$ **のとき以外は** $a_{kj}^{(1)} = 0$ である．よって，$j \neq i + m$ ならば，$a_{ij}^{(m)} = 0$ である．$j = i + m$ のときは

$$a_{i,i+m}^{(m)} = a_{i,i+m-1}^{(m-1)}\, a_{i+m-1,i+m}^{(1)} = a^{m-1}\, a = a^m$$

となる．よって，$a_{ij}^{(m)}$ についても上述の式が成り立つことが示された．

(3) $A = \begin{pmatrix} 0 & a & 0 & 0 \\ 0 & 0 & a & 0 \\ 0 & 0 & 0 & a \\ 0 & 0 & 0 & 0 \end{pmatrix}$, $A^2 = \begin{pmatrix} 0 & 0 & a^2 & 0 \\ 0 & 0 & 0 & a^2 \\ 0 & 0 & 0 & 0 \\ 0 & 0 & 0 & 0 \end{pmatrix}$, $A^3 = \begin{pmatrix} 0 & 0 & 0 & a^3 \\ 0 & 0 & 0 & 0 \\ 0 & 0 & 0 & 0 \\ 0 & 0 & 0 & 0 \end{pmatrix}$

である．また，$m \geq 4$ のとき，A^m は零行列である．

いま，E と A は交換可能であるので，次の式が成り立つ．

$$B^{100} = (E + A)^{100} = \sum_{m=0}^{100} \binom{100}{m} E^{100-m} A^m.$$

ここで，$m \geq 4$ ならば A^m が零行列であることに注意すれば

$$\begin{aligned} B^{100} &= \binom{100}{0} E + \binom{100}{1} A + \binom{100}{2} A^2 + \binom{100}{3} A^3 \\ &= E + 100A + 4950A^2 + 161700A^3 \\ &= \begin{pmatrix} 1 & 100a & 4950a^2 & 161700a^3 \\ 0 & 1 & 100a & 4950a^2 \\ 0 & 0 & 1 & 100a \\ 0 & 0 & 0 & 1 \end{pmatrix}. \end{aligned}$$

■

基本 例題 1.2

A は n 次正方行列とする．次の主張が成り立つことを，次の手順にしたがって，n に関する帰納法によって証明せよ．

【主張】「ある n 次正方行列 X に対して $AX = E_n$ が成り立つならば，A は正則行列である．さらに，$X = A^{-1}$ であり，$XA = E_n$ も成り立つ．」

(1) $n = 1$ のとき，上の主張が成り立つことを示せ．

以下，$n \geq 2$ とし，$(n-1)$ 次正方行列に対しては上の主張が成り立つと仮定する．A, X は n 次正方行列とし，$AX = E_n$ が成り立つものとする．

(2) n 次正則行列 P, Q をうまく選んで，$B = PAQ$ とおくとき

$$B = \left(\begin{array}{c|c} 1 & {}^t\mathbf{0} \\ \hline \mathbf{0} & B' \end{array}\right)$$

という形にできることを示せ．ここで，$\mathbf{0}$ は $(n-1)$ 次元零ベクトル（たてベクトル），${}^t\mathbf{0}$ はその転置（横ベクトル）を表す．また，B' は $(n-1)$ 次正方行列である．

(3) $Z = Q^{-1}XP^{-1}$ とおく．このとき，$BZ = E_n$ が成り立つことを示せ．

(4) 上の行列 Z を次のように区分けする．ここで，c はスカラー，$\boldsymbol{u}$ は $(n-1)$ 次元たてベクトル，${}^t\boldsymbol{v}$ は $(n-1)$ 次元横ベクトル，Z' は $(n-1)$ 次正方行列

である．

$$Z = \left(\begin{array}{c|c} c & {}^t\boldsymbol{v} \\ \hline \boldsymbol{u} & Z' \end{array}\right).$$

このとき，$B'Z' = E_{n-1}$ であることを示し，さらに，帰納法の仮定を用いて，B' が正則行列であることを示せ．

(5)　$Y = \left(\begin{array}{c|c} 1 & {}^t\mathbf{0} \\ \hline \mathbf{0} & (B')^{-1} \end{array}\right)$ とおく．このとき

$$BY = YB = E_n$$

であることを示し，B は正則行列であることを示せ．

(6)　A は正則行列であり，$X = A^{-1}$ であり，$XA = E_n$ も成り立つことを示せ．

【解答】　(1)　1次正方行列の乗法は交換法則をみたすので，主張が成り立つ．

(2)　もし $A = O$ ならば，$AX = O \neq E_n$ となり，仮定に反する．よって，$A \neq O$ であり，A は0でない成分を含む．必要に応じて行や列を交換し，第1行を定数倍して，$(1,1)$ 成分を1にする．さらに，$(1,1)$ 成分を中心として第1列と第1行を掃き出せば，求める形の行列 B が得られる．行基本変形に対応する基本行列の積を P，列基本変形に対応する基本行列の積を Q とすれば，$B = PAB$ が成り立つ．

(3)
$$\begin{aligned} BZ &= PAQQ^{-1}XP^{-1} = PAXP^{-1} \\ &= PE_nP^{-1} = PP^{-1} = E_n. \end{aligned}$$

(4)
$$BZ = E_n = \left(\begin{array}{c|c} 1 & {}^t\mathbf{0} \\ \hline \mathbf{0} & E_{n-1} \end{array}\right)$$

である．一方

$$BZ = \left(\begin{array}{c|c} 1 & {}^t\mathbf{0} \\ \hline \mathbf{0} & B' \end{array}\right)\left(\begin{array}{c|c} c & {}^t\boldsymbol{v} \\ \hline \boldsymbol{u} & Z' \end{array}\right) = \left(\begin{array}{c|c} c & {}^t\boldsymbol{v} \\ \hline B'\boldsymbol{u} & B'Z' \end{array}\right)$$

であるので，右下のブロックを比べれば $B'Z' = E_{n-1}$ となり，B' は正則である．

(5)
$$BY = \left(\begin{array}{c|c} 1 & {}^t\mathbf{0} \\ \hline \mathbf{0} & B' \end{array}\right)\left(\begin{array}{c|c} 1 & {}^t\mathbf{0} \\ \hline \mathbf{0} & (B')^{-1} \end{array}\right) = \left(\begin{array}{c|c} 1 & {}^t\mathbf{0} \\ \hline \mathbf{0} & E_{n-1} \end{array}\right) = E_n,$$

$$YB = \left(\begin{array}{c|c} 1 & {}^t\mathbf{0} \\ \hline \mathbf{0} & (B')^{-1} \end{array}\right)\left(\begin{array}{c|c} 1 & {}^t\mathbf{0} \\ \hline \mathbf{0} & B' \end{array}\right) = \left(\begin{array}{c|c} 1 & {}^t\mathbf{0} \\ \hline \mathbf{0} & E_{n-1} \end{array}\right) = E_n$$

である．$BY = YB = E_n$ より，B は逆行列 Y を持ち，B は正則行列である．

(6)　$A = P^{-1}BQ^{-1}$ であり，P^{-1}, B, Q^{-1} は正則行列であるので，A は正則行列である．このとき，$AX = E_n$ の両辺に左から A^{-1} をかければ $X = A^{-1}$ が得られる．よって，$XA = A^{-1}A = E_n$ も成り立つ．■

基本 例題 1.3

2次実正方行列 A が直交行列ならば，A は回転行列か鏡映行列のどちらかであることを示せ．

【解答】 $A = \begin{pmatrix} a_{11} & a_{12} \\ a_{21} & a_{22} \end{pmatrix}$ に対して

$$ {}^tAA = \begin{pmatrix} a_{11}^2 + a_{21}^2 & a_{11}a_{12} + a_{21}a_{22} \\ a_{11}a_{12} + a_{21}a_{22} & a_{12}^2 + a_{22}^2 \end{pmatrix} $$

であるが，A が直交行列のとき，これが単位行列であるので

$$ \begin{cases} a_{11}^2 + a_{21}^2 = 1 & \cdots \text{(a)} \\ a_{11}a_{12} + a_{21}a_{22} = 0 & \cdots \text{(b)} \\ a_{12}^2 + a_{22}^2 = 1 & \cdots \text{(c)} \end{cases} $$

が成り立つ．式 (a)，式 (c) より

$$ a_{11} = \cos\alpha, \quad a_{21} = \sin\alpha; \quad a_{12} = \sin\beta, \quad a_{22} = \cos\beta $$

となるように実数 α, β を選ぶことができる．

これを式 (b) に代入して，三角関数の加法定理を用いれば

$$ \cos\alpha\sin\beta + \sin\alpha\cos\beta = \sin(\alpha+\beta) = 0 $$

が得られるので

$$ \alpha + \beta = n\pi \ (n\ \text{は整数}) $$

である．

【場合 1】 n が偶数のとき

$$ \sin\beta = \sin(n\pi - \alpha) = -\sin\alpha, $$

$$ \cos\beta = \cos(n\pi - \alpha) = \cos\alpha $$

となるので

$$ A = \begin{pmatrix} \cos\alpha & -\sin\alpha \\ \sin\alpha & \cos\alpha \end{pmatrix}. $$

これは**回転行列**である．

【場合 2】 n が奇数のとき

$$ \sin\beta = \sin(n\pi - \alpha) = \sin\alpha, \quad \cos\beta = \cos(n\pi - \alpha) = -\cos\alpha $$

となるので

$$ A = \begin{pmatrix} \cos\alpha & \sin\alpha \\ \sin\alpha & -\cos\alpha \end{pmatrix}. $$

原点を通り，x 軸を反時計回りに角度 $\frac{\alpha}{2}$ 回転させた直線を ℓ とするとき，この行列は，直線 ℓ を軸として平面ベクトルを折り返す作用を持つ**鏡映行列**である． ■

基本問題 1.1　(東京大学大学院新領域創成科学研究科基盤科学研究系先端エネルギー工学専攻入試問題)

n は 2 以上の自然数とし，E は n 次単位行列を表すものとする．

(1)　m は自然数とする．任意の n 次正方行列 P について次式が成立するように係数 $c_0, c_1, \ldots, c_{m-1}$ を定めよ．

$$\begin{aligned} &P^m - E \\ &= (P-E)(c_{m-1}P^{m-1} + c_{m-2}P^{m-2} + \cdots + c_1 P + c_0 E) \end{aligned}$$

(2)　n 次正方行列 P に対して

$$P^k = O$$

が成立するような自然数 k が存在するとき，$P-E$ の逆行列を P, E, k を用いて表せ．

(3)　$b \neq 0$ とする．次の n 次正方行列 Q の逆行列を求めよ．ここで，基本例題 1.1 の結果は用いてよい．

$$Q = \begin{pmatrix} b & a & 0 & \cdots & \cdots & 0 \\ 0 & b & a & 0 & & \vdots \\ \vdots & 0 & \ddots & \ddots & \ddots & \vdots \\ \vdots & & \ddots & \ddots & \ddots & 0 \\ \vdots & & & \ddots & \ddots & a \\ 0 & \cdots & \cdots & \cdots & 0 & b \end{pmatrix}$$

基本問題 1.2　(名古屋大学大学院多元数理科学研究科博士課程（前期課程）入試問題)

p, q, r を実数とする．次の連立 1 次方程式

$$\begin{cases} x_1 - 2x_2 - x_4 = 1, \\ 2x_1 - 4x_2 - (r^2 + r - 2)x_3 - 2x_4 = 3p - 3q + 2, \\ (2-3p)x_1 - (4-6p)x_2 + (3p+r)x_4 = 2 \end{cases}$$

をみたす

$$\boldsymbol{x} = \begin{pmatrix} x_1 \\ x_2 \\ x_3 \\ x_4 \end{pmatrix} \in \mathbb{R}^4$$

を求めよ．

基本問題 1.3

$$(m,n)\text{ 型行列 } \left(\begin{array}{c|c} E_r & O \\ \hline O & O \end{array}\right)$$

を $F_{m,n}(r)$ と表し，標準形とよぶことにする．(m,n) 型行列 A に対して行基本変形と列基本変形をくり返しほどこして，標準形 $F_{m,n}(r)$ を得るとき，r は一定であり，基本変形の選び方によらない．このことを次の手順にしたがって証明せよ．

(1)　A に行基本変形と列基本変形をくり返しほどこして，2 通りの標準形 $F_{m,n}(r)$, $F_{m,n}(s)$ を得たと仮定し，さらに $r \leq s$ であると仮定する．このとき，次の式をみたすような m 次正則行列 P，n 次正則行列 Q が存在することを示せ．

$$PF_{m,n}(r)Q = F_{m,n}(s).$$

(2)　上の行列 P, Q を次のように区分けする．

$$P = \left(\begin{array}{c|c} P_{11} & P_{12} \\ \hline P_{21} & P_{22} \end{array}\right),$$

$$Q = \left(\begin{array}{c|c} Q_{11} & Q_{12} \\ \hline Q_{21} & Q_{22} \end{array}\right).$$

ここで，P_{11}, Q_{11} が r 次正方行列となるように区分けをしている．

このとき，次の 3 つの式が成り立つことを示せ．

$$\begin{cases} P_{11}Q_{11} = E_r & \cdots \text{(a)} \\ P_{11}Q_{12} = O & \cdots \text{(b)} \\ P_{21}Q_{11} = O & \cdots \text{(c)} \end{cases}$$

(3)　$r = s$ であることを示せ．

(4)　A に対して行基本変形と列基本変形をくり返しほどこして，$F_{m,n}(r)$ の形の行列を得るとき，r は一定であることを示せ．

基本問題 1.4　A は (m,n) 型行列，B は (n,m) 型行列とする．

(1)　$\mathrm{rank}(A) = r$ のとき

$$\mathrm{rank}(AB) = \mathrm{rank}\big(F_{m,n}(r)\,C\big)$$

かつ

$$\mathrm{rank}(B) = \mathrm{rank}(C)$$

をみたす (n,m) 行列 C が存在することを証明せよ．ただし，$F_{m,n}(r)$ は次のような (m,n) 型行列である．

$$F_{m,n}(r) = \begin{pmatrix} E_r & O \\ O & O \end{pmatrix}.$$

(2)　$m > n$ ならば AB は正則行列でないことを証明せよ．

第2章 行列式

2.1 2次の行列式と3次の行列式

●行列式の幾何学的な意味● 2次正方行列 $A = \begin{pmatrix} a_{11} & a_{12} \\ a_{21} & a_{22} \end{pmatrix} = \begin{pmatrix} \boldsymbol{a}_1 & \boldsymbol{a}_2 \end{pmatrix}$ に対して，A の**行列式**とよばれ

$$\det A, \quad |A|, \quad \det(\boldsymbol{a}_1, \boldsymbol{a}_2), \quad \begin{vmatrix} a_{11} & a_{12} \\ a_{21} & a_{22} \end{vmatrix}$$

などと書かれるスカラー量が定まる．

A が2次実正方行列のとき，感覚的にいえば，平面内の図形に A を作用させたときの面積の拡大率に正負の符号をつけたものが A の行列式である．図形が裏返った場合に行列式は負の値をとる．行列式 $\det(\boldsymbol{a}_1, \boldsymbol{a}_2)$ は，$\boldsymbol{a}_1$ と $\boldsymbol{a}_2$ の作る平行四辺形の面積に正負の符号をつけたものとも考えられる（符号の定め方は下図参照）．

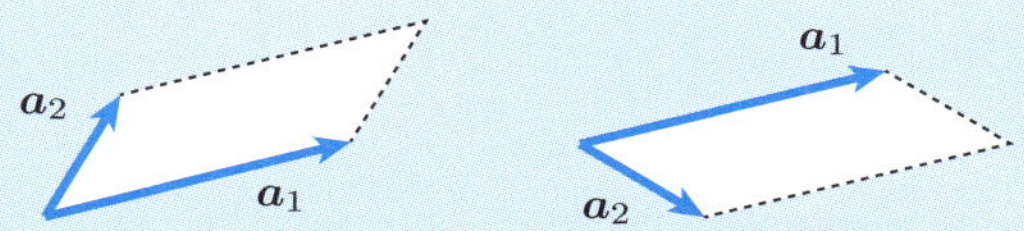

3次正方行列 $A = \begin{pmatrix} a_{11} & a_{12} & a_{13} \\ a_{21} & a_{22} & a_{23} \\ a_{31} & a_{32} & a_{33} \end{pmatrix} = \begin{pmatrix} \boldsymbol{a}_1 & \boldsymbol{a}_2 & \boldsymbol{a}_3 \end{pmatrix}$ に対して，A の**行列式**とよばれ

$$\det A, \quad |A|, \quad \det(\boldsymbol{a}_1, \boldsymbol{a}_2, \boldsymbol{a}_3), \quad \begin{vmatrix} a_{11} & a_{12} & a_{13} \\ a_{21} & a_{22} & a_{23} \\ a_{31} & a_{32} & a_{33} \end{vmatrix}$$

などと書かれるスカラー量が定まる．

A が3次実正方行列のとき，感覚的にいえば，空間内の図形に A を作用させたときの体積の拡大率に正負の符号をつけたものが A の行列式である．図形が「裏返った」場合に行列式は負の値をとる．行列式 $\det(\boldsymbol{a}_1, \boldsymbol{a}_2, \boldsymbol{a}_3)$ は，$\boldsymbol{a}_1$, $\boldsymbol{a}_2$, $\boldsymbol{a}_3$ の作る平行六面体の体積に正負の符号をつけたものとも考えられる（符号の定め方は次図参照）．

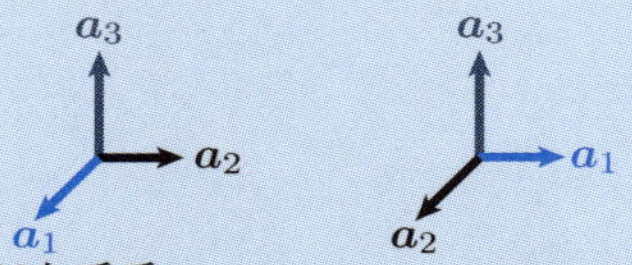

$\boldsymbol{a}_1, \boldsymbol{a}_2, \boldsymbol{a}_3$ が右手系
⇒ 行列式は正の値
($\boldsymbol{a}_1$は手前に向いている)

$\boldsymbol{a}_1, \boldsymbol{a}_2, \boldsymbol{a}_3$ が左手系
⇒ 行列式は負の値
($\boldsymbol{a}_2$は手前に向いている)

●たすきがけ（サラスの規則）● 2次，3次の行列式については，次の公式（**サラスの規則・たすきがけ**）がある．

$$\begin{vmatrix} a_{11} & a_{12} \\ a_{21} & a_{22} \end{vmatrix} = a_{11}a_{22} - a_{21}a_{12}.$$

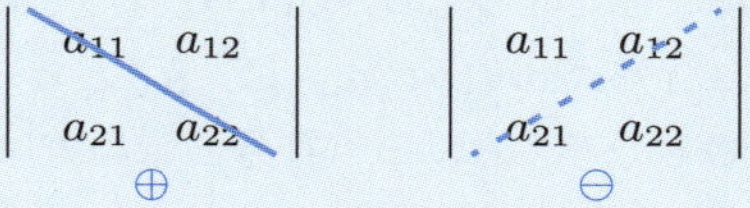

$$\begin{vmatrix} a_{11} & a_{12} & a_{13} \\ a_{21} & a_{22} & a_{23} \\ a_{31} & a_{32} & a_{33} \end{vmatrix}$$

$$= a_{11}a_{22}a_{33} + a_{21}a_{32}a_{13} + a_{31}a_{12}a_{23} - a_{11}a_{32}a_{23} - a_{21}a_{12}a_{33} - a_{31}a_{22}a_{13}.$$

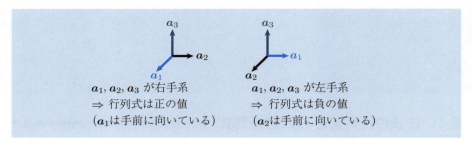

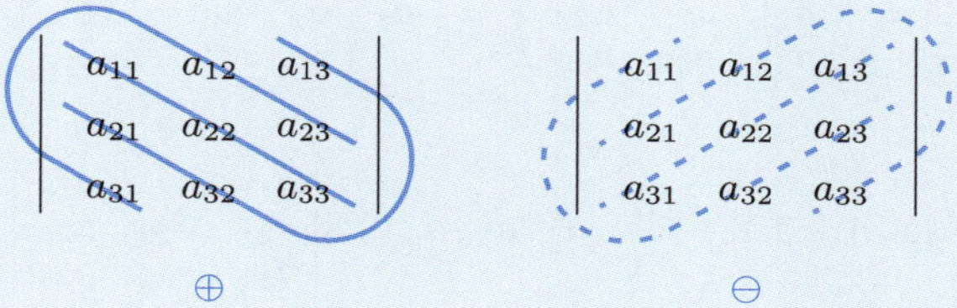

4次以上の行列式には，たすきがけは通用しない．

問題演習のねらい　行列式のイメージをつかみ，2 次と 3 次の行列式を計算しよう!

導入　例題 2.1

$A = \begin{pmatrix} 3 & 2 \\ 1 & 4 \end{pmatrix}$ とする．xy 平面上に

$$\mathrm{O} = (0,0), \quad \mathrm{P} = (1,0), \quad \mathrm{Q} = (1,1), \quad \mathrm{R} = (0,1)$$

をとる．正方形 OPQR に行列 A を作用させて，四角形 OP′Q′R′ が得られたとする．

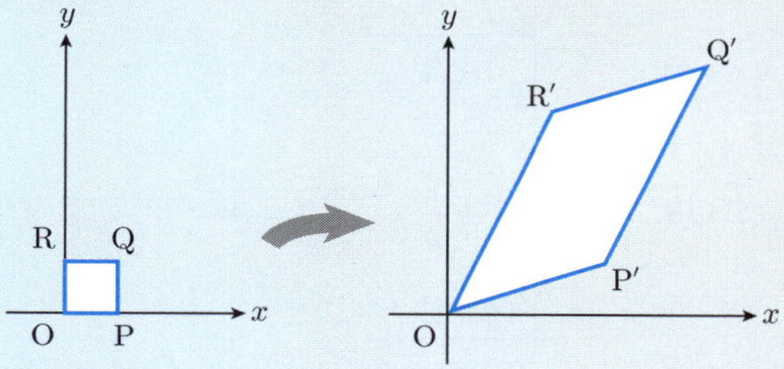

(1)　サラスの規則を用いて，$\det A$ を計算せよ．

(2)　P′, Q′, R′ の座標を求め，四角形 OP′Q′R′ が平行四辺形であることを確かめよ．

(3)　四角形 OP′Q′R′ の面積を求め，その値と $\det A$ とを比べよ．

【解答】　(1)　$\det A = \begin{vmatrix} 3 & 2 \\ 1 & 4 \end{vmatrix} = 3 \times 4 - 1 \times 2 = 10.$

(2)　$\overrightarrow{\mathrm{OP'}} = A\,\overrightarrow{\mathrm{OP}}$

$= \begin{pmatrix} 3 & 2 \\ 1 & 4 \end{pmatrix} \begin{pmatrix} 1 \\ 0 \end{pmatrix} = \begin{pmatrix} 3 \\ 1 \end{pmatrix}$ より，$\mathrm{P'} = (3,1)$.

$\overrightarrow{\mathrm{OQ'}} = A\,\overrightarrow{\mathrm{OQ}}$

$= \begin{pmatrix} 3 & 2 \\ 1 & 4 \end{pmatrix} \begin{pmatrix} 1 \\ 1 \end{pmatrix} = \begin{pmatrix} 5 \\ 5 \end{pmatrix}$ より，$\mathrm{Q'} = (5,5)$.

$\overrightarrow{\mathrm{OR'}} = A\,\overrightarrow{\mathrm{OR}}$

$= \begin{pmatrix} 3 & 2 \\ 1 & 4 \end{pmatrix} \begin{pmatrix} 0 \\ 1 \end{pmatrix} = \begin{pmatrix} 2 \\ 4 \end{pmatrix}$ より，$\mathrm{R'} = (2,4)$.

$$\overrightarrow{\mathrm{OP'}} + \overrightarrow{\mathrm{OR'}} = \overrightarrow{\mathrm{OQ'}}$$

が成り立つので，四角形 OP′Q′R′ は平行四辺形である．

(3) 下図のように，点 P', Q', R' から x 軸におろした垂線の足を，それぞれ点 P'', Q'', R'' とする．

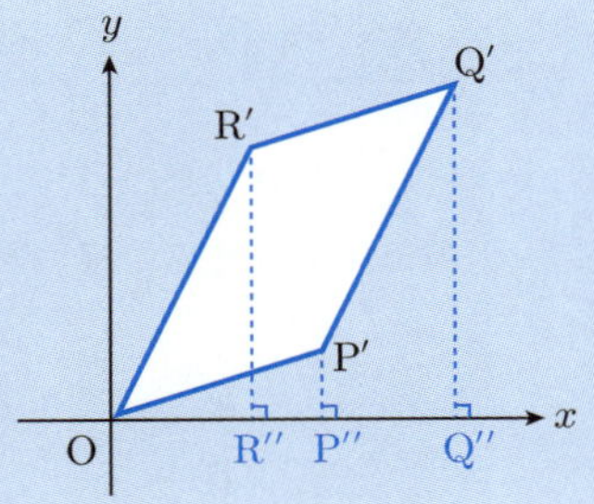

このとき，三角形 $\mathrm{OR'R''}$ の面積は $\dfrac{1}{2}\times 2\times 4=4$，台形 $\mathrm{R'R''Q''Q'}$ の面積は $\dfrac{1}{2}\times(4+5)\times(5-2)=\dfrac{27}{2}$ である．また，三角形 $\mathrm{OP'P''}$ の面積は $\dfrac{1}{2}\times 3\times 1=\dfrac{3}{2}$，台形 $\mathrm{P'P''Q''Q'}$ の面積は $\dfrac{1}{2}\times(1+5)\times(5-3)=6$ である．したがって，四角形 $\mathrm{OP'Q'R'}$ の面積は

$$4+\frac{27}{2}-\frac{3}{2}-6=10$$

となり，これは $\det A$ と等しい． ■

問 2.1 導入例題 2.1 の行列 A の 2 つの列を入れかえた行列 $B=\begin{pmatrix}2 & 3\\ 4 & 1\end{pmatrix}$ について，サラスの規則を用いて $\det B$ を計算し，$\det B=-\det A$ であることを確かめよ．

確認 例題 2.1

サラスの規則を用いて，次の行列式を計算せよ．

(1) $\begin{vmatrix}6 & 3\\ 5 & 2\end{vmatrix}$ (2) $\begin{vmatrix}2 & 4 & 3\\ 1 & 3 & 2\\ 3 & 1 & 1\end{vmatrix}$

【解答】 (1) $6\times 2-5\times 3=-3$.

(2) $2\times 3\times 1+1\times 1\times 3+3\times 4\times 2-2\times 1\times 2-1\times 4\times 1-3\times 3\times 3=-2$. ■

2.2　多重線形性と交代性から 2 次と 3 次の行列式の公式を導く

● 2 次の行列式の場合 ●　2 次の行列式 $\det(\boldsymbol{a}_1, \boldsymbol{a}_2)$ は次の性質を持つ．ただし，$\boldsymbol{a}_1$, $\boldsymbol{a}_1'$, $\boldsymbol{a}_2$, $\boldsymbol{a}_2'$ は 2 次元ベクトルであり，c は定数である．

(1)　$\det(\boldsymbol{a}_1 + \boldsymbol{a}_1', \boldsymbol{a}_2) = \det(\boldsymbol{a}_1, \boldsymbol{a}_2) + \det(\boldsymbol{a}_1', \boldsymbol{a}_2)$.
(2)　$\det(c\boldsymbol{a}_1, \boldsymbol{a}_2) = c\det(\boldsymbol{a}_1, \boldsymbol{a}_2)$.
(3)　$\det(\boldsymbol{a}_1, \boldsymbol{a}_2 + \boldsymbol{a}_2') = \det(\boldsymbol{a}_1, \boldsymbol{a}_2) + \det(\boldsymbol{a}_1, \boldsymbol{a}_2')$.
(4)　$\det(\boldsymbol{a}_1, c\boldsymbol{a}_2) = c\det(\boldsymbol{a}_1, \boldsymbol{a}_2)$.
(5)　$\det(\boldsymbol{a}_2, \boldsymbol{a}_1) = -\det(\boldsymbol{a}_1, \boldsymbol{a}_2)$.
(6)　$\det(\boldsymbol{e}_1, \boldsymbol{e}_2) = 1$. ここで，$\boldsymbol{e}_1 = \begin{pmatrix} 1 \\ 0 \end{pmatrix}, \boldsymbol{e}_2 = \begin{pmatrix} 0 \\ 1 \end{pmatrix}$.

上の性質 (1)〜(4) を（列に関する）**多重線形性**とよび，性質 (5) を（列に関する）**交代性**とよぶ．

性質 (1)〜(6) より 2 次の行列式に関するサラスの規則を導くことができる．

● 3 次の行列式の場合 ●　3 次の行列式 $\det(\boldsymbol{a}_1, \boldsymbol{a}_2, \boldsymbol{a}_3)$ は次の性質を持つ．ただし，$\boldsymbol{a}_1$, $\boldsymbol{a}_1'$, $\boldsymbol{a}_2$, $\boldsymbol{a}_2'$, $\boldsymbol{a}_3$, $\boldsymbol{a}_3'$ は 3 次元ベクトルであり，c は定数である．

(1)　$\det(\boldsymbol{a}_1 + \boldsymbol{a}_1', \boldsymbol{a}_2, \boldsymbol{a}_3) = \det(\boldsymbol{a}_1, \boldsymbol{a}_2, \boldsymbol{a}_3) + \det(\boldsymbol{a}_1', \boldsymbol{a}_2, \boldsymbol{a}_3)$.
(2)　$\det(c\boldsymbol{a}_1, \boldsymbol{a}_2, \boldsymbol{a}_3) = c\det(\boldsymbol{a}_1, \boldsymbol{a}_2, \boldsymbol{a}_3)$.
(3)　$\det(\boldsymbol{a}_1, \boldsymbol{a}_2 + \boldsymbol{a}_2', \boldsymbol{a}_3) = \det(\boldsymbol{a}_1, \boldsymbol{a}_2, \boldsymbol{a}_3) + \det(\boldsymbol{a}_1, \boldsymbol{a}_2', \boldsymbol{a}_3)$.
(4)　$\det(\boldsymbol{a}_1, c\boldsymbol{a}_2, \boldsymbol{a}_3) = c\det(\boldsymbol{a}_1, \boldsymbol{a}_2, \boldsymbol{a}_3)$.
(5)　$\det(\boldsymbol{a}_1, \boldsymbol{a}_2, \boldsymbol{a}_3 + \boldsymbol{a}_3') = \det(\boldsymbol{a}_1, \boldsymbol{a}_2, \boldsymbol{a}_3) + \det(\boldsymbol{a}_1, \boldsymbol{a}_2, \boldsymbol{a}_3')$.
(6)　$\det(\boldsymbol{a}_1, \boldsymbol{a}_2, c\boldsymbol{a}_3) = c\det(\boldsymbol{a}_1, \boldsymbol{a}_2, \boldsymbol{a}_3)$.
(7)　$\det(\boldsymbol{a}_2, \boldsymbol{a}_1, \boldsymbol{a}_3) = -\det(\boldsymbol{a}_1, \boldsymbol{a}_2, \boldsymbol{a}_3)$.
(8)　$\det(\boldsymbol{a}_3, \boldsymbol{a}_2, \boldsymbol{a}_1) = -\det(\boldsymbol{a}_1, \boldsymbol{a}_2, \boldsymbol{a}_3)$.
(9)　$\det(\boldsymbol{a}_1, \boldsymbol{a}_3, \boldsymbol{a}_2) = -\det(\boldsymbol{a}_1, \boldsymbol{a}_2, \boldsymbol{a}_3)$.
(10)　$\det(\boldsymbol{e}_1, \boldsymbol{e}_2, \boldsymbol{e}_3) = 1$. ここで，$\boldsymbol{e}_1 = \begin{pmatrix} 1 \\ 0 \\ 0 \end{pmatrix}, \boldsymbol{e}_2 = \begin{pmatrix} 0 \\ 1 \\ 0 \end{pmatrix}, \boldsymbol{e}_3 = \begin{pmatrix} 0 \\ 0 \\ 1 \end{pmatrix}$.

上の性質 (1)〜(6) を（列に関する）**多重線形性**とよび，性質 (7), (8), (9) を（列に関する）**交代性**とよぶ．

性質 (1)〜(10) より 3 次の行列式に関するサラスの規則を導くことができる．

問題演習のねらい 2次と3次の行列式の幾何学的な性質から多重線形性と交代性を導き，さらにサラスの規則を導こう！

導入 例題 2.2

実数を成分とする2次の行列式 $\det(\boldsymbol{a}_1, \boldsymbol{a}_2)$ は $\boldsymbol{a}_1$, $\boldsymbol{a}_2$ の作る平行四辺形の面積に正負の符号をつけたものである（詳細は p.55 の要項を参照）．このことを用いて，次の問いに答えよ．ここで，$\boldsymbol{a}_1$, $\boldsymbol{a}_2$ はどちらも $\boldsymbol{0}$ でないものとする．

(1) $\det(\boldsymbol{a}_2, \boldsymbol{a}_1) = -\det(\boldsymbol{a}_1, \boldsymbol{a}_2)$ が成り立つ理由を説明せよ（感覚的な説明でよい）．

(2) 図のようにベクトル $\boldsymbol{a}_1$ の向きに X 軸をとり，X 軸を反時計回りに角度 $\frac{\pi}{2}$ 回転した向きに Y 軸をとる．このとき次式が成り立つ．その理由を説明せよ．

$$\det(\boldsymbol{a}_1, \boldsymbol{a}_2) = (\boldsymbol{a}_1 \text{ の } X \text{ 座標成分}) \times (\boldsymbol{a}_2 \text{ の } Y \text{ 座標成分}).$$

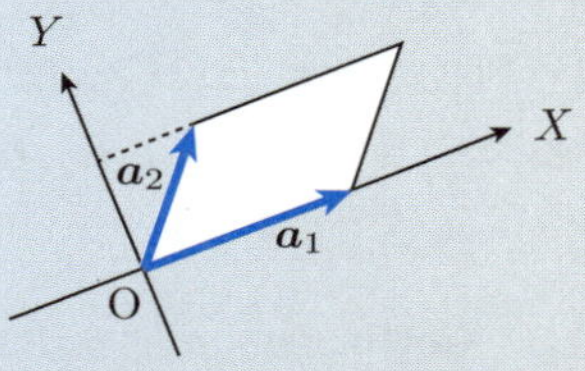

(3) 小問 (2) の式を用いて，次式が成り立つ理由を説明せよ．

(a) $\det(\boldsymbol{a}_1, \boldsymbol{a}_2 + \boldsymbol{a}_2') = \det(\boldsymbol{a}_1, \boldsymbol{a}_2) + \det(\boldsymbol{a}_1, \boldsymbol{a}_2')$.

(b) $\det(\boldsymbol{a}_1, c\boldsymbol{a}_2) = c\det(\boldsymbol{a}_1, \boldsymbol{a}_2)$.

【解答】 (1) $\boldsymbol{a}_1$ と $\boldsymbol{a}_2$ が入れかわると，これらの作る平行四辺形の**面積は変わらないが，図形が裏返る**ので，$\det(\boldsymbol{a}_2, \boldsymbol{a}_1) = -\det(\boldsymbol{a}_1, \boldsymbol{a}_2)$ となる．

(2) $\boldsymbol{a}_1$ と $\boldsymbol{a}_2$ の作る平行四辺形において，$\boldsymbol{a}_1$ を「底辺」と考えると，底辺の長さは $\boldsymbol{a}_1$ の X 座標成分に等しい．「高さ」は $\boldsymbol{a}_2$ の Y 座標成分の絶対値に等しいが，$\boldsymbol{a}_1$ と $\boldsymbol{a}_2$ の位置関係を考えると，$\boldsymbol{a}_2$ の Y 座標成分が正（負）のとき，$\det(\boldsymbol{a}_1, \boldsymbol{a}_2)$ も正（負）である．よって次式が成り立つ．

$$\det(\boldsymbol{a}_1, \boldsymbol{a}_2) = (\boldsymbol{a}_1 \text{ の } X \text{ 座標成分}) \times (\boldsymbol{a}_2 \text{ の } Y \text{ 座標成分}).$$

(3) $\boldsymbol{a}_1$ の X 座標成分を α とし，$\boldsymbol{a}_2$ の Y 座標成分を β，$\boldsymbol{a}_2'$ の Y 座標成分を β' とすると，$\boldsymbol{a}_2 + \boldsymbol{a}_2'$ の Y 座標成分は $\beta + \beta'$ であり，$c\boldsymbol{a}_2$ の Y 座標成分は $c\beta$ であるので，次式が成り立つ．

$$\det(\boldsymbol{a}_1, \boldsymbol{a}_2 + \boldsymbol{a}_2') = \alpha(\beta + \beta') = \alpha\beta + \alpha\beta' = \det(\boldsymbol{a}_1, \boldsymbol{a}_2) + \det(\boldsymbol{a}_1, \boldsymbol{a}_2'),$$

$$\det(\boldsymbol{a}_1, c\boldsymbol{a}_2) = \alpha(c\beta) = c\alpha\beta = c\det(\boldsymbol{a}_1, \boldsymbol{a}_2).$$

■

問 2.2　実数を成分とする 2 次の行列式について，次式が成り立つことを，導入例題 2.2 (1), (3) の結果を利用して示せ．

(1)　$\det(\boldsymbol{a}_1 + \boldsymbol{a}'_1, \boldsymbol{a}_2) = \det(\boldsymbol{a}_1, \boldsymbol{a}_2) + \det(\boldsymbol{a}'_1, \boldsymbol{a}_2)$.

(2)　$\det(c\boldsymbol{a}_1, \boldsymbol{a}_2) = c\det(\boldsymbol{a}_1, \boldsymbol{a}_2)$.

問 2.3　実数を成分とする 2 次の行列式について，等式 $\det(\boldsymbol{a}, \boldsymbol{a}) = 0$ が成り立つことを，導入例題 2.2 (1) の結果を利用して示せ．

確認 例題 2.2

$A = \begin{pmatrix} a_{11} & a_{12} \\ a_{21} & a_{22} \end{pmatrix}$ とする．行列式の多重線形性と交代性，および，$\det E_2 = 1$ を用いて

$$\det A = a_{11}a_{22} - a_{21}a_{12}$$

が成り立つことを示せ．

【解答】　$\boldsymbol{a}_1 = \begin{pmatrix} a_{11} \\ a_{21} \end{pmatrix} = a_{11}\boldsymbol{e}_1 + a_{21}\boldsymbol{e}_2$, $\boldsymbol{a}_2 = \begin{pmatrix} a_{12} \\ a_{22} \end{pmatrix} = a_{12}\boldsymbol{e}_1 + a_{22}\boldsymbol{e}_2$ とする．ただし，$\boldsymbol{e}_1 = \begin{pmatrix} 1 \\ 0 \end{pmatrix}$, $\boldsymbol{e}_2 = \begin{pmatrix} 0 \\ 1 \end{pmatrix}$ である．行列式の**多重線形性**により

$$\begin{aligned} \det A &= \det(a_{11}\boldsymbol{e}_1 + a_{21}\boldsymbol{e}_2, a_{12}\boldsymbol{e}_1 + a_{22}\boldsymbol{e}_2) \\ &= \det(a_{11}\boldsymbol{e}_1, a_{12}\boldsymbol{e}_1) + \det(a_{11}\boldsymbol{e}_1, a_{22}\boldsymbol{e}_2) \\ &\quad + \det(a_{21}\boldsymbol{e}_2, a_{12}\boldsymbol{e}_1) + \det(a_{21}\boldsymbol{e}_2, a_{22}\boldsymbol{e}_2) \\ &= a_{11}a_{12}\det(\boldsymbol{e}_1, \boldsymbol{e}_1) + a_{11}a_{22}\det(\boldsymbol{e}_1, \boldsymbol{e}_2) \\ &\quad + a_{21}a_{12}\det(\boldsymbol{e}_2, \boldsymbol{e}_1) + a_{21}a_{22}\det(\boldsymbol{e}_2, \boldsymbol{e}_2) \end{aligned}$$

が得られる．ここで

$$\begin{aligned} &\det(\boldsymbol{e}_1, \boldsymbol{e}_2) = \det E_2 = 1, \\ &\det(\boldsymbol{e}_2, \boldsymbol{e}_1) = -\det(\boldsymbol{e}_1, \boldsymbol{e}_2) = -1, \\ &\det(\boldsymbol{e}_1, \boldsymbol{e}_1) = \det(\boldsymbol{e}_2, \boldsymbol{e}_2) = 0 \end{aligned}$$

であるので，$\det A = a_{11}a_{22} - a_{21}a_{12}$ が得られる．■

導入 例題 2.3

$\boldsymbol{x}$, $\boldsymbol{y}$, $\boldsymbol{z}$ は3次元実ベクトルとし，$\det(\boldsymbol{x},\boldsymbol{y},\boldsymbol{z})=c$ とする．3次の行列式の交代性を用いて，次の値を求めよ．

(1) $\det(\boldsymbol{x},\boldsymbol{y},\boldsymbol{y})$ (2) $\det(\boldsymbol{x},\boldsymbol{y},\boldsymbol{x})$ (3) $\det(\boldsymbol{x},\boldsymbol{z},\boldsymbol{y})$ (4) $\det(\boldsymbol{y},\boldsymbol{z},\boldsymbol{x})$

【解答】 (1) $\boldsymbol{y}'=\boldsymbol{y}$ とおくと，交代性より

$$\det(\boldsymbol{x},\boldsymbol{y},\boldsymbol{y})=\det(\boldsymbol{x},\boldsymbol{y},\boldsymbol{y}')=-\det(\boldsymbol{x},\boldsymbol{y}',\boldsymbol{y})=-\det(\boldsymbol{x},\boldsymbol{y},\boldsymbol{y})$$

であるので $\det(\boldsymbol{x},\boldsymbol{y},\boldsymbol{y})=0$ が得られる．

(2) 小問 (1) と同様に考えれば，$\det(\boldsymbol{x},\boldsymbol{y},\boldsymbol{x})=0$.

(3) $\det(\boldsymbol{x},\boldsymbol{z},\boldsymbol{y})=-\det(\boldsymbol{x},\boldsymbol{y},\boldsymbol{z})=-c$.

(4) 交代性より，$\det(\boldsymbol{y},\boldsymbol{z},\boldsymbol{x})=-\det(\boldsymbol{x},\boldsymbol{z},\boldsymbol{y})$ である．さらに交代性によって，$\det(\boldsymbol{x},\boldsymbol{z},\boldsymbol{y})=-\det(\boldsymbol{x},\boldsymbol{y},\boldsymbol{z})$ であるので，$\det(\boldsymbol{y},\boldsymbol{z},\boldsymbol{x})=c$ である． ■

問 2.4 $\boldsymbol{x}$, $\boldsymbol{y}$, $\boldsymbol{z}$ は3次元実ベクトルとし，$\det(\boldsymbol{x},\boldsymbol{y},\boldsymbol{z})=c$ とする．3次の行列式の交代性を用いて，次の値を求めよ．

(1) $\det(\boldsymbol{x},\boldsymbol{x},\boldsymbol{y})$ (2) $\det(\boldsymbol{y},\boldsymbol{x},\boldsymbol{z})$ (3) $\det(\boldsymbol{z},\boldsymbol{x},\boldsymbol{y})$ (4) $\det(\boldsymbol{z},\boldsymbol{y},\boldsymbol{x})$

確認 例題 2.3

$A=\begin{pmatrix} a_{11} & a_{12} & a_{13} \\ a_{21} & a_{22} & a_{23} \\ a_{31} & a_{32} & a_{33} \end{pmatrix}$ とし，A の第 i 列ベクトルを $\boldsymbol{a}_i$ とする $(1\leq i\leq 3)$.

また，$\boldsymbol{e}_1=\begin{pmatrix}1\\0\\0\end{pmatrix}$, $\boldsymbol{e}_2=\begin{pmatrix}0\\1\\0\end{pmatrix}$, $\boldsymbol{e}_3=\begin{pmatrix}0\\0\\1\end{pmatrix}$ とする．3次の行列式の多重線形性と交代性，および，$\det E_3=1$ であることを用いて，次の問いに答えよ．

(1) $\det A$ は

$$a_{i1}a_{j2}a_{k3}\det(\boldsymbol{e}_i,\boldsymbol{e}_j,\boldsymbol{e}_k) \qquad (1\leq i\leq 3,\ 1\leq j\leq 3,\ 1\leq k\leq 3)$$

という形の項の総和として表されることを示せ．

(2) 次のサラスの規則が成り立つことを示せ．

$$\det A = a_{11}a_{22}a_{33}+a_{21}a_{32}a_{13}+a_{31}a_{12}a_{23} \\ -a_{11}a_{32}a_{23}-a_{21}a_{12}a_{33}-a_{31}a_{22}a_{13}.$$

【解答】　(1)

$$\boldsymbol{a}_1 = \sum_{i=1}^{3} a_{i1}\boldsymbol{e}_i, \quad \boldsymbol{a}_2 = \sum_{j=1}^{3} a_{j2}\boldsymbol{e}_j, \quad \boldsymbol{a}_3 = \sum_{k=1}^{3} a_{k3}\boldsymbol{e}_k$$

である．$\boldsymbol{a}_1$, $\boldsymbol{a}_2$, $\boldsymbol{a}_3$ がそれぞれ $a_{i1}\boldsymbol{e}_i$, $a_{j2}\boldsymbol{e}_j$, $a_{k3}\boldsymbol{e}_k$ という形のベクトルの和であるので

$$\det A = \det(\boldsymbol{a}_1, \boldsymbol{a}_2, \boldsymbol{a}_3)$$
$$= \det(a_{11}\boldsymbol{e}_1 + a_{21}\boldsymbol{e}_2 + a_{31}\boldsymbol{e}_3, a_{12}\boldsymbol{e}_1 + a_{22}\boldsymbol{e}_2 + a_{32}\boldsymbol{e}_3, a_{13}\boldsymbol{e}_1 + a_{23}\boldsymbol{e}_2 + a_{33}\boldsymbol{e}_3)$$

に**多重線形性**を適用すれば，$\det A$ が

$$\det(a_{i1}\boldsymbol{e}_i, a_{j2}\boldsymbol{e}_j, a_{k3}\boldsymbol{e}_k) \qquad (1 \leq i \leq 3,\ 1 \leq j \leq 3,\ 1 \leq k \leq 3)$$

という形の行列式の総和であることがわかる．さらに**多重線形性**により

$$\det(a_{i1}\boldsymbol{e}_i, a_{j2}\boldsymbol{e}_j, a_{k3}\boldsymbol{e}_k) = a_{i1}a_{j2}a_{k3}\det(\boldsymbol{e}_i, \boldsymbol{e}_j, \boldsymbol{e}_k)$$

であるので，$\det A$ は $a_{i1}a_{j2}a_{k3}\det(\boldsymbol{e}_i, \boldsymbol{e}_j, \boldsymbol{e}_k)$ という項の総和である．

(2)　i, j, k の中に同じものがあれば

$$\det(\boldsymbol{e}_i, \boldsymbol{e}_j, \boldsymbol{e}_k) = 0$$

であるので，$\det A$ は

$a_{i1}a_{j2}a_{k3}\det(\boldsymbol{e}_i, \boldsymbol{e}_j, \boldsymbol{e}_k)$　($1 \leq i \leq 3$, $1 \leq j \leq 3$, $1 \leq k \leq 3$ **の互いに異なる整数**)

という項の総和である．また，導入例題 2.3，問 2.4，および

$$\det E_3 = 1$$

より

$$\det(\boldsymbol{e}_1, \boldsymbol{e}_2, \boldsymbol{e}_3) = \det(\boldsymbol{e}_2, \boldsymbol{e}_3, \boldsymbol{e}_1) = \det(\boldsymbol{e}_3, \boldsymbol{e}_1, \boldsymbol{e}_2) = 1,$$
$$\det(\boldsymbol{e}_1, \boldsymbol{e}_3, \boldsymbol{e}_2) = \det(\boldsymbol{e}_2, \boldsymbol{e}_1, \boldsymbol{e}_3) = \det(\boldsymbol{e}_3, \boldsymbol{e}_2, \boldsymbol{e}_1) = -1$$

である．これらのことを考えあわせれば，サラスの規則が得られる．■

問 2.5　2 つの 2 次元実ベクトル

$$\boldsymbol{x} = \begin{pmatrix} x_1 \\ x_2 \end{pmatrix}, \quad \boldsymbol{y} = \begin{pmatrix} y_1 \\ y_2 \end{pmatrix}$$

に対して実数を対応させる関数 $f(\boldsymbol{x}, \boldsymbol{y})$ が多重線形性および交代性を持つとする．このとき，ある定数 c が存在して

$$f(\boldsymbol{x}, \boldsymbol{y}) = c\det(\boldsymbol{x}, \boldsymbol{y})$$

と表されることを示せ．

2.3 行列式の定義

●写　像●　集合 X の各元に集合 Y の元を対応させる対応 f を X から Y への**写像**といい，$f\colon X \to Y$ と表す．写像 $f\colon X \to Y$ によって集合 X の元 x に対応する Y の元を f による x の**像**とよび，$f(x)$ と表す．$y = f(x)$ であることを

$$f\colon x \mapsto y,$$

あるいは単に

$$x \mapsto y$$

と表す．

●写像の合成と単射・全射●　$f\colon X \to Y$, $g\colon Y \to Z$ は写像とする．$x \in X$ に対して $g\bigl(f(x)\bigr) \in Z$ を対応させる写像を f と g の**合成写像**とよび，記号

$$g \circ f$$

で表す．

$$g \circ f(x) = g\bigl(f(x)\bigr) \qquad (x \in X).$$

(1)　f が**単射** $\Leftrightarrow$「$x_1, x_2 \in X$ が $f(x_1) = f(x_2)$ をみたすならば $x_1 = x_2$ である」$\Leftrightarrow$「$x_1, x_2 \in X$ が $x_1 \neq x_2$ をみたすならば $f(x_1) \neq f(x_2)$ である」.

(2)　f が**全射** $\Leftrightarrow$「任意の $y \in Y$ に対して，ある $x \in X$ が存在して，$f(x) = y$」.

(3)　f が**全単射** $\Leftrightarrow$ f が単射かつ全射.

写像 $f\colon X \to Y$ は全単射であるとする．Y の元 y に対して，$f(x) = y$ をみたす X のただ1つの元 x を対応させる写像を f の**逆写像**とよび，記号 f^{-1} で表す．

$$f^{-1}(y) = x \Leftrightarrow f(x) = y.$$

集合 X の元 x に対して x 自身を対応させる X から X への写像を**恒等写像**とよび，記号 id_X，あるいは単に id で表す．

●置換の定義と積●　集合 $X = \{1, 2, \ldots, n\}$ から X 自身への全単射を n 文字の**置換**とよぶ．

$\sigma\colon X \to X$ を置換とし，$\sigma(k) = i_k$ $(1 \leq k \leq n)$ とするとき，この置換 σ を次のように表す．

$$\sigma = \begin{pmatrix} 1 & 2 & \cdots & n \\ i_1 & i_2 & \cdots & i_n \end{pmatrix}.$$

n 文字の置換全体の集合を S_n と表し，n 次**対称群**とよぶ．恒等写像

$$\mathrm{id}\colon X \to X$$

を置換とみたとき，これを**恒等置換**とよび，id, 1, 1_n などと表す．2つの置換 σ, τ の合成写像 $\sigma \circ \tau$ を σ と τ の**積**とよび，記号 $\sigma\tau$ で表す．また，σ の逆写像 σ^{-1} を σ の**逆置換**とよび，同じ記号 σ^{-1} で表す．

● 置換とその符号 ●　σ を n 文字の置換とするとき，σ の**符号** $\mathrm{sgn}(\sigma)$ を次のように定義する．

$$\mathrm{sgn}(\sigma) = \prod_{1\le i<j\le n}\left(\frac{\sigma(j)-\sigma(i)}{j-i}\right).$$

ここで，記号 $\displaystyle\prod_{1\le i<j\le n}$ は，$1 \le i < j \le n$ をみたす整数 i, j のすべての組合せにわたって積をとることを意味する．$\mathrm{sgn}(\sigma)$ は 1 または -1 のいずれかである．

また，「$1 \le i < j \le n$ かつ $\sigma(i) > \sigma(j)$」をみたす自然数 i, j の組合せの総数をここでは $t(\sigma)$ と記し，σ の**転倒数**とよぶ．このとき，次が成り立つ．

$$\mathrm{sgn}(\sigma) = (-1)^{t(\sigma)}.$$

1 から n までの文字のうち，2 つの文字 i, j を取りかえ，その他の文字は固定する置換を $(i\,j)$ と表す．このような置換を**互換**とよぶ．

$\sigma, \tau \in S_n$ に対して，次のことが成り立つ．

(1)　$\mathrm{sgn}(\mathrm{id}) = 1$.
(2)　$\mathrm{sgn}(\sigma\tau) = \mathrm{sgn}(\sigma)\,\mathrm{sgn}(\tau)$.
(3)　$\mathrm{sgn}(\sigma^{-1}) = \mathrm{sgn}(\sigma)$.
(4)　σ が互換ならば $\mathrm{sgn}(\sigma) = -1$.

任意の置換はいくつかの互換の積として表される．その際にあらわれる互換の個数の偶奇（偶数個であるか，奇数個であるか）は一定である．偶数（奇数）個の互換の積として表される置換を**偶置換**（**奇置換**）とよぶ．このとき，次が成り立つ．

$$\mathrm{sgn}(\sigma) = \begin{cases} 1 & (\sigma\text{ が偶置換のとき}), \\ -1 & (\sigma\text{ が奇置換のとき}). \end{cases}$$

● n 次行列式の定義 ●　n 次複素正方行列 $A = (a_{ij}) = (\,\boldsymbol{a}_1\ \ \boldsymbol{a}_2\ \ \cdots\ \ \boldsymbol{a}_n\,)$ に対して，その**行列式** $\det A$ を

$$\det A = \sum_{\sigma\in S_n} \mathrm{sgn}(\sigma) a_{\sigma(1)1} a_{\sigma(2)2} \cdots a_{\sigma(n)n}$$

と定める．ここで，記号 $\displaystyle\sum_{\sigma\in S_n}$ は，σ を n 次対称群 S_n 全体にわたって動かして和をとることを意味する．$\det A$ は

$$\det(\boldsymbol{a}_1, \boldsymbol{a}_2, \ldots, \boldsymbol{a}_n), \quad |A|, \quad \begin{vmatrix} a_{11} & a_{12} & \ldots & a_{1n} \\ a_{21} & a_{22} & \ldots & a_{2n} \\ \vdots & \vdots & \ddots & \vdots \\ a_{n1} & a_{n2} & \ldots & a_{nn} \end{vmatrix}$$

などとも表す．

問題演習のねらい　段階的な問題演習を通じて，行列式の定義を理解しよう！

導入　例題 2.4

$X = \{1, 2, 3\}$ とする．X から X への全単射は，全部で何個あるか．

【解答】　$f\colon X \to X$ が全単射ならば，$f(1)$, $f(2)$, $f(3)$ は，1, 2, 3 を並べかえたものであるので，その総数は，$3! = 6$（個）．■

導入　例題 2.5

次の置換 σ, τ に対して，$\sigma\tau$, $\tau\sigma$, σ^{-1} を求めよ．

$$\sigma = \begin{pmatrix} 1 & 2 & 3 \\ 2 & 1 & 3 \end{pmatrix}, \qquad \tau = \begin{pmatrix} 1 & 2 & 3 \\ 2 & 3 & 1 \end{pmatrix}.$$

【解答】

$$\sigma(\tau(1)) = \sigma(2) = 1, \quad \sigma(\tau(2)) = \sigma(3) = 3, \quad \sigma(\tau(3)) = \sigma(1) = 2$$

より

$$\sigma\tau = \begin{pmatrix} 1 & 2 & 3 \\ 1 & 3 & 2 \end{pmatrix}.$$

$$\tau(\sigma(1)) = \tau(2) = 3, \quad \tau(\sigma(2)) = \tau(1) = 2, \quad \tau(\sigma(3)) = \tau(3) = 1$$

より

$$\tau\sigma = \begin{pmatrix} 1 & 2 & 3 \\ 3 & 2 & 1 \end{pmatrix}.$$

また

$$\sigma^{-1} = \begin{pmatrix} 2 & 1 & 3 \\ 1 & 2 & 3 \end{pmatrix} = \begin{pmatrix} 1 & 2 & 3 \\ 2 & 1 & 3 \end{pmatrix}.$$ ■

問 2.6　次の置換 σ, τ に対して，$\sigma\tau$, $\tau\sigma$, σ^{-1} を求めよ．

$$\sigma = \begin{pmatrix} 1 & 2 & 3 & 4 \\ 2 & 4 & 3 & 1 \end{pmatrix}, \qquad \tau = \begin{pmatrix} 1 & 2 & 3 & 4 \\ 3 & 1 & 2 & 4 \end{pmatrix}.$$

導入 **例題 2.6**

次の置換 σ の転倒数 $t(\sigma)$ と符号 $\mathrm{sgn}(\sigma)$ を求めよ．

(1)　$\sigma = \begin{pmatrix} 1 & 2 & 3 \\ 1 & 3 & 2 \end{pmatrix}$　　(2)　$\sigma = \begin{pmatrix} 1 & 2 & 3 \\ 3 & 2 & 1 \end{pmatrix}$　　(3)　$\sigma = \begin{pmatrix} 1 & 2 & 3 \\ 3 & 1 & 2 \end{pmatrix}$

【解答】　(1)　置換 σ をほどこしたときに大小関係が逆転する (i,j) の組合せは，$(i,j) = (2,3)$ の 1 組である．よって，転倒数 $t(\sigma)$ は 1．符号 $\mathrm{sgn}(\sigma)$ は

$$\mathrm{sgn}(\sigma) = \prod_{1 \leq i < j \leq 3} \left(\frac{\sigma(j) - \sigma(i)}{j - i} \right) = \frac{(\sigma(2) - \sigma(1))(\sigma(3) - \sigma(1))(\sigma(3) - \sigma(2))}{(2-1)(3-1)(3-2)}$$

$$= \frac{(3-1)(2-1)(2-3)}{(2-1)(3-1)(3-2)} = -1.$$

この式の分数の分子と分母は絶対値が等しいので，正負の符号だけが問題になる．結局，**置換によって大小関係の逆転が偶数回起きるのか，それとも奇数回なのかに応じて符号が定まる**．よって，$\mathrm{sgn}(\sigma) = (-1)^{t(\sigma)} = -1$ としても符号が求められる．

(2)　$(i,j) = (1,2), (1,3), (2,3)$ の 3 通りの組合せすべてについて，$\sigma(i) > \sigma(j)$ となるので，$t(\sigma) = 3$．$\mathrm{sgn}(\sigma) = (-1)^3 = -1$．

(3)　$t(\sigma) = 2$, $\mathrm{sgn}(\sigma) = (-1)^2 = 1$．■

問 2.7　次の置換 σ の転倒数 $t(\sigma)$ と符号 $\mathrm{sgn}(\sigma)$ を求めよ．

(1)　$\sigma = \begin{pmatrix} 1 & 2 & 3 \\ 1 & 2 & 3 \end{pmatrix}$　　(2)　$\sigma = \begin{pmatrix} 1 & 2 & 3 \\ 2 & 1 & 3 \end{pmatrix}$　　(3)　$\sigma = \begin{pmatrix} 1 & 2 & 3 \\ 2 & 3 & 1 \end{pmatrix}$

確認 **例題 2.4**

σ, τ は n 文字の置換とする．$\mathrm{sgn}(\sigma\tau) = \mathrm{sgn}(\sigma)\,\mathrm{sgn}(\tau)$ が成り立つことを，以下の手順にしたがって示せ．

(1)　次式が成り立つことを示せ．

$$\mathrm{sgn}(\sigma\tau) = \left(\prod_{1 \leq i < j \leq n} \left(\frac{\sigma(\tau(j)) - \sigma(\tau(i))}{\tau(j) - \tau(i)} \right) \right) \left(\prod_{1 \leq i < j \leq n} \left(\frac{\tau(j) - \tau(i)}{j - i} \right) \right).$$

(2)　$1 \leq i < j \leq n$ とする．$\tau(i)$ と $\tau(j)$ のうち，小さいほうを k，大きいほうを l とおくとき，次式が成り立つことを示せ．

$$\frac{\sigma(\tau(j)) - \sigma(\tau(i))}{\tau(j) - \tau(i)} = \frac{\sigma(l) - \sigma(k)}{l - k}.$$

(3)　$\mathrm{sgn}(\sigma\tau) = \mathrm{sgn}(\sigma)\,\mathrm{sgn}(\tau)$ が成り立つことを示せ．

【解答】 (1)

$$\begin{aligned}\operatorname{sgn}(\sigma\tau) &= \prod_{1\le i<j\le n}\left(\frac{\sigma(\tau(j))-\sigma(\tau(i))}{j-i}\right)\\ &= \prod_{1\le i<j\le n}\left(\frac{\sigma(\tau(j))-\sigma(\tau(i))}{\tau(j)-\tau(i)}\right)\left(\frac{\tau(j)-\tau(i)}{j-i}\right)\\ &= \left(\prod_{1\le i<j\le n}\left(\frac{\sigma(\tau(j))-\sigma(\tau(i))}{\tau(j)-\tau(i)}\right)\right)\left(\prod_{1\le i<j\le n}\left(\frac{\tau(j)-\tau(i)}{j-i}\right)\right).\end{aligned}$$

(2) $\tau(i)=k,\ \tau(j)=l$ のときは

$$\frac{\sigma(\tau(j))-\sigma(\tau(i))}{\tau(j)-\tau(i)}=\frac{\sigma(l)-\sigma(k)}{l-k}$$

である．$\tau(i)=l,\ \tau(j)=k$ のときは

$$\begin{aligned}\frac{\sigma(\tau(j))-\sigma(\tau(i))}{\tau(j)-\tau(i)} &= \frac{\sigma(k)-\sigma(l)}{k-l}=\frac{-(\sigma(k)-\sigma(l))}{-(k-l)}\\ &= \frac{\sigma(l)-\sigma(k)}{l-k}\end{aligned}$$

となるので，いずれの場合も問題の等式が成り立つ．

(3)

$$\prod_{1\le i<j\le n}\left(\frac{\tau(j)-\tau(i)}{j-i}\right)=\operatorname{sgn}(\tau)$$

である．また，i, j が $1\le i<j\le n$ をみたすように動くとき，対応する k, l は $1\le k<l\le n$ をみたすように動くので

$$\prod_{1\le i<j\le n}\left(\frac{\sigma(\tau(j))-\sigma(\tau(i))}{\tau(j)-\tau(i)}\right)=\prod_{1\le k<l\le n}\left(\frac{\sigma(l)-\sigma(k)}{l-k}\right)=\operatorname{sgn}(\sigma)$$

となる．以上の結果をあわせれば，$\operatorname{sgn}(\sigma\tau)=\operatorname{sgn}(\sigma)\operatorname{sgn}(\tau)$ が得られる． ■

問 2.8 (1) $\operatorname{sgn}(\mathrm{id})=1$ を示せ．

(2) $\operatorname{sgn}(\sigma^{-1})=\operatorname{sgn}(\sigma)$ を示せ．

ヒント：$\sigma\sigma^{-1}=\mathrm{id}$ に対して，確認例題 2.4 を用いる．

確認 例題 2.5

互換 $\sigma = (p\,q)$ を考える $(1 \le p < q \le n)$.

(1) σ の転倒数 $t(\sigma)$ を求めよ. (2) σ の符号 $\mathrm{sgn}(\sigma)$ を求めよ.

【解答】 (1) 「$1 \le i < j \le n,\ \sigma(i) > \sigma(j)$」となる i, j の組合せは,「$i = p,\ j = q$」(1 通り),「$i = p,\ p+1 \le j \le q-1$」($(q-p-1)$ 通り),「$p+1 \le i \le q-1,\ j = q$」($(q-p-1)$ 通り)の 3 つの場合がある. よって, $t(\sigma) = 1 + 2(q-p-1)$.

(2) $t(\sigma)$ **が奇数**であるので, $\mathrm{sgn}(\sigma) = (-1)^{t(\sigma)} = -1$ である. ■

導入 例題 2.7

(1) 置換 σ に対して, 互換 τ_1, τ_2, τ_3 が存在して, $\tau_3\tau_2\tau_1\sigma = \mathrm{id}$ が成り立つとする. このとき, $\sigma = \tau_1\tau_2\tau_3$ が成り立つことを示せ.

(2) 置換 $\sigma = \begin{pmatrix} 1 & 2 & 3 & 4 \\ 4 & 1 & 2 & 3 \end{pmatrix}$ にいくつかの互換を左からかけて, 恒等置換にせよ.

(3) 小問 (2) の置換 σ をいくつかの互換の積として表せ.

【解答】 (1) τ が互換ならば, $\tau^2 = \mathrm{id}$ であるので, $\tau^{-1} = \tau$ である. したがって, $(\tau_3\tau_2\tau_1)^{-1} = \tau_1^{-1}\tau_2^{-1}\tau_3^{-1} = \tau_1\tau_2\tau_3$ である. これを $\tau_3\tau_2\tau_1\sigma = \mathrm{id}$ の両辺に左からかければ, $\sigma = \tau_1\tau_2\tau_3$ が得られる.

(2) $\sigma(4) = 3$ に注意して, $\tau_1 = (3\,4)$ を左から σ にかけると

$$\tau_1\sigma = \begin{pmatrix} 1 & 2 & 3 & 4 \\ 1 & 2 & 4 & 3 \end{pmatrix}\begin{pmatrix} 1 & 2 & 3 & 4 \\ 4 & 1 & 2 & 3 \end{pmatrix} = \begin{pmatrix} 1 & 2 & 3 & 4 \\ 3 & 1 & 2 & 4 \end{pmatrix}$$

が得られる. 次に, $\tau_1\sigma(3) = 2$ に注意して, $\tau_2 = (2\,3)$ を左から $\tau_1\sigma$ にかけると

$$\tau_2\tau_1\sigma = \begin{pmatrix} 1 & 2 & 3 & 4 \\ 1 & 3 & 2 & 4 \end{pmatrix}\begin{pmatrix} 1 & 2 & 3 & 4 \\ 3 & 1 & 2 & 4 \end{pmatrix} = \begin{pmatrix} 1 & 2 & 3 & 4 \\ 2 & 1 & 3 & 4 \end{pmatrix}$$

となる. さらに $\tau_3 = (1\,2)$ を左からかければ, $\tau_3\tau_2\tau_1\sigma = \mathrm{id}$ が得られる.

(3) 小問 (1) の結果を用いれば, $\sigma = \tau_1\tau_2\tau_3 = (3\,4)(2\,3)(1\,2)$. ■

注意：もちろん, 置換を互換の積に分解する仕方は 1 通りではない.

問 2.9 次の置換 σ, τ をいくつかの互換の積として表せ.

(1) $\sigma = \begin{pmatrix} 1 & 2 & 3 & 4 \\ 2 & 4 & 1 & 3 \end{pmatrix}$ (2) $\tau = \begin{pmatrix} 1 & 2 & 3 & 4 & 5 \\ 2 & 5 & 1 & 4 & 3 \end{pmatrix}$

確認 例題 2.6

n 文字の任意の置換 σ はいくつかの互換の積として表されることを証明せよ ($n \geq 2$).

【解答】 n に関する数学的帰納法を用いて示す.

$n = 2$ のときは, $\mathrm{id} = (1\,2)(1\,2)$ であり, $(1\,2)$ はそれ自身が互換であるので, 主張は正しい. そこで, $n \geq 3$ とし, $(n-1)$ 文字以下の任意の置換はいくつかの互換の積として表されると仮定する.

σ を n 文字の置換とする. もし $\sigma(n) = n$ ならば, σ は 1 から $n-1$ までを並べかえる置換とみることができるので, 帰納法の仮定より, σ はいくつかの互換の積として表される. 次に, $\sigma(n) = k \neq n$ とする. このとき, 互換 $\tau = (k\,n)$ を σ に左からかけた置換 $\tau\sigma$ を考えると

$$\tau\sigma(n) = \tau(k) = n$$

となるので, $\tau\sigma$ は $(n-1)$ 文字の置換とみることができる. よって帰納法の仮定より

$$\tau\sigma = \tau_1\tau_2\cdots\tau_s \quad (\tau_1, \tau_2, \ldots, \tau_s \text{ は互換})$$

と表すことができる. この式の両辺に左から τ をかけると, $\tau\tau = \mathrm{id}$ に注意すれば

$$\sigma = \tau\tau_1\tau_2\cdots\tau_s$$

が得られ, σ を互換の積として表すことができる.

よって, 任意の置換は, いくつかの互換の積として表される. ■

確認 例題 2.7

置換 σ が s 個の互換 $\tau_1, \tau_2, \ldots, \tau_s$ の積として表されているとする.

(1) σ の符号 $\mathrm{sgn}(\sigma)$ を求めよ.

(2) さらに s は奇数であるとする. このとき, σ をいくつかの互換の積として表すと, 使われる互換の個数は必ず奇数であることを示せ.

【解答】 (1) $\mathrm{sgn}(\tau_i) = -1$ $(1 \leq i \leq s)$ であるので (確認例題 2.5 参照), 確認例題 2.4 を用いれば, $\mathrm{sgn}(\sigma) = (-1)^s$.

(2) $\sigma = \rho_1\rho_2\cdots\rho_t$ ($\rho_1, \rho_2, \ldots, \rho_t$ は互換) と表されたとすると, $\mathrm{sgn}(\sigma) = (-1)^t$ となる. よって, $(-1)^s = (-1)^t$ となり, s と t の偶奇は一致する. したがって, s が奇数ならば, t も奇数である. ■

確認 例題 2.8

3 次正方行列 $A=(a_{ij})$ の行列式の定義式

$$\det A = \sum_{\sigma\in S_3} \mathrm{sgn}(\sigma) a_{\sigma(1)1} a_{\sigma(2)2} a_{\sigma(3)3}$$

がサラスの規則と一致することを確かめよ．

【解答】 3 文字の置換の符号は導入例題 2.6 と問 2.7 で求めている．

$\sigma=\mathrm{id}$ のとき，$\mathrm{sgn}(\sigma)a_{\sigma(1)1}a_{\sigma(2)2}a_{\sigma(3)3}=a_{11}a_{22}a_{33}$ である．

$\sigma=\begin{pmatrix}1&2&3\\2&3&1\end{pmatrix}$ のとき，$\mathrm{sgn}(\sigma)a_{\sigma(1)1}a_{\sigma(2)2}a_{\sigma(3)3}=a_{21}a_{32}a_{13}$ である．

$\sigma=\begin{pmatrix}1&2&3\\3&1&2\end{pmatrix}$ のとき，$\mathrm{sgn}(\sigma)a_{\sigma(1)1}a_{\sigma(2)2}a_{\sigma(3)3}=a_{31}a_{12}a_{23}$ である．

$\sigma=(2\,3)$ のとき，$\mathrm{sgn}(\sigma)a_{\sigma(1)1}a_{\sigma(2)2}a_{\sigma(3)3}=-a_{11}a_{32}a_{23}$ である．

$\sigma=(1\,2)$ のとき，$\mathrm{sgn}(\sigma)a_{\sigma(1)1}a_{\sigma(2)2}a_{\sigma(3)3}=-a_{21}a_{12}a_{33}$ である．

$\sigma=(1\,3)$ のとき，$\mathrm{sgn}(\sigma)a_{\sigma(1)1}a_{\sigma(2)2}a_{\sigma(3)3}=-a_{31}a_{22}a_{13}$ である．よって

$$\det A = a_{11}a_{22}a_{33}+a_{21}a_{32}a_{13}+a_{31}a_{12}a_{23}$$
$$-a_{11}a_{32}a_{23}-a_{21}a_{12}a_{33}-a_{31}a_{22}a_{13}$$

となり，確かにサラスの規則と一致する．■

問 2.10　2 次正方行列 $A=(a_{ij})$ の行列式の定義式

$$\det A = \sum_{\sigma\in S_2} \mathrm{sgn}(\sigma) a_{\sigma(1)1} a_{\sigma(2)2}$$

がサラスの規則と一致することを確かめよ．

問 2.11　$A=\begin{pmatrix}\alpha_1&0&0&0\\0&\alpha_2&0&0\\0&0&\alpha_3&0\\0&0&0&\alpha_4\end{pmatrix}$ とする．$\det A=\alpha_1\alpha_2\alpha_3\alpha_4$ であることを行列式の定義式から直接示せ．さらに，$\det E_4=1$ を示せ．

問 2.12　4 次正方行列 $A=(a_{ij})$ の第 1 列の成分がすべて 0 ならば，$\det A=0$ であることを行列式の定義から直接示せ．

2.4 n 次行列式の基本的な性質

● 多重線形性 ● n 次行列式は次の性質を持つ．これを（列に関する）**多重線形性**という．ここで，$\boldsymbol{a}_1$, $\boldsymbol{a}_j$, $\boldsymbol{a}_n$ などは n 次元複素ベクトルとし，c は複素数とする．

$$\begin{aligned}&\det(\boldsymbol{a}_1, \dots, \boldsymbol{a}_j + \boldsymbol{a}_j', \dots, \boldsymbol{a}_n)\\ &\qquad = \det(\boldsymbol{a}_1, \dots, \boldsymbol{a}_j, \dots, \boldsymbol{a}_n) + \det(\boldsymbol{a}_1, \dots, \boldsymbol{a}_j', \dots, \boldsymbol{a}_n),\\ &\det(\boldsymbol{a}_1, \dots, c\boldsymbol{a}_j, \dots, \boldsymbol{a}_n) = c\det(\boldsymbol{a}_1, \dots, \boldsymbol{a}_j, \dots, \boldsymbol{a}_n).\end{aligned}$$

● 交代性 ● n 次行列式において，2 つの列を交換すると，行列式は (-1) 倍になる．

$$\det(\boldsymbol{a}_1, \dots, \boldsymbol{a}_j, \dots, \boldsymbol{a}_i, \dots, \boldsymbol{a}_n) = -\det(\boldsymbol{a}_1, \dots, \boldsymbol{a}_i, \dots, \boldsymbol{a}_j, \dots, \boldsymbol{a}_n).$$

一般に，置換 τ を用いて列ベクトルを並べかえると，行列式は次のようになる．

$$\det(\boldsymbol{a}_{\tau(1)}, \boldsymbol{a}_{\tau(2)}, \dots, \boldsymbol{a}_{\tau(n)}) = \mathrm{sgn}(\tau)\det(\boldsymbol{a}_1, \boldsymbol{a}_2, \dots, \boldsymbol{a}_n).$$

また，同じ列を 2 つ含む行列式は 0 である．

これらの性質を総称して，**交代性**とよぶ．

● 転置行列の行列式 ● 行列式は転置しても変わらない．$\det({}^t\!A) = \det A$.

したがって，行列式に関して，**列について成り立つ性質は，行についても成り立つ**．たとえば，行に関しても多重線形性や交代性が成り立つ．

● 特別な形の行列式 ●

$A = \left(\begin{array}{c|c} a_{11} & {}^t\boldsymbol{b} \\ \hline \boldsymbol{0} & A' \end{array}\right)$ のとき

$$\det A = a_{11}\det A'.$$

同様に，$A = \left(\begin{array}{c|c} a_{11} & {}^t\boldsymbol{0} \\ \hline \boldsymbol{c} & A'' \end{array}\right)$ のときも

$$\det A = a_{11}\det A''$$

である．ここで，第 1 行と第 2 行の間，第 1 列と第 2 列の間に仕切りを入れて区分けしている．

また，**上三角行列**（$i > j$ ならば (i, j) 成分が 0 となる正方行列），**下三角行列**（$i < j$ ならば (i, j) 成分が 0 となる正方行列），**対角行列**の行列式は，その対角成分をかけあわせたものに等しい．たとえば

$$\begin{vmatrix} a_{11} & a_{12} & \cdots & a_{1,n-1} & a_{1n} \\ 0 & a_{22} & \cdots & a_{2,n-1} & a_{2n} \\ \vdots & \ddots & \ddots & \vdots & \vdots \\ 0 & 0 & \ddots & a_{n-1,n-1} & a_{n-1,n} \\ 0 & 0 & \cdots & 0 & a_{nn} \end{vmatrix} = a_{11}a_{22}\cdots a_{nn}.$$

● 掃き出し法による行列式の計算 ● 基本変形をほどこすと，行列式は次のように変化する．

(1) 2 つの行（列）を入れかえると，行列式は (-1) 倍になる．
(2) ある行（列）を c 倍すると，行列式は c 倍になる．
(3) ある行（列）に別の行（列）の定数倍を加えても，行列式は変わらない．

このことを利用すると，掃き出し法によって，行列式の計算を，より次数の低い行列式の計算に帰着することができる．

問題演習のねらい 行列式の基本的な性質を定義から導き，その性質を利用して，行列式を実際に計算しよう！

導入 例題 2.8

$$\boldsymbol{a}_1 = \begin{pmatrix} a_{11} \\ a_{21} \\ a_{31} \\ a_{41} \end{pmatrix},\ \boldsymbol{a}_2 = \begin{pmatrix} a_{12} \\ a_{22} \\ a_{32} \\ a_{42} \end{pmatrix},\ \boldsymbol{a}_3 = \begin{pmatrix} a_{13} \\ a_{23} \\ a_{33} \\ a_{43} \end{pmatrix},\ \boldsymbol{a}'_3 = \begin{pmatrix} a'_{13} \\ a'_{23} \\ a'_{33} \\ a'_{43} \end{pmatrix},$$

$\boldsymbol{a}_4 = \begin{pmatrix} a_{14} \\ a_{24} \\ a_{34} \\ a_{44} \end{pmatrix}$ とする．このとき，等式

$$\det(\boldsymbol{a}_1, \boldsymbol{a}_2, \boldsymbol{a}_3 + \boldsymbol{a}'_3, \boldsymbol{a}_4) = \det(\boldsymbol{a}_1, \boldsymbol{a}_2, \boldsymbol{a}_3, \boldsymbol{a}_4) + \det(\boldsymbol{a}_1, \boldsymbol{a}_2, \boldsymbol{a}'_3, \boldsymbol{a}_4)$$

が成り立つことを行列式の定義から導け．

【解答】

$$\begin{aligned}
&\det(\boldsymbol{a}_1, \boldsymbol{a}_2, \boldsymbol{a}_3 + \boldsymbol{a}'_3, \boldsymbol{a}_4) \\
&= \sum_{\sigma \in S_4} \mathrm{sgn}(\sigma) a_{\sigma(1)1} a_{\sigma(2)2} \left(a_{\sigma(3)3} + a'_{\sigma(3)3} \right) a_{\sigma(4)4} \\
&= \sum_{\sigma \in S_4} \mathrm{sgn}(\sigma) a_{\sigma(1)1} a_{\sigma(2)2} a_{\sigma(3)3} a_{\sigma(4)4} + \sum_{\sigma \in S_4} \mathrm{sgn}(\sigma) a_{\sigma(1)1} a_{\sigma(2)2} a'_{\sigma(3)3} a_{\sigma(4)4} \\
&= \det(\boldsymbol{a}_1, \boldsymbol{a}_2, \boldsymbol{a}_3, \boldsymbol{a}_4) + \det(\boldsymbol{a}_1, \boldsymbol{a}_2, \boldsymbol{a}'_3, \boldsymbol{a}_4).
\end{aligned}$$

■

問 2.13 導入例題 2.8 と同じ記号を用いる．定数 c に対して，次を示せ．

$$\det(\boldsymbol{a}_1, \boldsymbol{a}_2, c\boldsymbol{a}_3, \boldsymbol{a}_4) = c \det(\boldsymbol{a}_1, \boldsymbol{a}_2, \boldsymbol{a}_3, \boldsymbol{a}_4).$$

確認 例題 2.9

$$\boldsymbol{a}_1 = \begin{pmatrix} a_{11} \\ a_{21} \\ a_{31} \\ a_{41} \end{pmatrix},\ \boldsymbol{a}_2 = \begin{pmatrix} a_{12} \\ a_{22} \\ a_{32} \\ a_{42} \end{pmatrix},\ \boldsymbol{a}_3 = \begin{pmatrix} a_{13} \\ a_{23} \\ a_{33} \\ a_{43} \end{pmatrix},\ \boldsymbol{a}_4 = \begin{pmatrix} a_{14} \\ a_{24} \\ a_{34} \\ a_{44} \end{pmatrix}$$

とする．τ を 4 文字の置換とし，$\boldsymbol{b}_1 = \boldsymbol{a}_{\tau(1)}$，$\boldsymbol{b}_2 = \boldsymbol{a}_{\tau(2)}$，$\boldsymbol{b}_3 = \boldsymbol{a}_{\tau(3)}$，$\boldsymbol{b}_4 = \boldsymbol{a}_{\tau(4)}$ とする．

(1) ベクトル $\boldsymbol{b}_j$ の第 i 成分は何か（$1 \leq i \leq 4, 1 \leq j \leq 4$）．

(2) 次式が成り立つことを示せ．

$$\begin{aligned} &\det(\boldsymbol{a}_{\tau(1)}, \boldsymbol{a}_{\tau(2)}, \boldsymbol{a}_{\tau(3)}, \boldsymbol{a}_{\tau(4)}) \\ &= \sum_{\sigma \in S_4} \operatorname{sgn}(\sigma) a_{\sigma(1)\tau(1)} a_{\sigma(2)\tau(2)} a_{\sigma(3)\tau(3)} a_{\sigma(4)\tau(4)}. \end{aligned}$$

(3) $\rho = \sigma\tau^{-1}$ とおくことにより，次式が成り立つことを示せ．

$$\begin{aligned} &\det(\boldsymbol{a}_{\tau(1)}, \boldsymbol{a}_{\tau(2)}, \boldsymbol{a}_{\tau(3)}, \boldsymbol{a}_{\tau(4)}) \\ &= \sum_{\rho \in S_4} \operatorname{sgn}(\rho\tau)\, a_{\rho(\tau(1))\tau(1)} a_{\rho(\tau(2))\tau(2)} a_{\rho(\tau(3))\tau(3)} a_{\rho(\tau(4))\tau(4)}. \end{aligned}$$

(4) 次式が成り立つことを示せ．**ヒント**：並べかえても積は変わらない．

$$a_{\rho(\tau(1))\tau(1)} a_{\rho(\tau(2))\tau(2)} a_{\rho(\tau(3))\tau(3)} a_{\rho(\tau(4))\tau(4)} = a_{\rho(1)1} a_{\rho(2)2} a_{\rho(3)3} a_{\rho(4)4}.$$

(5) 次式が成り立つことを示せ．

$$\det(\boldsymbol{a}_{\tau(1)}, \boldsymbol{a}_{\tau(2)}, \boldsymbol{a}_{\tau(3)}, \boldsymbol{a}_{\tau(4)}) = \operatorname{sgn}(\tau) \det(\boldsymbol{a}_1, \boldsymbol{a}_2, \boldsymbol{a}_3, \boldsymbol{a}_4).$$

(6)

$$\det(\boldsymbol{a}_1, \boldsymbol{a}_3, \boldsymbol{a}_2, \boldsymbol{a}_4) = -\det(\boldsymbol{a}_1, \boldsymbol{a}_2, \boldsymbol{a}_3, \boldsymbol{a}_4)$$

が成り立つことを示せ．

【解答】 (1) $\boldsymbol{b}_j = \boldsymbol{a}_{\tau(j)}$（$1 \leq j \leq 4$）である．$\boldsymbol{b}_j$ の第 i 成分は，$\boldsymbol{a}_{\tau(j)}$ の第 i 成分と等しく，それは $a_{i\tau(j)}$ である．

(2) $\boldsymbol{b}_j$ の第 i 成分を b_{ij} とおくと，小問 (1) の結果より，$b_{ij} = a_{i\tau(j)}$ であるので

$$\begin{aligned} &\det(\boldsymbol{a}_{\tau(1)}, \boldsymbol{a}_{\tau(2)}, \boldsymbol{a}_{\tau(3)}, \boldsymbol{a}_{\tau(4)}) \\ &= \det(\boldsymbol{b}_1, \boldsymbol{b}_2, \boldsymbol{b}_3, \boldsymbol{b}_4) \\ &= \sum_{\sigma \in S_4} \operatorname{sgn}(\sigma) b_{\sigma(1)1} b_{\sigma(2)2} b_{\sigma(3)3} b_{\sigma(4)4} \\ &= \sum_{\sigma \in S_4} \operatorname{sgn}(\sigma) a_{\sigma(1)\tau(1)} a_{\sigma(2)\tau(2)} a_{\sigma(3)\tau(3)} a_{\sigma(4)\tau(4)}. \end{aligned}$$

(3)　$\rho = \sigma\tau^{-1}$ とおくと

$$\sigma = \rho\tau$$

である．これを小問 (2) の式に代入すればよい．

(4)　$a_{\rho(\tau(1))\tau(1)}, a_{\rho(\tau(2))\tau(2)}, a_{\rho(\tau(3))\tau(3)}, a_{\rho(\tau(4))\tau(4)}$ にあらわれる $\tau(1), \tau(2), \tau(3), \tau(4)$ を 1, 2, 3, 4 という順序に並べかえることにより

$$a_{\rho(1)1},\ a_{\rho(2)2},\ a_{\rho(3)3},\ a_{\rho(4)4}$$

が得られる．これらをすべてかけたもの同士は等しいので，求める式が得られる．

(5)　以上のことを考えあわせれば

$$\begin{aligned}
&\det(\boldsymbol{a}_{\tau(1)}, \boldsymbol{a}_{\tau(2)}, \boldsymbol{a}_{\tau(3)}, \boldsymbol{a}_{\tau(4)}) \\
&= \sum_{\rho\in S_4} \mathrm{sgn}(\rho\tau) a_{\rho(1)1} a_{\rho(2)2} a_{\rho(3)3} a_{\rho(4)4} \\
&= \sum_{\rho\in S_4} \mathrm{sgn}(\rho)\,\mathrm{sgn}(\tau) a_{\rho(1)1} a_{\rho(2)2} a_{\rho(3)3} a_{\rho(4)4} \\
&= \mathrm{sgn}(\tau) \sum_{\rho\in S_4} \mathrm{sgn}(\rho) a_{\rho(1)1} a_{\rho(2)2} a_{\rho(3)3} a_{\rho(4)4} \\
&= \mathrm{sgn}(\tau) \det(\boldsymbol{a}_1, \boldsymbol{a}_2, \boldsymbol{a}_3, \boldsymbol{a}_4).
\end{aligned}$$

(6)　**小問 (5) の結果を**

$$\tau = (2\,3) = \begin{pmatrix} 1 & 2 & 3 & 4 \\ 1 & 3 & 2 & 4 \end{pmatrix}$$

の場合に適用する．τ は互換であり，$\mathrm{sgn}(\tau) = -1$ であるので，求める式が得られる．■

問 2.14　確認例題 2.9 の状況において，$\boldsymbol{a}_2 = \boldsymbol{a}_3$ ならば，$\det(\boldsymbol{a}_1, \boldsymbol{a}_2, \boldsymbol{a}_3, \boldsymbol{a}_4) = 0$ であることを示せ．

確認 例題 2.10

$A = (a_{ij})$ は 4 次正方行列とする．

(1) 次式が成り立つことを示せ．

$$\det({}^tA) = \sum_{\sigma \in S_4} \operatorname{sgn}(\sigma) a_{1\sigma(1)} a_{2\sigma(2)} a_{3\sigma(3)} a_{4\sigma(4)}.$$

(2) $\rho = \sigma^{-1}$ とするとき

$$\begin{aligned} & a_{1\sigma(1)} a_{2\sigma(2)} a_{3\sigma(3)} a_{4\sigma(4)} \\ &= a_{\rho(\sigma(1))\sigma(1)} a_{\rho(\sigma(2))\sigma(2)} a_{\rho(\sigma(3))\sigma(3)} a_{\rho(\sigma(4))\sigma(4)} \\ &= a_{\rho(1)1} a_{\rho(2)2} a_{\rho(3)3} a_{\rho(4)4} \end{aligned}$$

が成り立つことを示せ．**ヒント**：並べかえても積は変わらない．

(3) $\det({}^tA) = \det A$ であることを示せ．

【解答】 (1) **${}^tA$ の (i, j) 成分を b_{ij} とすると，$b_{ij} = a_{ji}$ である**（$1 \leq i \leq 4$, $1 \leq j \leq 4$）．したがって

$$\begin{aligned} \det({}^tA) &= \sum_{\sigma \in S_4} \operatorname{sgn}(\sigma) b_{\sigma(1)1} b_{\sigma(2)2} b_{\sigma(3)3} b_{\sigma(4)4} \\ &= \sum_{\sigma \in S_4} \operatorname{sgn}(\sigma) a_{1\sigma(1)} a_{2\sigma(2)} a_{3\sigma(3)} a_{4\sigma(4)}. \end{aligned}$$

(2) $\rho = \sigma^{-1}$ とすると，$\rho\sigma = \mathrm{id}$ であるので，$1 = \rho(\sigma(1))$, $2 = \rho(\sigma(2))$, $3 = \rho(\sigma(3))$, $4 = \rho(\sigma(4))$ が成り立つ．よって

$$a_{1\sigma(1)} a_{2\sigma(2)} a_{3\sigma(3)} a_{4\sigma(4)} = a_{\rho(\sigma(1))\sigma(1)} a_{\rho(\sigma(2))\sigma(2)} a_{\rho(\sigma(3))\sigma(3)} a_{\rho(\sigma(4))\sigma(4)}.$$

さらに，この式の右辺にあらわれる **$\sigma(1)$, $\sigma(2)$, $\sigma(3)$, $\sigma(4)$ を 1, 2, 3, 4 という順序に並べかえる**ことにより，次が得られる．

$$a_{\rho(\sigma(1))\sigma(1)} a_{\rho(\sigma(2))\sigma(2)} a_{\rho(\sigma(3))\sigma(3)} a_{\rho(\sigma(4))\sigma(4)} = a_{\rho(1)1} a_{\rho(2)2} a_{\rho(3)3} a_{\rho(4)4}.$$

(3) $\operatorname{sgn}(\sigma) = \operatorname{sgn}(\rho^{-1}) = \operatorname{sgn}(\rho)$ であるので（問 2.8 (2) 参照），小問 (1), (2) より，次が得られる．

$$\det({}^tA) = \sum_{\rho \in S_4} \operatorname{sgn}(\rho) a_{\rho(1)1} a_{\rho(2)2} a_{\rho(3)3} a_{\rho(4)4} = \det A.$$ ■

問 2.15 B は 4 次正方行列とする．B の第 2 行と第 3 行を入れかえた行列を B' とするとき，$\det B' = -\det B$ が成り立つことを示せ．

確認 例題 2.11

4 次正方行列 $A = (a_{ij})$ は $a_{21} = a_{31} = a_{41} = 0$ をみたすとする.

$$A = \begin{pmatrix} a_{11} & a_{12} & a_{13} & a_{14} \\ 0 & a_{22} & a_{23} & a_{24} \\ 0 & a_{32} & a_{33} & a_{34} \\ 0 & a_{42} & a_{43} & a_{44} \end{pmatrix}.$$

(1)　$S_3' = \{\sigma \in S_4 \mid \sigma(1) = 1\}$ とおくとき

$$\det A = \sum_{\sigma \in S_3'} \mathrm{sgn}(\sigma) a_{11} a_{\sigma(2)2} a_{\sigma(3)3} a_{\sigma(4)4}$$

が成り立つことを示せ.

(2)　$\det A = a_{11} \begin{vmatrix} a_{22} & a_{23} & a_{24} \\ a_{32} & a_{33} & a_{34} \\ a_{42} & a_{43} & a_{44} \end{vmatrix}$ が成り立つことを示せ.

【解答】　(1)　$\det A = \displaystyle\sum_{\sigma \in S_4} \mathrm{sgn}(\sigma) a_{\sigma(1)1} a_{\sigma(2)2} a_{\sigma(3)3} a_{\sigma(4)4}$ であるが，仮定より，**$\sigma(1) \geq 2$ ならば $a_{\sigma(1)1} = 0$ であるので，$\sigma(1) = 1$ となる σ についてのみ和をとればよい**．つまり，S_3' に属する σ について和をとればよい．よって，次が成り立つ．

$$\det A = \sum_{\sigma \in S_3'} \mathrm{sgn}(\sigma) a_{\sigma(1)1} a_{\sigma(2)2} a_{\sigma(3)3} a_{\sigma(4)4}$$

$$= \sum_{\sigma \in S_3'} \mathrm{sgn}(\sigma) a_{11} a_{\sigma(2)2} a_{\sigma(3)3} a_{\sigma(4)4}.$$

(2)　小問 (1) より，$\det A = a_{11} \displaystyle\sum_{\sigma \in S_3'} \mathrm{sgn}(\sigma) a_{\sigma(2)2} a_{\sigma(3)3} a_{\sigma(4)4}$ が成り立つ．

また，**$\sigma(1) = 1$ のとき，$\sigma(2), \sigma(3), \sigma(4)$ は 2, 3, 4 の並べかえである**ので

$$\sum_{\sigma \in S_3'} \mathrm{sgn}(\sigma) a_{\sigma(2)2} a_{\sigma(3)3} a_{\sigma(4)4} = \begin{vmatrix} a_{22} & a_{23} & a_{24} \\ a_{32} & a_{33} & a_{34} \\ a_{42} & a_{43} & a_{44} \end{vmatrix}$$

である．以上のことをあわせれば，求める関係式が得られる．■

問 2.16　$\begin{vmatrix} a_{11} & 0 & 0 & 0 \\ a_{21} & a_{22} & a_{23} & a_{24} \\ a_{31} & a_{32} & a_{33} & a_{34} \\ a_{41} & a_{42} & a_{43} & a_{44} \end{vmatrix} = a_{11} \begin{vmatrix} a_{22} & a_{23} & a_{24} \\ a_{32} & a_{33} & a_{34} \\ a_{42} & a_{43} & a_{44} \end{vmatrix}$ を示せ．

さて，ここまで問題演習を積み重ねると，行列式を実際に計算することができる．

導入 例題 2.9

$\boldsymbol{a}_1, \boldsymbol{a}_2, \boldsymbol{a}_3, \boldsymbol{a}_4$ は 4 次元ベクトルとし，c は定数とするとき，次の関係式が成り立つことを示せ．

$$\det(\boldsymbol{a}_1, \boldsymbol{a}_2 + c\boldsymbol{a}_3, \boldsymbol{a}_3, \boldsymbol{a}_4) = \det(\boldsymbol{a}_1, \boldsymbol{a}_2, \boldsymbol{a}_3, \boldsymbol{a}_4).$$

【解答】 列に関する多重線形性により

$$\begin{aligned}
&\det(\boldsymbol{a}_1, \boldsymbol{a}_2 + c\boldsymbol{a}_3, \boldsymbol{a}_3, \boldsymbol{a}_4) \\
&= \det(\boldsymbol{a}_1, \boldsymbol{a}_2, \boldsymbol{a}_3, \boldsymbol{a}_4) + \det(\boldsymbol{a}_1, c\boldsymbol{a}_3, \boldsymbol{a}_3, \boldsymbol{a}_4) \\
&= \det(\boldsymbol{a}_1, \boldsymbol{a}_2, \boldsymbol{a}_3, \boldsymbol{a}_4) + c\det(\boldsymbol{a}_1, \boldsymbol{a}_3, \boldsymbol{a}_3, \boldsymbol{a}_4)
\end{aligned}$$

であるが，同一の列を含む行列式は 0 であるので

$$\det(\boldsymbol{a}_1, \boldsymbol{a}_3, \boldsymbol{a}_3, \boldsymbol{a}_4) = 0$$

である．よって

$$\det(\boldsymbol{a}_1, \boldsymbol{a}_2 + c\boldsymbol{a}_3, \boldsymbol{a}_3, \boldsymbol{a}_4) = \det(\boldsymbol{a}_1, \boldsymbol{a}_2, \boldsymbol{a}_3, \boldsymbol{a}_4)$$

である． ■

問 2.17 c は定数とする．4 次正方行列 A の第 2 行に第 3 行の c 倍を加えても，行列式は変わらないことを示せ．

確認 例題 2.12

掃き出し法を利用して

$$\begin{vmatrix} 0 & 2 & 3 & 1 \\ 2 & 1 & 1 & 1 \\ 4 & 3 & 2 & 3 \\ 2 & 3 & 5 & 2 \end{vmatrix}$$

を求めよ．

【解答】 基本変形によって行列式の行や列を掃き出してから，確認例題 2.11 などを用いる．ここでは，第 1 列を掃き出すことによって，次のように計算できる．

$$\begin{vmatrix} 0 & 2 & 3 & 1 \\ 2 & 1 & 1 & 1 \\ 4 & 3 & 2 & 3 \\ 2 & 3 & 5 & 2 \end{vmatrix} \underset{R_1 \leftrightarrow R_2}{=} - \begin{vmatrix} 2 & 1 & 1 & 1 \\ 0 & 2 & 3 & 1 \\ 4 & 3 & 2 & 3 \\ 2 & 3 & 5 & 2 \end{vmatrix} \underset{\substack{R_3 - 2R_1 \\ R_4 - R_1}}{=} - \begin{vmatrix} 2 & 1 & 1 & 1 \\ 0 & 2 & 3 & 1 \\ 0 & 1 & 0 & 1 \\ 0 & 2 & 4 & 1 \end{vmatrix}$$

$$= -2 \begin{vmatrix} 2 & 3 & 1 \\ 1 & 0 & 1 \\ 2 & 4 & 1 \end{vmatrix}$$

$$= (-2) \times (-1)$$

$$= 2.$$

■

Point

基本変形によって行列式がどう変化するかをしっかりと頭に入れておこう!

- ある行や列に別の行や列の定数倍を加えても行列式は変わらない．
- 2 つの行や列を交換すると，行列式は (-1) 倍になる．
- ある行や列を c 倍すると，行列式は c 倍になる．

問 2.18 掃き出し法を利用して，次の行列式を求めよ．

(1) $\begin{vmatrix} 1 & 2 & 0 & 0 \\ 2 & 5 & 1 & 2 \\ 1 & 3 & 4 & 2 \\ 2 & 4 & 1 & 1 \end{vmatrix}$　　(2) $\begin{vmatrix} 0 & 3 & 6 & 0 \\ 3 & 2 & 5 & 1 \\ 5 & 1 & 3 & 1 \\ 1 & 1 & 2 & 4 \end{vmatrix}$

2.5 行列式の展開と余因子行列

●**行列式の展開**● n 次正方行列 $A=(a_{ij})$ から第 k 行と第 l 列を取り除いてできる $(n-1)$ 次正方行列を $A_{(k,l)}$ と表すとき，$(-1)^{k+l}\det A_{(k,l)}$ を A の (k,l) **余因子**とよび，ここでは記号 $\widetilde{a}_{kl}$ で表す．このとき，次式が成り立つ．

$$(1)\quad \det A=\sum_{i=1}^{n}a_{il}\widetilde{a}_{il}=a_{1l}\widetilde{a}_{1l}+a_{2l}\widetilde{a}_{2l}+\cdots+a_{nl}\widetilde{a}_{nl}\quad(1\leq l\leq n).$$

$$(2)\quad \det A=\sum_{j=1}^{n}a_{kj}\widetilde{a}_{kj}=a_{k1}\widetilde{a}_{k1}+a_{k2}\widetilde{a}_{k2}+\cdots+a_{kn}\widetilde{a}_{kn}\quad(1\leq k\leq n).$$

(1) を**第 l 列に関する行列式 $\det A$ の展開**，(2) を**第 k 行に関する展開**とよぶ．

●**余因子行列**● A の (k,l) 余因子を (l,k) 成分とする n 次正方行列を A の**余因子行列**とよび，記号 $\widetilde{A}$ で表す（成分の並べ方に注意）．

$$\widetilde{A}=\begin{pmatrix}\widetilde{a}_{11} & \widetilde{a}_{21} & \ldots & \widetilde{a}_{n1}\\ \widetilde{a}_{12} & \widetilde{a}_{22} & \ldots & \widetilde{a}_{n2}\\ \vdots & \vdots & \ddots & \vdots\\ \widetilde{a}_{1n} & \widetilde{a}_{2n} & \ldots & \widetilde{a}_{nn}\end{pmatrix}.$$

このとき，次式が成り立つ．

$$\widetilde{A}A=A\widetilde{A}=(\det A)\,E_n.$$

A が正則であることと，$\det A\neq 0$ であることは同値である．このとき，次式が成り立つ．

$$A^{-1}=\frac{1}{\det A}\,\widetilde{A}.$$

●**クラメールの公式**● 連立 1 次方程式 $A\boldsymbol{x}=\boldsymbol{b}$ を考える．ここで，$A=(a_{ij})$ は n 次正則行列，$\boldsymbol{x}=(x_i)$, $\boldsymbol{b}=(b_i)$ は n 次元ベクトルとする．このとき，方程式の解は

$$x_j=\frac{\det A_j}{\det A}\qquad(1\leq j\leq n)$$

で与えられる．ここで A_j は A の第 j 列を $\boldsymbol{b}$ で置きかえた行列である．

$$A_j=\begin{pmatrix}a_{11} & \ldots & a_{1,j-1} & b_1 & a_{1,j+1} & \ldots & a_{1n}\\ a_{21} & \ldots & a_{2,j-1} & b_2 & a_{2,j+1} & \ldots & a_{2n}\\ \vdots & \ddots & \vdots & \vdots & \vdots & \ddots & \vdots\\ a_{n1} & \ldots & a_{n,j-1} & b_n & a_{n,j+1} & \ldots & a_{nn}\end{pmatrix}.$$

問題演習のねらい 行列式の展開のしくみを理解し，応用できるようにしよう！

導入 例題 2.10

次式が成り立つ理由を説明せよ．

$$\begin{vmatrix} 1 & 0 & 1 & 3 \\ 0 & 0 & 2 & 1 \\ 2 & 2 & 1 & 1 \\ 1 & 0 & 4 & 3 \end{vmatrix} = -\begin{vmatrix} 1 & 0 & 1 & 3 \\ 2 & 2 & 1 & 1 \\ 0 & 0 & 2 & 1 \\ 1 & 0 & 4 & 3 \end{vmatrix}$$

$$= \begin{vmatrix} 2 & 2 & 1 & 1 \\ 1 & 0 & 1 & 3 \\ 0 & 0 & 2 & 1 \\ 1 & 0 & 4 & 3 \end{vmatrix}$$

$$= -\begin{vmatrix} 2 & 2 & 1 & 1 \\ 0 & 1 & 1 & 3 \\ 0 & 0 & 2 & 1 \\ 0 & 1 & 4 & 3 \end{vmatrix}$$

$$= -2\begin{vmatrix} 1 & 1 & 3 \\ 0 & 2 & 1 \\ 1 & 4 & 3 \end{vmatrix}.$$

【解答】 第 2 行と第 3 行を入れかえ，引き続き第 1 行と第 2 行を入れかえ，さらに第 1 列と第 2 列を入れかえると，行列式は順次 (-1) 倍される．そのようにして得られた行列式の第 1 列の $(1, 1)$ 成分以外の成分がすべて 0 であるので，最後の等号が得られる． ■

問 2.19

$$\begin{vmatrix} 1 & 0 & 1 & 3 \\ 0 & 4 & 2 & 1 \\ 2 & 0 & 1 & 1 \\ 1 & 0 & 4 & 3 \end{vmatrix} = 4\begin{vmatrix} 1 & 1 & 3 \\ 2 & 1 & 1 \\ 1 & 4 & 3 \end{vmatrix}$$

が成り立つことを示せ．

確認 例題 2.13

$$A = \begin{pmatrix} 1 & 3 & 1 & 3 \\ 0 & 4 & 2 & 1 \\ 2 & 2 & 1 & 1 \\ 1 & 5 & 4 & 3 \end{pmatrix}$$ とする．

(1)　次式が成り立つ理由を，行列式の多重線形性や交代性などを用いて説明せよ．

$$\det A = -3\begin{vmatrix} 0 & 2 & 1 \\ 2 & 1 & 1 \\ 1 & 4 & 3 \end{vmatrix} + 4\begin{vmatrix} 1 & 1 & 3 \\ 2 & 1 & 1 \\ 1 & 4 & 3 \end{vmatrix} - 2\begin{vmatrix} 1 & 1 & 3 \\ 0 & 2 & 1 \\ 1 & 4 & 3 \end{vmatrix} + 5\begin{vmatrix} 1 & 1 & 3 \\ 0 & 2 & 1 \\ 2 & 1 & 1 \end{vmatrix}.$$

ヒント：$\begin{pmatrix} 3 \\ 4 \\ 2 \\ 5 \end{pmatrix} = \begin{pmatrix} 3 \\ 0 \\ 0 \\ 0 \end{pmatrix} + \begin{pmatrix} 0 \\ 4 \\ 0 \\ 0 \end{pmatrix} + \begin{pmatrix} 0 \\ 0 \\ 2 \\ 0 \end{pmatrix} + \begin{pmatrix} 0 \\ 0 \\ 0 \\ 5 \end{pmatrix}.$

(2)　A の (i,j) 成分を a_{ij}，(i,j) 余因子を $\widetilde{a}_{ij}$ とする．小問 (1) の式が $\det A$ の第 2 列に関する展開

$$\det A = a_{12}\widetilde{a}_{12} + a_{22}\widetilde{a}_{22} + a_{32}\widetilde{a}_{32} + a_{42}\widetilde{a}_{42}$$

と一致することを確かめよ．

【解答】　(1)　ヒントの式を用いると，行列式の多重線形性より

$$\det A = \begin{vmatrix} 1 & 3 & 1 & 3 \\ 0 & 0 & 2 & 1 \\ 2 & 0 & 1 & 1 \\ 1 & 0 & 4 & 3 \end{vmatrix} + \begin{vmatrix} 1 & 0 & 1 & 3 \\ 0 & 4 & 2 & 1 \\ 2 & 0 & 1 & 1 \\ 1 & 0 & 4 & 3 \end{vmatrix} + \begin{vmatrix} 1 & 0 & 1 & 3 \\ 0 & 0 & 2 & 1 \\ 2 & 2 & 1 & 1 \\ 1 & 0 & 4 & 3 \end{vmatrix} + \begin{vmatrix} 1 & 0 & 1 & 3 \\ 0 & 0 & 2 & 1 \\ 2 & 0 & 1 & 1 \\ 1 & 5 & 4 & 3 \end{vmatrix}$$

が得られる．さらに右辺の第 1 項の行列式の第 1 列と第 2 列を入れかえると

$$\begin{vmatrix} 1 & 3 & 1 & 3 \\ 0 & 0 & 2 & 1 \\ 2 & 0 & 1 & 1 \\ 1 & 0 & 4 & 3 \end{vmatrix} \underset{C_1 \leftrightarrow C_2}{=} -\begin{vmatrix} 3 & 1 & 1 & 3 \\ 0 & 0 & 2 & 1 \\ 0 & 2 & 1 & 1 \\ 0 & 1 & 4 & 3 \end{vmatrix} = -3\begin{vmatrix} 0 & 2 & 1 \\ 2 & 1 & 1 \\ 1 & 4 & 3 \end{vmatrix}$$

が得られる．第 2 項，第 3 項の行列式については，問 2.19 と導入例題 2.10 で考察した．第 4 項の行列式については，$R_3 \leftrightarrow R_4$, $R_2 \leftrightarrow R_3$, $R_1 \leftrightarrow R_2$, $C_1 \leftrightarrow C_2$ という 4 回の操作を順次行うと，1 回の操作ごとに行列式が (-1) 倍になるので

$$\begin{vmatrix} 1 & 0 & 1 & 3 \\ 0 & 0 & 2 & 1 \\ 2 & 0 & 1 & 1 \\ 1 & 5 & 4 & 3 \end{vmatrix} = \begin{vmatrix} 5 & 1 & 4 & 3 \\ 0 & 1 & 1 & 3 \\ 0 & 0 & 2 & 1 \\ 0 & 2 & 1 & 1 \end{vmatrix} = 5\begin{vmatrix} 1 & 1 & 3 \\ 0 & 2 & 1 \\ 2 & 1 & 1 \end{vmatrix}$$

が得られる．以上のことを考えあわせれば求める式が得られる．

(2)　$a_{12}=3,\ a_{22}=4,\ a_{32}=2,\ a_{42}=5$ である．余因子については

$$\widetilde{a}_{12}=(-1)^{1+2}\begin{vmatrix}0&2&1\\2&1&1\\1&4&3\end{vmatrix}=-\begin{vmatrix}0&2&1\\2&1&1\\1&4&3\end{vmatrix},\quad \widetilde{a}_{22}=\begin{vmatrix}1&1&3\\2&1&1\\1&4&3\end{vmatrix},$$

$$\widetilde{a}_{32}=-\begin{vmatrix}1&1&3\\0&2&1\\1&4&3\end{vmatrix},\quad \widetilde{a}_{42}=\begin{vmatrix}1&1&3\\0&2&1\\2&1&1\end{vmatrix}$$

であるので，確かに小問 (1) の式は $\det A$ の第 2 列に関する展開を与えている．■

問 2.20　確認例題 2.13 の行列式 $\det A$ を次の 2 通りの方法で計算せよ．

(1)　確認例題 2.13 で述べた第 2 列に関する展開を利用する方法．

(2)　第 1 行に関する展開を利用する方法．

問 2.21　3 次の行列式 $\begin{vmatrix}2&1&3\\1&3&2\\1&1&1\end{vmatrix}$ を次の 3 通りの方法で計算せよ．

(1)　サラスの規則を適用する方法．

(2)　第 1 列に関する展開を利用する方法．

(3)　第 2 行に関する展開を利用する方法．

次に，余因子行列について考えよう．

導入 例題 2.11

$A=\begin{pmatrix}2&1&3\\1&3&2\\4&5&0\end{pmatrix}$ とする．A の余因子行列 $\widetilde{A}$ を求めよ．

【解答】　A の (i,j) 余因子を $\widetilde{a}_{ij}$ とする $(1\leq i\leq 3,\ 1\leq j\leq 3)$．

$$\widetilde{a}_{11}=\begin{vmatrix}3&2\\5&0\end{vmatrix}=-10,\quad \widetilde{a}_{12}=-\begin{vmatrix}1&2\\4&0\end{vmatrix}=8,\quad \widetilde{a}_{13}=\begin{vmatrix}1&3\\4&5\end{vmatrix}=-7,$$

$$\widetilde{a}_{21}=-\begin{vmatrix}1&3\\5&0\end{vmatrix}=15,\quad \widetilde{a}_{22}=\begin{vmatrix}2&3\\4&0\end{vmatrix}=-12,\quad \widetilde{a}_{23}=-\begin{vmatrix}2&1\\4&5\end{vmatrix}=-6,$$

$$\widetilde{a}_{31}=\begin{vmatrix}1&3\\3&2\end{vmatrix}=-7,\quad \widetilde{a}_{32}=-\begin{vmatrix}2&3\\1&2\end{vmatrix}=-1,\quad \widetilde{a}_{33}=\begin{vmatrix}2&1\\1&3\end{vmatrix}=5$$ であるので，

$$\widetilde{A}=\begin{pmatrix}-10&15&-7\\8&-12&-1\\-7&-6&5\end{pmatrix}$$ である．■

問 2.22　導入例題 2.11 の A について，$\widetilde{A}A=A\widetilde{A}=(\det A)E_3$ を確かめよ．

確認 例題 2.14

$$A = \begin{pmatrix} a_{11} & a_{12} & a_{13} \\ a_{21} & a_{22} & a_{23} \\ a_{31} & a_{32} & a_{33} \end{pmatrix}$$ とする．

(1) A の第3列を第1列で置きかえた行列を A' とする．$\det A'$ の第3列に関する展開を書け．

(2) A の (i, j) 余因子を $\widetilde{a}_{ij}$ とするとき $(1 \leq i \leq 3,\ 1 \leq j \leq 3)$，次式が成り立つことを示せ．

$$a_{11}\widetilde{a}_{13} + a_{21}\widetilde{a}_{23} + a_{31}\widetilde{a}_{33} = 0.$$

(3) A の余因子行列を $\widetilde{A}$ とするとき，$\widetilde{A}A$ の $(3, 3)$ 成分は $\det A$ であることを示せ．

(4) A の余因子行列を $\widetilde{A}$ とするとき，$\widetilde{A}A$ の $(3, 1)$ 成分は 0 であることを示せ．

(5) $\widetilde{A}A = (\det A)E_3$ が成り立つ理由を簡単に説明せよ．

(6) $A\widetilde{A} = (\det A)E_3$ が成り立つ理由を簡単に説明せよ．

【解答】 (1) $A' = \begin{pmatrix} a_{11} & a_{12} & a_{11} \\ a_{21} & a_{22} & a_{21} \\ a_{31} & a_{32} & a_{31} \end{pmatrix}$ である．

$$\det A' = a_{11} \begin{vmatrix} a_{21} & a_{22} \\ a_{31} & a_{32} \end{vmatrix} - a_{21} \begin{vmatrix} a_{11} & a_{12} \\ a_{31} & a_{32} \end{vmatrix} + a_{31} \begin{vmatrix} a_{11} & a_{12} \\ a_{21} & a_{22} \end{vmatrix}.$$

(2) A' は第1列と第3列が同一であるので，$\det A' = 0$ である．また，A' **の** $(1, 3)$ **余因子，**$(2, 3)$ **余因子，**$(3, 3)$ **余因子は，それぞれ，**A **の** $(1, 3)$ **余因子，**$(2, 3)$ **余因子，**$(3, 3)$ **余因子と等しい**．よって，小問 (1) とあわせて

$$a_{11}\widetilde{a}_{13} + a_{21}\widetilde{a}_{23} + a_{31}\widetilde{a}_{33} = \det A' = 0$$

が得られる．

(3) $\widetilde{A} = \begin{pmatrix} \widetilde{a}_{11} & \widetilde{a}_{21} & \widetilde{a}_{31} \\ \widetilde{a}_{12} & \widetilde{a}_{22} & \widetilde{a}_{32} \\ \widetilde{a}_{13} & \widetilde{a}_{23} & \widetilde{a}_{33} \end{pmatrix}$ であるので，$\widetilde{A}A$ の $(3, 3)$ 成分は

$$a_{13}\widetilde{a}_{13} + a_{23}\widetilde{a}_{23} + a_{33}\widetilde{a}_{33} = \det A$$

である．実際，上の式は $\det A$ **の第3列に関する展開**にほかならない．

(4) $\widetilde{A}A$ の $(3, 1)$ 成分は

$$a_{11}\widetilde{a}_{13} + a_{21}\widetilde{a}_{23} + a_{31}\widetilde{a}_{33}$$

であるが，小問 (2) より，これは 0 である．

(5)　$\widetilde{A}A$ の (i,j) 成分を c_{ij} とすると（$1 \leq i \leq 3,\ 1 \leq j \leq 3$）

$$c_{ij} = a_{1j}\widetilde{a}_{1i} + a_{2j}\widetilde{a}_{2i} + a_{3j}\widetilde{a}_{3i}$$

である．$i = j$ **のとき，これは** $\det A$ **の第** i **列に関する展開と一致するので，その値は** $\det A$ である．$i \neq j$ **のとき，これは** A **の第** i **列を第** j **列で置きかえた行列の行列式の第** i **列に関する展開と一致するので，その値は** 0 である．よって

$$\widetilde{A}A = \begin{pmatrix} \det A & 0 & 0 \\ 0 & \det A & 0 \\ 0 & 0 & \det A \end{pmatrix}$$

$$= (\det A)E_3.$$

(6)　$A\widetilde{A}$ の (i,j) 成分を d_{ij} とすると（$1 \leq i \leq 3,\ 1 \leq j \leq 3$）

$$d_{ij} = a_{i1}\widetilde{a}_{j1} + a_{i2}\widetilde{a}_{j2} + a_{i3}\widetilde{a}_{j3}$$

である．$i = j$ **のとき，これは** $\det A$ **の第** i **行に関する展開と一致するので，その値は** $\det A$ である．$i \neq j$ **のとき，これは** A **の第** j **行を第** i **行で置きかえた行列の行列式の第** j **行に関する展開と一致するので，その値は** 0 である．

よって $A\widetilde{A} = (\det A)E_3$ である．■

問 2.23　n 次正方行列 A とその余因子行列 $\widetilde{A}$ に対して

$$\widetilde{A}A = A\widetilde{A} = (\det A)E_n$$

が成り立つことを用いて，次のことを示せ．

「n 次正方行列 A が $\det A \neq 0$ をみたすならば，A は正則行列であり，その逆行列は

$$A^{-1} = \frac{1}{\det A}\widetilde{A}$$

で与えられる．」

問 2.24　導入例題 2.11 の A について，余因子行列を利用して逆行列 A^{-1} を求めよ．

確認 例題 2.15

$$A = \begin{pmatrix} a_{11} & a_{12} & a_{13} \\ a_{21} & a_{22} & a_{23} \\ a_{31} & a_{32} & a_{33} \end{pmatrix}$$ とし，$\det A \neq 0$ とする．$\boldsymbol{b} = \begin{pmatrix} b_1 \\ b_2 \\ b_3 \end{pmatrix}$ とし，A の第 j 列を $\boldsymbol{b}$ で置きかえた行列を A_j とする（$1 \leq j \leq 3$）.

(1) $\widetilde{A}\boldsymbol{b}$ の第 j 成分は $\det A_j$ と等しいことを示せ（$1 \leq j \leq 3$）.

(2) $\boldsymbol{x} = \begin{pmatrix} x_1 \\ x_2 \\ x_3 \end{pmatrix}$ とする．連立1次方程式 $A\boldsymbol{x} = \boldsymbol{b}$ の解は次で与えられることを示せ．

$$x_j = \frac{\det A_j}{\det A} \quad (1 \leq j \leq 3).$$

【解答】 (1) A の (i, j) 余因子を $\widetilde{a}_{ij}$ と表すと

$$\widetilde{A}\boldsymbol{b} = \begin{pmatrix} \widetilde{a}_{11} & \widetilde{a}_{21} & \widetilde{a}_{31} \\ \widetilde{a}_{12} & \widetilde{a}_{22} & \widetilde{a}_{32} \\ \widetilde{a}_{13} & \widetilde{a}_{23} & \widetilde{a}_{33} \end{pmatrix} \begin{pmatrix} b_1 \\ b_2 \\ b_3 \end{pmatrix}$$

であるので，その第 j 成分（$1 \leq j \leq 3$）は

$$b_1\widetilde{a}_{1j} + b_2\widetilde{a}_{2j} + b_3\widetilde{a}_{3j}$$

である．これは **A の第 j 列を $\boldsymbol{b}$ で置きかえた行列 A_j の行列式の第 j 列に関する展開と一致する**ので，その値は $\det A_j$ である．

(2) この連立1次方程式の解は $\boldsymbol{x} = A^{-1}\boldsymbol{b}$ であるが，$A^{-1} = \dfrac{1}{\det A}\widetilde{A}$ であるので，

$$\boldsymbol{x} = \frac{1}{\det A}\widetilde{A}\boldsymbol{b}$$

が解である．さらに，小問 (1) の結果を用いれば，解の第 j 成分が

$$x_j = \frac{\det A_j}{\det A} \quad (1 \leq j \leq 3)$$

で与えられることがわかる．■

問 2.25 クラメールの公式を用いて，次の連立1次方程式の解を求めよ．

$$\begin{cases} x_1 + x_2 + 3x_3 = 10 \\ 3x_1 + x_2 + 2x_3 = 11 \\ 2x_1 + 4x_2 + x_3 = 3 \end{cases}$$

2.6 行列式の重要な性質に関する補足

● 行列の積の行列式 ● A, B を n 次複素正方行列とすると，次が成り立つ．

$$\det(AB) = \det A \det B.$$

● 小行列式と階数 ● 一般に，(m, n) 型行列 $A = (a_{ij})$ を考える．A から p 個の行と p 個の列を取り出して作った p 次正方行列を p 次の**小行列**とよび，その行列式を**小行列式**とよぶ．このとき，**A の階数 $\mathrm{rank}(A)$ は，A の 0 でない小行列式の最大次数に等しい．**

$$\mathrm{rank}(A) = r$$

とすると，A の r 次の小行列式であって，その値が 0 でないものが存在する．さらに，A の $(r+1)$ 次以上の小行列式はすべて 0 である．ただし，$r = 0$ のときは，A のすべての小行列式が 0 である．

問題演習のねらい 行列式の基本的な性質について，理解の総仕上げをしよう！

導入 例題 2.12

$$A = \begin{pmatrix} 2 & 1 \\ 4 & 3 \end{pmatrix}, \quad B = \begin{pmatrix} 2 & 1 \\ 1 & 2 \end{pmatrix}$$

とする．このとき

$$\det(AB) = \det A \det B$$

が成り立つことを計算によって確かめよ．

【解答】

$$\det A = 2, \quad \det B = 3$$

である．また

$$AB = \begin{pmatrix} 5 & 4 \\ 11 & 10 \end{pmatrix}$$

であるので

$$\begin{aligned} \det(AB) &= 6 \\ &= \det A \det B \end{aligned}$$

が成り立っている． ■

確認 例題 2.16

$A = (a_{ij}) = (\,\boldsymbol{a}_1 \quad \boldsymbol{a}_2 \quad \boldsymbol{a}_3\,)$, $B = (b_{ij}) = (\,\boldsymbol{b}_1 \quad \boldsymbol{b}_2 \quad \boldsymbol{b}_3\,)$ はともに3次正方行列とし，$C = AB = (\,\boldsymbol{c}_1 \quad \boldsymbol{c}_2 \quad \boldsymbol{c}_3\,)$ とする．

(1) 次の3個の式が成り立つことを示せ．

$$\boldsymbol{c}_1 = b_{11}\boldsymbol{a}_1 + b_{21}\boldsymbol{a}_2 + b_{31}\boldsymbol{a}_3 = \sum_{p=1}^{3} b_{p1}\boldsymbol{a}_p,$$

$$\boldsymbol{c}_2 = b_{12}\boldsymbol{a}_1 + b_{22}\boldsymbol{a}_2 + b_{32}\boldsymbol{a}_3 = \sum_{q=1}^{3} b_{q2}\boldsymbol{a}_q,$$

$$\boldsymbol{c}_3 = b_{13}\boldsymbol{a}_1 + b_{23}\boldsymbol{a}_2 + b_{33}\boldsymbol{a}_3 = \sum_{r=1}^{3} b_{r3}\boldsymbol{a}_r.$$

(2)

$$\det C = \sum_{p=1}^{3}\sum_{q=1}^{3}\sum_{r=1}^{3} b_{p1}b_{q2}b_{r3}\det(\boldsymbol{a}_p, \boldsymbol{a}_q, \boldsymbol{a}_r)$$

であることを示せ．

(3) 小問(2)の式の右辺にあらわれる項について，p, q, r が $1, 2, 3$ の並べかえであるとき（すなわち，ある置換 σ が存在して，$p = \sigma(1)$, $q = \sigma(2)$, $r = \sigma(3)$ となるとき）以外は，$\det(\boldsymbol{a}_p, \boldsymbol{a}_q, \boldsymbol{a}_r) = 0$ となることを示し，さらに

$$\det C = \sum_{\sigma \in S_3} b_{\sigma(1)1}b_{\sigma(2)2}b_{\sigma(3)3}\det(\boldsymbol{a}_{\sigma(1)}, \boldsymbol{a}_{\sigma(2)}, \boldsymbol{a}_{\sigma(3)})$$

が成り立つことを示せ．

(4)

$$\det(AB) = \det A \det B$$

が成り立つことを示せ．

【解答】 (1) j は $1 \leq j \leq 3$ をみたす自然数とする．このとき

$$\begin{aligned}\boldsymbol{c}_j &= \begin{pmatrix} a_{11}b_{1j} + a_{12}b_{2j} + a_{13}b_{3j} \\ a_{21}b_{1j} + a_{22}b_{2j} + a_{23}b_{3j} \\ a_{31}b_{1j} + a_{32}b_{2j} + a_{33}b_{3j} \end{pmatrix} \\ &= b_{1j}\begin{pmatrix} a_{11} \\ a_{21} \\ a_{31} \end{pmatrix} + b_{2j}\begin{pmatrix} a_{12} \\ a_{22} \\ a_{32} \end{pmatrix} + b_{3j}\begin{pmatrix} a_{13} \\ a_{23} \\ a_{33} \end{pmatrix} \\ &= b_{1j}\boldsymbol{a}_1 + b_{2j}\boldsymbol{a}_2 + b_{3j}\boldsymbol{a}_3 \qquad (1 \leq j \leq 3)\end{aligned}$$

が得られる．よって，問題文の3個の式が成り立つ．

(2)　$\boldsymbol{c}_1$ は $b_{p1}\boldsymbol{a}_p$ という形の項の和であり，$\boldsymbol{c}_2$ は $b_{q2}\boldsymbol{a}_q$ という形の項の和であり，$\boldsymbol{c}_3$ は $b_{r3}\boldsymbol{a}_r$ という形の項の和であるので，行列式の列に関する多重線形性により，$\det(\boldsymbol{c}_1, \boldsymbol{c}_2, \boldsymbol{c}_3)$ は

$$\det(b_{p1}\boldsymbol{a}_p, b_{q2}\boldsymbol{a}_q, b_{r3}\boldsymbol{a}_r) \quad (1 \leq p \leq 3,\ 1 \leq q \leq 3,\ 1 \leq r \leq 3)$$

という形の項の和である．さらに多重線形性により

$$\det(b_{p1}\boldsymbol{a}_p, b_{q2}\boldsymbol{a}_q, b_{r3}\boldsymbol{a}_r) = b_{p1}b_{q2}b_{r3}\det(\boldsymbol{a}_p, \boldsymbol{a}_q, \boldsymbol{a}_r)$$

であるので，結局 $\det C = \displaystyle\sum_{p=1}^{3}\sum_{q=1}^{3}\sum_{r=1}^{3} b_{p1}b_{q2}b_{r3}\det(\boldsymbol{a}_p, \boldsymbol{a}_q, \boldsymbol{a}_r)$ が得られる．

(3)　p, q, r の中に同一のものがあれば $\det(\boldsymbol{a}_p, \boldsymbol{a}_q, \boldsymbol{a}_r) = 0$ である．**そうでないとき，p, q, r は 1, 2, 3 の並べかえである．**その並べかえを引き起こす置換を σ とすれば

$$p = \sigma(1),\ q = \sigma(2),\ r = \sigma(3)$$

となる．このとき

$$b_{p1}b_{q2}b_{r3}\det(\boldsymbol{a}_p, \boldsymbol{a}_q, \boldsymbol{a}_r) = b_{\sigma(1)1}b_{\sigma(2)2}b_{\sigma(3)3}\det(\boldsymbol{a}_{\sigma(1)}, \boldsymbol{a}_{\sigma(2)}, \boldsymbol{a}_{\sigma(3)})$$

である．$\det C$ はそのような項の総和であるので，次が得られる．

$$\det C = \sum_{\sigma\in S_3} b_{\sigma(1)1}b_{\sigma(2)2}b_{\sigma(3)3}\det(\boldsymbol{a}_{\sigma(1)}, \boldsymbol{a}_{\sigma(2)}, \boldsymbol{a}_{\sigma(3)}).$$

(4)　交代性により

$$\det(\boldsymbol{a}_{\sigma(1)}, \boldsymbol{a}_{\sigma(2)}, \boldsymbol{a}_{\sigma(3)}) = \mathrm{sgn}(\sigma)\det(\boldsymbol{a}_1, \boldsymbol{a}_2, \boldsymbol{a}_3)$$

が成り立つ（確認例題 2.9 (5) 参照）．これを小問 (3) の式に代入すれば

$$\begin{aligned}\det C &= \sum_{\sigma\in S_3} b_{\sigma(1)1}b_{\sigma(2)2}b_{\sigma(3)3}\ \mathrm{sgn}(\sigma)\det(\boldsymbol{a}_1, \boldsymbol{a}_2, \boldsymbol{a}_3)\\ &= \det(\boldsymbol{a}_1, \boldsymbol{a}_2, \boldsymbol{a}_3)\sum_{\sigma\in S_3}\mathrm{sgn}(\sigma)b_{\sigma(1)1}b_{\sigma(2)2}b_{\sigma(3)3}\end{aligned}$$

となるが，$\det(\boldsymbol{a}_1, \boldsymbol{a}_2, \boldsymbol{a}_3) = \det A$ であり，また

$$\sum_{\sigma\in S_3}\mathrm{sgn}(\sigma)b_{\sigma(1)1}b_{\sigma(2)2}b_{\sigma(3)3} = \det(\boldsymbol{b}_1, \boldsymbol{b}_2, \boldsymbol{b}_3) = \det B$$

であるので，$\det(AB) = \det A \det B$ が得られる．■

問 2.26　n 次正方行列 A, B に対して $\det(AB) = \det A \det B$ が成り立つこと，および，$\det E_n = 1$ であることを用いて，次の問いに答えよ．

(1)　n 次正方行列 A が正則行列ならば，$\det A \neq 0$ であることを示せ．

(2)　n 次正方行列 A が正則行列ならば，$\det(A^{-1}) = \dfrac{1}{\det A}$ であることを示せ．

次に，行列の階数と小行列式との関連を調べよう．

導入 例題 2.13

$A = \begin{pmatrix} a_{11} & a_{12} & a_{13} \\ a_{21} & a_{22} & a_{23} \end{pmatrix}$ とし，A の第1列に第2列の c 倍を加えて得られる行列を A' とする．A の第 i 列と第 j 列から作られる小行列式を d_{ij} とし，A' の第 i 列と第 j 列から作られる小行列式を d'_{ij} とする $(1 \leq i < j \leq 3)$．

(1)　$d'_{12}, d'_{13}, d'_{23}$ を d_{12}, d_{13}, d_{23} の式として表せ．

(2)　A の0でない小行列式の最大次数が2ならば，A' の0でない小行列式の最大次数も2であることを示せ．

ヒント：対偶を考えよ．

(3)　A' の0でない小行列式の最大次数が2ならば，A の0でない小行列式の最大次数も2であることを示せ．

【解答】　(1)

$$A' = \begin{pmatrix} a_{11} + ca_{12} & a_{12} & a_{13} \\ a_{21} + ca_{22} & a_{22} & a_{23} \end{pmatrix}$$

である．このとき，次が得られる．

$$d'_{12} = \begin{vmatrix} a_{11} + ca_{12} & a_{12} \\ a_{21} + ca_{22} & a_{22} \end{vmatrix} = \begin{vmatrix} a_{11} & a_{12} \\ a_{21} & a_{22} \end{vmatrix} = d_{12},$$

$$d'_{13} = \begin{vmatrix} a_{11} + ca_{12} & a_{13} \\ a_{21} + ca_{22} & a_{23} \end{vmatrix} = \begin{vmatrix} a_{11} & a_{13} \\ a_{21} & a_{23} \end{vmatrix} + c\begin{vmatrix} a_{12} & a_{13} \\ a_{22} & a_{23} \end{vmatrix} = d_{13} + cd_{23},$$

$$d'_{23} = \begin{vmatrix} a_{12} & a_{13} \\ a_{22} & a_{23} \end{vmatrix} = d_{23}.$$

(2)　$d'_{12} = d'_{13} = d'_{23} = 0$ であるとすると，$d_{12} = 0$，$d_{13} + cd_{23} = 0$, $d_{23} = 0$ であるので

$$d_{12} = d_{13} = d_{23} = 0$$

となる．したがって，対偶をとれば，**d_{12}, d_{13}, d_{23} の中に0でないものがあるならば，$d'_{12}, d'_{13}, d'_{23}$ の中にも0でないものがある**ことがわかる．よって，A の0でない小行列式の最大次数が2ならば，A' の0でない小行列式の最大次数も2である．

(3)　A' の第1列に第2列の $(-c)$ 倍を加えると A が得られるので，A と A' の役割を入れかえて小問 (2) と同様の考察をすればよい．■

確認 例題 2.17

A は (m,n) 型行列とする．A の 0 でない小行列式の最大次数を $s(A)$ と表すことにする．このとき，$s(A)$ は基本変形によって変わらないことが知られている（導入例題 2.13 参照）．一方，A の階数 $\mathrm{rank}(A)$ も基本変形によって変わらない．これらのことを用い，次の手順にしたがって，$s(A) = \mathrm{rank}(A)$ が成り立つこと示せ．

(1) (m,n) 型行列 $F_{m,n}(r) = \left(\begin{array}{c|c} E_r & O \\ \hline O & O \end{array}\right)$ に対して

$$s\bigl(F_{m,n}(r)\bigr) = \mathrm{rank}\bigl(F_{m,n}(r)\bigr)$$

が成り立つことを示せ．

(2) $s(A) = \mathrm{rank}(A)$ が成り立つことを示せ．

【解答】 (1) $F_{m,n}(r)$ の第 1 行から第 r 行までの r 個の行と，第 1 列から第 r 列までの r 個の列によって作られる小行列は単位行列 E_r であり，その行列式は 0 でない．

また，$F_{m,n}(r)$ には 0 でない成分を含む列が r 個しかないので，$F_{m,n}(r)$ の $(r+1)$ 次以上の小行列は，成分がすべて 0 の列を必ず含み，その小行列式は 0 である．

0 でない r 次の小行列式が存在し，かつ，$(r+1)$ 次以上の小行列式はすべて 0 であるので，$F_{m,n}(r)$ の 0 でない小行列式の最大次数は r である．

よって

$$s\bigl(F_{m,n}(r)\bigr) = r = \mathrm{rank}\bigl(F_{m,n}(r)\bigr)$$

が成り立つ．

(2)

$$\mathrm{rank}(A) = r$$

とすると，A に行基本変形と列基本変形をくり返しほどこして，$F_{m,n}(r)$ が得られる．**基本変形をほどこしたとき，0 でない小行列式の最大次数も行列の階数も変わらない**ので，小問 (1) の結果を用いて

$$s(A) = s\bigl(F_{m,n}(r)\bigr) = \mathrm{rank}\bigl(F_{m,n}(r)\bigr) = \mathrm{rank}(A)$$

が得られる． ■

問 2.27 任意の実数 a, b に対して，行列 $A = \begin{pmatrix} 1 & 1 & a \\ 2 & 3 & b \end{pmatrix}$ の階数は 2 であることを示せ．

第2章　章末問題

基本 例題 2.1

n 次正方行列 A の余因子行列を $\widetilde{A}$ と表すとき $\det \widetilde{A} = (\det A)^{n-1}$ が成り立つことを示せ．

【解答】 $\det A = d$ とおくと，$\widetilde{A}A = dE_n$ である．この式の左辺の行列式は $\det(\widetilde{A}A) = \det \widetilde{A} \det A = d \det \widetilde{A}$ である．一方，右辺の dE_n は単位行列の第1列から第 n 列までをすべて d 倍したものであるので，$\det(dE_n) = d^n$ である．両者を比較すれば，求める式が得られる．■

基本 例題 2.2

n は2以上の自然数とする．

$$\varphi_n(x_1, x_2, \ldots, x_n) = \begin{vmatrix} 1 & 1 & \cdots & 1 \\ x_1 & x_2 & \cdots & x_n \\ x_1^2 & x_2^2 & \cdots & x_n^2 \\ \vdots & \vdots & & \vdots \\ x_1^{n-1} & x_2^{n-1} & \cdots & x_n^{n-1} \end{vmatrix}$$

とおく（これは，**ヴァンデルモンドの行列式**とよばれる）．

たとえば，$\varphi_3(x_1, x_2, x_3)$ は次のように求められる．

$$\begin{aligned}
\begin{vmatrix} 1 & 1 & 1 \\ x_1 & x_2 & x_3 \\ x_1^2 & x_2^2 & x_3^2 \end{vmatrix} &\underset{R_3 - x_1 R_2}{=} \begin{vmatrix} 1 & 1 & 1 \\ x_1 & x_2 & x_3 \\ 0 & x_2(x_2 - x_1) & x_3(x_3 - x_1) \end{vmatrix} \\
&\underset{R_2 - x_1 R_1}{=} \begin{vmatrix} 1 & 1 & 1 \\ 0 & x_2 - x_1 & x_3 - x_1 \\ 0 & x_2(x_2 - x_1) & x_3(x_3 - x_1) \end{vmatrix} = \begin{vmatrix} x_2 - x_1 & x_3 - x_1 \\ x_2(x_2 - x_1) & x_3(x_3 - x_1) \end{vmatrix} \\
&= (x_2 - x_1) \begin{vmatrix} 1 & x_3 - x_1 \\ x_2 & x_3(x_3 - x_1) \end{vmatrix} = (x_2 - x_1)(x_3 - x_1) \begin{vmatrix} 1 & 1 \\ x_2 & x_3 \end{vmatrix} \\
&= (x_2 - x_1)(x_3 - x_1)(x_3 - x_2).
\end{aligned}$$

これにならって，次式 (2.1) が成り立つことを示せ．

$$\varphi_n(x_1, x_2, \ldots, x_n) = \prod_{1 \leq i < j \leq n} (x_j - x_i). \tag{2.1}$$

ここで，記号 $\displaystyle\prod_{1 \leq i < j \leq n}$ は，$1 \leq i < j \leq n$ をみたす整数 i, j のすべての組合せにわたる積を表す．

【解答】 $n=2$ のとき

$$\varphi_2(x_1,x_2)=\begin{vmatrix}1 & 1\\ x_1 & x_2\end{vmatrix}=x_2-x_1$$

となり，式 (2.1) が成り立つ．そこで，$n\geq 3$ とし，φ_{n-1} については式 (2.1) が成り立つと仮定して，φ_n について考える．

第 n 行から第 $(n-1)$ 行の x_1 倍を引き，次に第 $(n-1)$ 行から第 $(n-2)$ 行の x_1 倍を引き⋯，というふうに行基本変形を順次ほどこし，最後に第 2 行から第 1 行の x_1 倍を引くことにより，次式が得られる．

$$\begin{aligned}\varphi_n(x_1,x_2,\ldots,x_n)&=\begin{vmatrix}1 & 1 & \cdots & 1\\ 0 & x_2-x_1 & \cdots & x_n-x_1\\ 0 & x_2(x_2-x_1) & \cdots & x_n(x_n-x_1)\\ \vdots & \vdots & & \vdots\\ 0 & x_2^{n-2}(x_2-x_1) & \cdots & x_n^{n-2}(x_n-x_1)\end{vmatrix}\\ &=\begin{vmatrix}x_2-x_1 & \cdots & x_n-x_1\\ x_2(x_2-x_1) & \cdots & x_n(x_n-x_1)\\ \vdots & & \vdots\\ x_2^{n-2}(x_2-x_1) & \cdots & x_n^{n-2}(x_n-x_1)\end{vmatrix}.\end{aligned}$$

さらに，多重線形性を用いて，第 $(j-1)$ 列の共通因子 (x_j-x_1) をくくり出せば $(2\leq j\leq n)$

$$\varphi_n(x_1,x_2,\ldots,x_n)=\left(\prod_{j=2}^{n}(x_j-x_1)\right)\begin{vmatrix}1 & \cdots & 1\\ x_2 & \cdots & x_n\\ \vdots & & \vdots\\ x_2^{n-2} & \cdots & x_n^{n-2}\end{vmatrix}$$

が得られる．ここで帰納法の仮定を用いれば次式が得られる．

$$\begin{aligned}\varphi_n(x_1,x_2,\ldots,x_n)&=\left(\prod_{j=2}^{n}(x_j-x_1)\right)\varphi_{n-1}(x_2,\ldots,x_n)\\ &=\left(\prod_{j=2}^{n}(x_j-x_1)\right)\left(\prod_{2\leq i<j\leq n}(x_j-x_i)\right)\\ &=\prod_{1\leq i<j\leq n}(x_j-x_i)\end{aligned}$$

■

基本 例題 2.3

（大阪大学大学院工学研究科電気電子情報工学専攻入試問題）

A は m 次正方行列，B は (m,n) 型行列，C は n 次正方行列，O は (n,m) 型の零行列とし，$P=\begin{pmatrix} A & B \\ O & C \end{pmatrix}$ とする．このとき，$\det P = \det A \det C$ が成り立つことを，m に関する数学的帰納法を用いて証明せよ．ただし，行列式の展開は既知としてよい．

ヒント：第1列に関して展開して，帰納法の仮定を用いよ．

【解答】 A の (i,j) 成分を a_{ij} と表すことにする（$1 \leq i \leq m,\ 1 \leq j \leq m$）．

$m=1$ のとき，$\det A = a_{11}$ である．$\det P$ の第1列に関する展開を考えれば

$$\det A = a_{11} \det C = \det A \det C$$

が成り立つ．そこで，$m \geq 2$ とし，m がより小さい場合は，示すべき等式が成り立つと仮定する．

いま，$1 \leq i \leq m$ をみたす自然数 i に対して，P から第 i 行と第1列を取り除いてできる行列を P_i とし，A から第 i 行と第1列を取り除いてできる行列を A_i とし，B から第 i 行を取り除いてできる行列を B_i とすると

$$P_i = \begin{pmatrix} A_i & B_i \\ O' & C \end{pmatrix}$$

である．ここで，A_i は $(m-1)$ 次正方行列，B_i は $(m-1,n)$ 型行列，O' は $(n,m-1)$ 型の零行列である．このとき，帰納法の仮定により，$\det P_i = \det A_i \det C$ が成り立つ．そこで $\det P$ の第1列に関する展開を考えると

$$\begin{aligned} \det P &= \sum_{i=1}^{m} (-1)^{i+1} a_{i1} \det P_i = \sum_{i=1}^{m} (-1)^{i+1} a_{i1} \det A_i \det C \\ &= \left(\sum_{i=1}^{m} (-1)^{i+1} a_{i1} \det A_i \right) \det C \end{aligned}$$

が成り立つ．一方，$\det A$ の第1列に関する展開を考えれば

$$\sum_{i=1}^{m} (-1)^{i+1} a_{i1} \det A_i = \det A$$

であることがわかる．したがって $\det P = \det A \det C$ が得られる． ■

注意：ここでは述べないが，基本例題 2.3 の等式を行列式の定義から直接証明することもできる．

基本問題 2.1　$(n-1,n)$ 型行列 $A=\begin{pmatrix} a_{11} & a_{12} & \cdots & a_{1n} \\ a_{21} & a_{22} & \cdots & a_{2n} \\ \vdots & \vdots & & \vdots \\ a_{n-1,1} & a_{n-1,2} & \cdots & a_{n-1,n} \end{pmatrix}$ の階数は $n-1$ であるとする．このとき，A を係数行列とする斉次連立 1 次方程式

$$\begin{cases} a_{11}x_1 + \quad a_{12}x_2 + \cdots + \quad a_{1n}x_n = 0 \\ a_{21}x_1 + \quad a_{22}x_2 + \cdots + \quad a_{2n}x_n = 0 \\ \qquad\vdots \\ a_{n-1,1}x_1 + a_{n-1,2}x_2 + \cdots + a_{n-1,n}x_n = 0 \end{cases}$$

の非自明解を 1 組与えよ．

ヒント：$\begin{vmatrix} a_{i1} & a_{i2} & \cdots & a_{in} \\ a_{11} & a_{12} & \cdots & a_{1n} \\ a_{21} & a_{22} & \cdots & a_{2n} \\ \vdots & \vdots & & \vdots \\ a_{n-1,1} & a_{n-1,2} & \cdots & a_{n-1,n} \end{vmatrix}$ の第 1 行に関する展開を考えよ．

基本問題 2.2　（大阪大学大学院工学研究科電気工学専攻・通信工学専攻・電子工学専攻・電子情報エネルギー工学専攻（当時）入試問題）

次の n 次の行列式の値を求めよ．

$$\begin{vmatrix} a & 1 & \cdots & 1 & 1 \\ 1 & a & \cdots & 1 & 1 \\ \vdots & \vdots & \ddots & \vdots & \vdots \\ 1 & 1 & \cdots & a & 1 \\ 1 & 1 & \cdots & 1 & a \end{vmatrix}$$

基本問題 2.3　n は 2 以上の自然数とする．n 次正方行列 $A=(a_{ij})$ を

$$a_{ij} = i + j \qquad (1 \leq i \leq n,\ 1 \leq j \leq n)$$

により定める．$\det A$ を求めよ．

第3章 線形空間と線形写像

以下，特に断らない限り，K は $\mathbb{R}$ または $\mathbb{C}$ を表すものとする．

3.1 線形空間と線形写像

●線形空間の定義● 空集合でない集合 V が次の 2 つの条件をみたすとき，V は $\boldsymbol{K}$ **上の線形空間**であるという．

(I) $\boldsymbol{x}, \boldsymbol{y} \in V$ に対して，**和** $\boldsymbol{x}+\boldsymbol{y} \in V$ が定まり，次をみたす．

(1) $\boldsymbol{x}, \boldsymbol{y}, \boldsymbol{z} \in V$ に対して $(\boldsymbol{x}+\boldsymbol{y})+\boldsymbol{z}=\boldsymbol{x}+(\boldsymbol{y}+\boldsymbol{z})$.

(2) $\boldsymbol{x}, \boldsymbol{y} \in V$ に対して $\boldsymbol{x}+\boldsymbol{y}=\boldsymbol{y}+\boldsymbol{x}$.

(3) **零元** $\mathbf{0} \in V$ が存在し，任意の $\boldsymbol{x} \in V$ に対して $\boldsymbol{x}+\mathbf{0}=\mathbf{0}+\boldsymbol{x}=\boldsymbol{x}$.

(4) $\boldsymbol{x} \in V$ に対して，**逆元** $-\boldsymbol{x} \in V$ が存在し，$\boldsymbol{x}+(-\boldsymbol{x})=(-\boldsymbol{x})+\boldsymbol{x}=\mathbf{0}$.

(II) $c \in K, \boldsymbol{x} \in V$ に対して，$\boldsymbol{x}$ **の** $\boldsymbol{c}$ **倍** $c\boldsymbol{x} \in V$ が定まり，次をみたす．

(5) $a, b \in K, \boldsymbol{x} \in V$ に対して $(a+b)\boldsymbol{x}=a\boldsymbol{x}+b\boldsymbol{x}$.

(6) $a \in K, \boldsymbol{x}, \boldsymbol{y} \in V$ に対して $a(\boldsymbol{x}+\boldsymbol{y})=a\boldsymbol{x}+a\boldsymbol{y}$.

(7) $a, b \in K, \boldsymbol{x} \in V$ に対して $(ab)\boldsymbol{x}=a(b\boldsymbol{x})$.

(8) $\boldsymbol{x} \in V$ に対して $1 \cdot \boldsymbol{x}=\boldsymbol{x}$.

線形空間は，**ベクトル空間**ともよばれる．K の元は**スカラー**とよばれる．$\mathbb{R}$ 上の線形空間（ベクトル空間）は**実線形空間**（**実ベクトル空間**）ともいう．$\mathbb{C}$ 上の線形空間（ベクトル空間）は**複素線形空間**（**複素ベクトル空間**）ともいう．

●線形部分空間● K 上の線形空間 V の空集合でない部分集合 W が V の**線形部分空間**（**部分ベクトル空間**）であるとは，V の加法およびスカラー倍をそのまま W に制限して用いたときに W が K 上の線形空間になることである．

このことは，次の条件 (a), (b) が成り立つことと同値である．

(a) $\boldsymbol{x}, \boldsymbol{y} \in W$ ならば $\boldsymbol{x}+\boldsymbol{y} \in W$ である．

(b) $c \in K, \boldsymbol{x} \in W$ ならば $c\boldsymbol{x} \in W$ である．

●線形空間・線形部分空間の例●

- K の元を成分とする n 次元ベクトル全体の集合 K^n は K 上の線形空間である．ただし，和とスカラー倍は通常のものとする．

- (m,n) 型行列 $A \in M(m,n;K)$ に対して，K^n の部分集合 W を
$$W = \{\, \boldsymbol{x} \in K^n \mid A\boldsymbol{x} = \boldsymbol{0} \,\}$$
と定めると，W は K^n の線形部分空間である．特に，W はそれ自身が K 上の線形空間である．
- $\boldsymbol{0}$ だけからなる集合 $V = \{\boldsymbol{0}\}$ は K 上の線形空間である．ただし，$\boldsymbol{0}+\boldsymbol{0}=\boldsymbol{0}$，$c\boldsymbol{0}=\boldsymbol{0}$（$c \in K$）とする．
- d は自然数とする．X を変数とし，実数を成分とする d 次以下の多項式全体の集合は実線形空間である．ただし，多項式同士の和や定数倍は通常のものとする．

線形写像　V, V' は K 上の線形空間とする．写像 $T\colon V \to V'$ が次の 2 つの性質 (1), (2) をみたすとき，T は K 上の**線形写像**であるという．

(1)　任意の $\boldsymbol{x}, \boldsymbol{y} \in V$ に対して $T(\boldsymbol{x}+\boldsymbol{y}) = T(\boldsymbol{x}) + T(\boldsymbol{y})$ が成り立つ．
(2)　任意の $c \in K$, $\boldsymbol{x} \in V$ に対して $T(c\boldsymbol{x}) = cT(\boldsymbol{x})$ が成り立つ．

$\mathbb{R}$ 上の線形写像を特に**実線形写像**とよび，$\mathbb{C}$ 上の線形写像を**複素線形写像**とよぶ．誤解のおそれのないときには単に**線形写像**とよぶ．

線形空間の間の線形写像 $T\colon V \to V'$ が全単射であるとき，T は**同型写像**であるという．$T\colon V \to V'$ が同型写像であるとき，逆写像 $T^{-1}\colon V' \to V$ が存在し，T^{-1} もまた線形写像となる．V から V' への同型写像が存在するとき，V と V' は**同型**であるといい，記号 $V \cong V'$ で表す．

線形写像の例

- $A \in M(m,n;K)$ とするとき，写像 $T_A\colon K^n \to K^m$ を
$$T_A(\boldsymbol{x}) = A\boldsymbol{x} \quad (\boldsymbol{x} \in K^n)$$
と定めると，T_A は K 上の線形写像である．この T_A を**行列 A の定める線形写像**とよぶ．
- X を変数とし，実数を係数とする 2 次以下の多項式全体の集合を V とするとき，写像 $T\colon K^3 \to V$ を
$$K^3 \ni \begin{pmatrix} a \\ b \\ c \end{pmatrix} \mapsto a + bX + cX^2 \in V$$
と定めると，T は同型写像であり，$K^3 \cong V$ となる．

問題演習のねらい 線形（部分）空間，線形写像の定義や例について理解しよう！

導入 例題 3.1

$\mathbb{R}^n$ の空でない部分集合 W が線形部分空間であることを示すには，次の2つが成り立つことを確かめればよい．

(a)　$\boldsymbol{x}, \boldsymbol{y} \in W$ ならば $\boldsymbol{x}+\boldsymbol{y} \in W$ である．

(b)　$c \in \mathbb{R}$, $\boldsymbol{x} \in W$ ならば $c\boldsymbol{x} \in W$ である．

このことを用いて，次の2つの集合が $\mathbb{R}^2$ の線形部分空間であるかどうか判定せよ．

(1)　$W_1 = \left\{ \begin{pmatrix} x_1 \\ x_2 \end{pmatrix} \in \mathbb{R}^2 \;\middle|\; 2x_1 + 3x_2 = 0 \right\}$.

(2)　$W_2 = \left\{ \begin{pmatrix} x_1 \\ x_2 \end{pmatrix} \in \mathbb{R}^2 \;\middle|\; 2x_1 + 3x_2 = 1 \right\}$.

【解答】　(1)　W_1 は $\mathbb{R}^2$ **の線形部分空間である**.

実際，$\boldsymbol{x} = \begin{pmatrix} x_1 \\ x_2 \end{pmatrix}$, $\boldsymbol{y} = \begin{pmatrix} y_1 \\ y_2 \end{pmatrix} \in W_1$ とすると，$2x_1+3x_2=0$, $2y_1+3y_2=0$ が成り立つ．このとき，$\boldsymbol{x}+\boldsymbol{y} = \begin{pmatrix} x_1+y_1 \\ x_2+y_2 \end{pmatrix}$ は

$$2(x_1+y_1)+3(x_2+y_2) = (2x_1+3x_2)+(2y_1+3y_2) = 0+0 = 0$$

をみたすので，$\boldsymbol{x}+\boldsymbol{y} \in W_1$ である．

また，$c \in \mathbb{R}$ とすると，$c\boldsymbol{x} = \begin{pmatrix} cx_1 \\ cx_2 \end{pmatrix}$ であるが

$$2(cx_1)+3(cx_2) = c(2x_1+3x_2) = c \times 0 = 0$$

であるので，$c\boldsymbol{x} \in W_1$ である．

(2)　W_2 は $\mathbb{R}^2$ **の線形部分空間でない**．実際，$\boldsymbol{x} = \begin{pmatrix} \frac{1}{2} \\ 0 \end{pmatrix}$ とすると，$\boldsymbol{x} \in W_2$ であるが，$2\boldsymbol{x} \notin W_2$ である．■

問 3.1　次の2つの集合が通常のベクトルの加法とスカラー乗法に関して実線形空間であるかどうか判定せよ．

(1)　$V_1 = \left\{ \begin{pmatrix} x_1 \\ x_2 \end{pmatrix} \in \mathbb{R}^2 \;\middle|\; x_1^2 + x_2^2 = 1 \right\}$.

(2)　$V_2 = \left\{ \begin{pmatrix} x_1 \\ x_2 \\ x_3 \end{pmatrix} \in \mathbb{R}^3 \;\middle|\; 2x_1 + 3x_2 = 0 \text{ かつ } x_1 - x_3 = 0 \right\}$.

確認 例題 3.1

$A \in M(m, n; K)$ とするとき $W = \{\boldsymbol{x} \in K^n \mid A\boldsymbol{x} = \boldsymbol{0}\}$ は K^n の線形部分空間であることを示せ.

【解答】 $\boldsymbol{x}, \boldsymbol{y} \in W$, $c \in K$ とすると次式が成り立つ.

$$A(\boldsymbol{x}+\boldsymbol{y}) = A\boldsymbol{x} + A\boldsymbol{y} = \boldsymbol{0} + \boldsymbol{0} = \boldsymbol{0}, \quad A(c\boldsymbol{x}) = cA\boldsymbol{x} = c \cdot \boldsymbol{0} = \boldsymbol{0}.$$

これより $\boldsymbol{x}+\boldsymbol{y} \in W$, $c\boldsymbol{x} \in W$ となり, W は K^n の線形部分空間である. ■

導入 例題 3.2

次の写像 f, g が $\mathbb{R}^2$ から $\mathbb{R}^2$ への線形写像であるかどうか判定せよ.

(1) $f\colon \mathbb{R}^2 \ni \begin{pmatrix} x_1 \\ x_2 \end{pmatrix} \mapsto \begin{pmatrix} x_1+1 \\ x_2+1 \end{pmatrix} \in \mathbb{R}^2.$

(2) $g\colon \mathbb{R}^2 \ni \begin{pmatrix} x_1 \\ x_2 \end{pmatrix} \mapsto \begin{pmatrix} 2x_1 - x_2 \\ 3x_1 + 4x_2 \end{pmatrix} \in \mathbb{R}^2.$

【解答】 (1) f は**線形写像でない**. 実際, $\boldsymbol{x} = \begin{pmatrix} 1 \\ 0 \end{pmatrix}$, $\boldsymbol{y} = \begin{pmatrix} 0 \\ 1 \end{pmatrix}$ に対して

$$f(\boldsymbol{x}) + f(\boldsymbol{y}) = \begin{pmatrix} 3 \\ 3 \end{pmatrix}, \quad f(\boldsymbol{x}+\boldsymbol{y}) = \begin{pmatrix} 2 \\ 2 \end{pmatrix}$$

となり, $f(\boldsymbol{x}+\boldsymbol{y}) \neq f(\boldsymbol{x}) + f(\boldsymbol{y})$.

(2) g は**線形写像である**. 実際, $\boldsymbol{x} = \begin{pmatrix} x_1 \\ x_2 \end{pmatrix}$, $\boldsymbol{y} = \begin{pmatrix} y_1 \\ y_2 \end{pmatrix}$, $c \in \mathbb{R}$ に対して

$$\begin{aligned} f(\boldsymbol{x}) + f(\boldsymbol{y}) &= \begin{pmatrix} 2x_1 - x_2 \\ 3x_1 + 4x_2 \end{pmatrix} + \begin{pmatrix} 2y_1 - y_2 \\ 3y_1 + 4y_2 \end{pmatrix} \\ &= \begin{pmatrix} 2(x_1+y_1) - (x_2+y_2) \\ 3(x_1+y_1) + 4(x_2+y_2) \end{pmatrix} = f(\boldsymbol{x}+\boldsymbol{y}), \end{aligned}$$

$$f(c\boldsymbol{x}) = \begin{pmatrix} 2cx_1 - cx_2 \\ 3cx_1 + 4cx_2 \end{pmatrix} = c\begin{pmatrix} 2x_1 - x_2 \\ 3x_1 + 4x_2 \end{pmatrix} = cf(\boldsymbol{x}).$$ ■

問 3.2 次の写像 h が $\mathbb{R}^2$ から $\mathbb{R}^2$ への線形写像であるかどうか判定せよ.

$$h\colon \mathbb{R}^2 \ni \begin{pmatrix} x_1 \\ x_2 \end{pmatrix} \mapsto \begin{pmatrix} x_1^2 \\ x_2^2 \end{pmatrix} \in \mathbb{R}^2.$$

確認 例題 3.2

$A \in M(m,n;K)$ とする．写像 $T_A\colon K^n \to K^m$ を

$$T_A(\boldsymbol{x}) = A\boldsymbol{x} \quad (\boldsymbol{x} \in K^n)$$

と定めると，T_A は線形写像であることを示せ．

【解答】 $\boldsymbol{x}, \boldsymbol{y} \in K^n$, $c \in K$ とすると

$$\begin{aligned} T_A(\boldsymbol{x}+\boldsymbol{y}) &= A(\boldsymbol{x}+\boldsymbol{y}) \\ &= A\boldsymbol{x} + A\boldsymbol{y} \\ &= T_A(\boldsymbol{x}) + T_A(\boldsymbol{y}), \end{aligned}$$

$$\begin{aligned} T_A(c\boldsymbol{x}) &= A(c\boldsymbol{x}) \\ &= cA\boldsymbol{x} \\ &= cT_A(\boldsymbol{x}) \end{aligned}$$

が成り立つので，T_A は線形写像である． ■

問 3.3 V, V' は K 上の線形空間とし，$T\colon V \to V$ は K 上の線形写像とする．

(1) $T(\mathbf{0}) = \mathbf{0}$ であることを示せ．

(2) $\boldsymbol{a}_1, \boldsymbol{a}_2, \boldsymbol{a}_3 \in V$, $c_1, c_2, c_3 \in K$ に対して，次式が成り立つことを示せ．

$$T(c_1\boldsymbol{a}_1 + c_2\boldsymbol{a}_2 + c_3\boldsymbol{a}_3) = c_1T(\boldsymbol{a}_1) + c_2T(\boldsymbol{a}_2) + c_3T(\boldsymbol{a}_3).$$

3.2　基底と次元

●線形独立（1 次独立）・線形従属（1 次従属）●　V は K 上の線形空間とし，$\boldsymbol{a}_1, \boldsymbol{a}_2, \ldots, \boldsymbol{a}_k \in V$ とする．

$$c_1\boldsymbol{a}_1 + c_2\boldsymbol{a}_2 + \cdots + c_k\boldsymbol{a}_k$$

の形の元を $\boldsymbol{a}_1, \boldsymbol{a}_2, \ldots, \boldsymbol{a}_k$ の**線形結合**（**1 次結合**）という．

$c_1, c_2, \ldots, c_k \in K$ に対して

$$c_1\boldsymbol{a}_1 + c_2\boldsymbol{a}_2 + \cdots + c_k\boldsymbol{a}_k = \boldsymbol{0}$$

が成り立つのが

$$c_1 = c_2 = \cdots = c_k = 0$$

の場合に限られるとき，$\boldsymbol{a}_1, \boldsymbol{a}_2, \ldots, \boldsymbol{a}_k$ は**線形独立**（**1 次独立**）であるという．

そうでないとき，すなわち，ある $c_1, c_2, \ldots, c_k \in K$ が存在して，そのうち少なくともどれか 1 つは 0 でなく，かつ

$$c_1\boldsymbol{a}_1 + c_2\boldsymbol{a}_2 + \cdots + c_k\boldsymbol{a}_k = \boldsymbol{0}$$

をみたすとき，$\boldsymbol{a}_1, \boldsymbol{a}_2, \ldots, \boldsymbol{a}_k$ は**線形従属**（**1 次従属**）であるという．

●基　底●　V が $\boldsymbol{a}_1, \boldsymbol{a}_2, \ldots, \boldsymbol{a}_k$ で**生成される**（**張られる**）とは，V の任意の元がこれらの線形結合として表されることをいう．

K 上の線形空間 V の元の組

$$\langle \boldsymbol{e}_1, \boldsymbol{e}_2, \ldots, \boldsymbol{e}_n \rangle$$

が次の 2 つの条件 (1), (2) をみたすとき，$\langle \boldsymbol{e}_1, \boldsymbol{e}_2, \ldots, \boldsymbol{e}_n \rangle$ は V の**基底**であるという．

(1)　$\boldsymbol{e}_1, \boldsymbol{e}_2, \ldots, \boldsymbol{e}_n$ は線形独立である．
(2)　V は $\boldsymbol{e}_1, \boldsymbol{e}_2, \ldots, \boldsymbol{e}_n$ で生成される．

たとえば

$$\boldsymbol{e}_1 = \begin{pmatrix} 1 \\ 0 \\ \vdots \\ 0 \end{pmatrix}, \quad \boldsymbol{e}_2 = \begin{pmatrix} 0 \\ 1 \\ \vdots \\ 0 \end{pmatrix}, \ldots, \quad \boldsymbol{e}_n = \begin{pmatrix} 0 \\ 0 \\ \vdots \\ 1 \end{pmatrix} \in K^n$$

とすると，$\langle \boldsymbol{e}_1, \boldsymbol{e}_2, \ldots, \boldsymbol{e}_n \rangle$ は K^n の基底である．この基底を K^n の**自然基底**（**標準基底**）という．

●次　元●　V が有限個の元で生成されるとき，V は**有限生成**（**有限次元**）であるという．**本書では，有限生成線形空間のみを考えるので，単に「線形空間」といったら，有限生成線形空間をさすものとする．**

V は有限生成線形空間とし

$$V \neq \{\mathbf{0}\}$$

とする．V の線形独立な元がいくつか与えられているとき，必要ならばそれらにいくつかの元を付け加えて，V の基底を作ることができる．V の任意の基底は一定個数の元からなる．その個数を V の**次元**とよび，$\dim V$ と表す．

$$E = \langle \boldsymbol{e}_1, \boldsymbol{e}_2, \ldots, \boldsymbol{e}_n \rangle$$

が V の基底であるとき，写像 $\psi_E \colon K^n \to V$ を

$$\psi_E \colon K^n \ni \begin{pmatrix} x_1 \\ x_2 \\ \vdots \\ x_n \end{pmatrix} \mapsto x_1\boldsymbol{e}_1 + x_2\boldsymbol{e}_2 + \cdots + x_n\boldsymbol{e}_n \in V$$

と定めると，これは同型写像である．したがって，任意の n 次元線形空間は K^n と同型である．

●基底の変換行列●　V の2つの基底

$$E = \langle \boldsymbol{e}_1, \ldots, \boldsymbol{e}_n \rangle,$$
$$F = \langle \boldsymbol{f}_1, \ldots, \boldsymbol{f}_n \rangle$$

の間に

$$\begin{cases} \boldsymbol{f}_1 = p_{11}\boldsymbol{e}_1 + p_{21}\boldsymbol{e}_2 + \cdots + p_{n1}\boldsymbol{e}_n \\ \boldsymbol{f}_2 = p_{12}\boldsymbol{e}_1 + p_{22}\boldsymbol{e}_2 + \cdots + p_{n2}\boldsymbol{e}_n \\ \quad\vdots \\ \boldsymbol{f}_n = p_{1n}\boldsymbol{e}_1 + p_{2n}\boldsymbol{e}_2 + \cdots + p_{nn}\boldsymbol{e}_n \end{cases} \tag{3.1}$$

（$p_{ij} \in K; 1 \leq i \leq n,\ 1 \leq j \leq n$）という関係があるとき

$$P = \begin{pmatrix} p_{11} & p_{12} & \cdots & p_{1n} \\ p_{21} & p_{22} & \cdots & p_{2n} \\ \vdots & \vdots & \ddots & \vdots \\ p_{n1} & p_{n2} & \cdots & p_{nn} \end{pmatrix}$$

を**基底 E から F への変換行列**とよぶ．P は正則行列であり，基底 F から E への変換行列は P^{-1} である．

$\boldsymbol{e}_1, \ldots, \boldsymbol{e}_n$ や $\boldsymbol{f}_1, \ldots, \boldsymbol{f}_n$ を横に並べて，形式的に横ベクトルのように表すと，上述の式 (3.1) は次式 (3.2) の形に表すことができる．

$$(\boldsymbol{f}_1, \boldsymbol{f}_2, \ldots, \boldsymbol{f}_n) = (\boldsymbol{e}_1, \boldsymbol{e}_2, \ldots, \boldsymbol{e}_n)P. \tag{3.2}$$

問題演習のねらい 線形独立，線形従属，基底，次元という概念は非常に重要である．いろいろな角度から問題に取り組み，しっかり理解しよう！

まず，線形独立と線形従属の定義を理解することからはじめよう．

導入 例題 3.3

次のベクトルの組合せが線形独立か線形従属かを判定せよ．

(1) $\boldsymbol{e}_1 = \begin{pmatrix} 1 \\ 0 \\ 0 \end{pmatrix}, \boldsymbol{e}_2 = \begin{pmatrix} 0 \\ 1 \\ 0 \end{pmatrix}, \boldsymbol{e}_3 = \begin{pmatrix} 0 \\ 0 \\ 1 \end{pmatrix} \in \mathbb{R}^3.$

(2) $\boldsymbol{a}_1 = \begin{pmatrix} 1 \\ 1 \end{pmatrix}, \boldsymbol{a}_2 = \begin{pmatrix} 2 \\ 3 \end{pmatrix} \in \mathbb{R}^2.$

(3) $\boldsymbol{a}_1 = \begin{pmatrix} 1 \\ 1 \end{pmatrix}, \boldsymbol{a}_2 = \begin{pmatrix} 2 \\ 3 \end{pmatrix}, \boldsymbol{a}_3 = \begin{pmatrix} 1 \\ 0 \end{pmatrix} \in \mathbb{R}^2.$

【解答】 (1)　$c_1, c_2, c_3 \in \mathbb{R}$ が $c_1\boldsymbol{e}_1 + c_2\boldsymbol{e}_2 + c_3\boldsymbol{e}_3 = \boldsymbol{0}$ をみたすとする（**仮定**）．このとき，左辺は

$$c_1 \begin{pmatrix} 1 \\ 0 \\ 0 \end{pmatrix} + c_2 \begin{pmatrix} 0 \\ 1 \\ 0 \end{pmatrix} + c_3 \begin{pmatrix} 0 \\ 0 \\ 1 \end{pmatrix} = \begin{pmatrix} c_1 \\ c_2 \\ c_3 \end{pmatrix}$$

となるが，これが零ベクトルと等しいので，$c_1 = c_2 = c_3 = 0$（**結論**）が得られる．よって，$\boldsymbol{e}_1, \boldsymbol{e}_2, \boldsymbol{e}_3$ は**線形独立**である．

(2)　$c_1, c_2 \in \mathbb{R}$ が $c_1\boldsymbol{a}_1 + c_2\boldsymbol{a}_2 = \boldsymbol{0}$ をみたすとする（**仮定**）．このとき，c_1, c_2 は

$$\begin{cases} c_1 + 2c_2 = 0 \\ c_1 + 3c_2 = 0 \end{cases}$$

をみたす．これを c_1, c_2 **に関する連立 1 次方程式とみて解く**と，解は $c_1 = c_2 = 0$ のみである（**結論**）．よって，$\boldsymbol{a}_1, \boldsymbol{a}_2$ は線形独立である．

(3)　たとえば $c_1 = -3, c_2 = 1, c_3 = 1$ とすれば，$c_1\boldsymbol{a}_1 + c_2\boldsymbol{a}_2 + c_3\boldsymbol{a}_3 = \boldsymbol{0}$ が成り立つので，$\boldsymbol{a}_1, \boldsymbol{a}_2, \boldsymbol{a}_3$ は**線形従属**である．■

問 3.4　次のベクトルの組合せが線形独立か線形従属かを判定せよ．

(1) $\boldsymbol{a}_1 = \begin{pmatrix} 2 \\ 1 \\ 0 \\ 0 \end{pmatrix}, \boldsymbol{a}_2 = \begin{pmatrix} 3 \\ 0 \\ 1 \\ 0 \end{pmatrix}, \boldsymbol{a}_3 = \begin{pmatrix} 4 \\ 0 \\ 0 \\ 1 \end{pmatrix} \in \mathbb{R}^4.$

(2) $\boldsymbol{b}_1 = \begin{pmatrix} 3 \\ 1 \\ 1 \end{pmatrix}, \boldsymbol{b}_2 = \begin{pmatrix} 1 \\ 3 \\ 1 \end{pmatrix}, \boldsymbol{b}_3 = \begin{pmatrix} 2 \\ 2 \\ 1 \end{pmatrix} \in \mathbb{R}^3.$

確認 例題 3.3

V は K 上の線形空間とし，$\boldsymbol{a}_1$, $\boldsymbol{a}_2$, $\ldots$, $\boldsymbol{a}_k$, $\boldsymbol{a}_{k+1} \in V$ とする．次の記述は正しいか，それとも誤りか．理由を述べて判定せよ．

(1) $\boldsymbol{a}_1, \boldsymbol{a}_2, \ldots, \boldsymbol{a}_k$ が線形独立ならば，$\boldsymbol{a}_1, \boldsymbol{a}_2, \ldots, \boldsymbol{a}_k, \boldsymbol{a}_{k+1}$ も線形独立である．

(2) $\boldsymbol{a}_1, \boldsymbol{a}_2, \ldots, \boldsymbol{a}_k$ が線形従属ならば，$\boldsymbol{a}_1, \boldsymbol{a}_2, \ldots, \boldsymbol{a}_k, \boldsymbol{a}_{k+1}$ も線形従属である．

【解答】 (1) 誤りである．$\boldsymbol{a}_1, \ldots, \boldsymbol{a}_k$ が線形独立であるとしても，たとえば $\boldsymbol{a}_{k+1} = \boldsymbol{0}$ とすると

$$0 \cdot \boldsymbol{a}_1 + \cdots + 0 \cdot \boldsymbol{a}_k + 1 \cdot \boldsymbol{a}_{k+1} = \boldsymbol{0}$$

が成り立つので，$\boldsymbol{a}_1, \boldsymbol{a}_2, \ldots, \boldsymbol{a}_k, \boldsymbol{a}_{k+1}$ は線形従属となる．

(2) 正しい．$\boldsymbol{a}_1, \ldots, \boldsymbol{a}_k$ が線形従属であるとすると

$$c_1\boldsymbol{a}_1 + \cdots + c_k\boldsymbol{a}_k = \boldsymbol{0}, \quad (c_1, \ldots, c_k) \neq (0, \ldots, 0)$$

をみたす $c_1, \ldots, c_k \in K$ が存在する．いま

$$c_{k+1} = 0$$

とおくと

$$\begin{aligned} c_1\boldsymbol{a}_1 + \cdots + c_k\boldsymbol{a}_k + c_{k+1}\boldsymbol{a}_{k+1} &= c_1\boldsymbol{a}_1 + \cdots + c_k\boldsymbol{a}_k + 0 \cdot \boldsymbol{a}_{k+1} \\ &= \boldsymbol{0} \end{aligned}$$

が成り立つ．このとき

$$(c_1, \ldots, c_k, c_{k+1}) \neq (0, \ldots, 0, 0)$$

であるので，$\boldsymbol{a}_1$, $\boldsymbol{a}_2$, $\ldots$, $\boldsymbol{a}_k$, $\boldsymbol{a}_{k+1}$ は線形従属である．■

問 3.5 V は K 上の線形空間とし，$\boldsymbol{a}_1, \boldsymbol{a}_2, \ldots, \boldsymbol{a}_k \in V$ とする．

(1) 次の (a), (b) は同値であることを示せ．

(a) $\boldsymbol{a}_1$, $\boldsymbol{a}_2$, $\ldots$, $\boldsymbol{a}_k$ は線形従属である．

(b) $\boldsymbol{a}_1$, $\boldsymbol{a}_2$, $\ldots$, $\boldsymbol{a}_k$ のうちのある元が，残りの $(k-1)$ 個の線形結合として表される．

(2) 次の記述は正しいか，それとも誤りか．理由を述べて判定せよ．

「$\boldsymbol{a}_1$, $\boldsymbol{a}_2$, $\ldots$, $\boldsymbol{a}_k$ が線形従属であるならば，$\boldsymbol{a}_1$ は残りの $(k-1)$ 個の線形結合として表される．」

次に，基底の存在について，問題演習を通じて考えよう．

導入 例題 3.4

V は K 上の線形空間とする．$\boldsymbol{x}, \boldsymbol{a}_1, \boldsymbol{a}_2, \boldsymbol{b}_1, \boldsymbol{b}_2 \in V$ が

$$\boldsymbol{x} = 2\boldsymbol{a}_1 + 3\boldsymbol{a}_2, \quad \boldsymbol{a}_1 = 4\boldsymbol{b}_1 + 5\boldsymbol{b}_2, \quad \boldsymbol{a}_2 = 6\boldsymbol{b}_1 + 7\boldsymbol{b}_2$$

をみたすとする．このとき，$\boldsymbol{x}$ を $\boldsymbol{b}_1$ と $\boldsymbol{b}_2$ の線形結合として表せ．

【解答】

$$\begin{aligned}\boldsymbol{x} &= 2(4\boldsymbol{b}_1 + 5\boldsymbol{b}_2) + 3(6\boldsymbol{b}_1 + 7\boldsymbol{b}_2) \\ &= 26\boldsymbol{b}_1 + 31\boldsymbol{b}_2.\end{aligned}$$

■

導入 例題 3.5

V は K 上の線形空間とし，$\boldsymbol{x}, \boldsymbol{a}_1, \boldsymbol{a}_2, \ldots, \boldsymbol{a}_k, \boldsymbol{b}_1, \boldsymbol{b}_2, \ldots, \boldsymbol{b}_l \in V$ とする．$\boldsymbol{x}$ は $\boldsymbol{a}_1, \ldots, \boldsymbol{a}_k$ の線形結合として表され，さらに，各 i $(1 \leq i \leq k)$ について，$\boldsymbol{a}_i$ は $\boldsymbol{b}_1, \ldots, \boldsymbol{b}_l$ の線形結合として表されるとする．このとき，$\boldsymbol{x}$ は $\boldsymbol{b}_1, \ldots, \boldsymbol{b}_l$ の線形結合として表されることを示せ．

【解答】

$$\boldsymbol{x} = \sum_{i=1}^{k} c_i \boldsymbol{a}_i \quad (c_i \in K), \quad \boldsymbol{a}_i = \sum_{j=1}^{l} d_{ij} \boldsymbol{b}_j \quad (d_{ij} \in K)$$

とすると

$$\begin{aligned}\boldsymbol{x} &= \sum_{i=1}^{k} c_i \left(\sum_{j=1}^{l} d_{ij} \boldsymbol{b}_j \right) = \sum_{i=1}^{k} \left(\sum_{j=1}^{l} c_i d_{ij} \boldsymbol{b}_j \right) \\ &= \sum_{j=1}^{l} \left(\sum_{i=1}^{k} c_i d_{ij} \boldsymbol{b}_j \right) = \sum_{j=1}^{l} \left(\sum_{i=1}^{k} c_i d_{ij} \right) \boldsymbol{b}_j\end{aligned}$$

となるので，$\boldsymbol{x}$ は $\boldsymbol{b}_1, \ldots, \boldsymbol{b}_l$ の線形結合として表される．■

問 3.6 V は K 上の線形空間とし，$\boldsymbol{x}, \boldsymbol{a}_1, \boldsymbol{a}_2, \ldots, \boldsymbol{a}_k, \boldsymbol{b}_1, \boldsymbol{b}_2, \ldots, \boldsymbol{b}_l \in V$ とする．$\boldsymbol{x}$ は $\boldsymbol{a}_1, \ldots, \boldsymbol{a}_k$ の線形結合として表されるが，$\boldsymbol{b}_1, \ldots, \boldsymbol{b}_l$ の線形結合としては表されないとする．このとき，$\boldsymbol{a}_1, \ldots, \boldsymbol{a}_k$ の中に，$\boldsymbol{b}_1, \ldots, \boldsymbol{b}_l$ の線形結合として表されないものが存在することを示せ．

導入 例題 3.6

V は K 上の線形空間とし，$\boldsymbol{x}_1, \boldsymbol{x}_2, \ldots, \boldsymbol{x}_k, \boldsymbol{y} \in V$ について，次の2つの条件 (a), (b) が成り立つと仮定する．

(a)　$\boldsymbol{x}_1, \ldots, \boldsymbol{x}_k$ は線形独立である．

(b)　$\boldsymbol{y}$ は $\boldsymbol{x}_1, \ldots, \boldsymbol{x}_k$ の線形結合として表すことができない．

このとき，$\boldsymbol{x}_1, \boldsymbol{x}_2, \ldots, \boldsymbol{x}_k, \boldsymbol{y}$ が線形独立であることを，次の手順にしたがって示せ．

(1)　$c_1, c_2, \ldots, c_k, d \in K$ が

$$c_1\boldsymbol{x}_1 + c_2\boldsymbol{x}_2 + \cdots + c_k\boldsymbol{x}_k + d\boldsymbol{y} = \boldsymbol{0}$$

をみたすとする．「仮に $d \neq 0$ であるとすると仮定に反する」ということを示すことにより

$$d = 0$$

を示せ．

(2)　さらに

$$c_1 = c_2 = \cdots = c_k = 0$$

であることを示し，$\boldsymbol{x}_1, \boldsymbol{x}_2, \ldots, \boldsymbol{x}_k, \boldsymbol{y}$ が線形独立であることを示せ．

【解答】　(1)　仮に $d \neq 0$ であるとすると

$$\boldsymbol{y} = -\frac{c_1}{d}\boldsymbol{x}_1 - \frac{c_2}{d}\boldsymbol{x}_2 - \cdots - \frac{c_k}{d}\boldsymbol{x}_k$$

となり，条件 (b) に反する．よって，$d = 0$ である．

(2)　$d = 0$ であるので

$$c_1\boldsymbol{x}_1 + c_2\boldsymbol{x}_2 + \cdots + c_k\boldsymbol{x}_k = \boldsymbol{0}$$

となる．このとき，条件 (a) より，$\boldsymbol{x}_1, \ldots, \boldsymbol{x}_k$ が線形独立であるので

$$c_1 = \cdots = c_k = 0$$

である．結局

$$\begin{aligned} c_1 = c_2 = \cdots &= c_k \\ &= d = 0 \end{aligned}$$

が得られた．よって，$\boldsymbol{x}_1, \boldsymbol{x}_2, \ldots, \boldsymbol{x}_k, \boldsymbol{y}$ は線形独立である．■

確認 例題 3.4

V は K 上の線形空間とし，$\boldsymbol{a}_1, \boldsymbol{a}_2, \ldots, \boldsymbol{a}_k, \boldsymbol{e}_1, \boldsymbol{e}_2, \ldots, \boldsymbol{e}_s \in V$ とし，次の 2 つの条件 (a), (b) が成り立つと仮定する．

(a) V は $\boldsymbol{a}_1, \ldots, \boldsymbol{a}_k$ で生成される．

(b) $\boldsymbol{e}_1, \ldots, \boldsymbol{e}_s$ は線形独立である．

このとき，「必要ならば $\boldsymbol{a}_1, \ldots, \boldsymbol{a}_k$ の中からいくつか元を選んで $\boldsymbol{e}_1, \ldots, \boldsymbol{e}_s$ に付け加えることにより，V の基底を作ることができる」ということを，次の手順にしたがって示せ．

(1) V が $\boldsymbol{e}_1, \ldots, \boldsymbol{e}_s$ で生成されるならば，すでに $\langle \boldsymbol{e}_1, \ldots, \boldsymbol{e}_s \rangle$ が V の基底であることを示せ．

(2) V が $\boldsymbol{e}_1, \ldots, \boldsymbol{e}_s$ で生成されないならば，$\boldsymbol{a}_1, \ldots, \boldsymbol{a}_k$ の中に，$\boldsymbol{e}_1, \ldots, \boldsymbol{e}_s$ の線形結合として表せないものがあることを示せ．**ヒント**：問 3.6.

(3) 上の小問 (2) において，たとえば $\boldsymbol{a}_1$ が $\boldsymbol{e}_1, \ldots, \boldsymbol{e}_s$ の線形結合として表せないとする．このとき，$\boldsymbol{e}_1, \ldots, \boldsymbol{e}_s, \boldsymbol{a}_1$ は線形独立であることを示せ．

(4) 必要ならば $\boldsymbol{a}_1, \ldots, \boldsymbol{a}_k$ の中からいくつか元を選んで $\boldsymbol{e}_1, \ldots, \boldsymbol{e}_s$ に付け加えることにより，V の基底を作ることができることを示せ．

【解答】 (1) **基底の定義**よりしたがう．

(2) V が $\boldsymbol{e}_1, \ldots, \boldsymbol{e}_s$ で生成されないならば，**V の元 x であって，$\boldsymbol{e}_1, \ldots, \boldsymbol{e}_s$ の線形結合として表されないものがある**．一方，条件 (a) より，V の任意の元は $\boldsymbol{a}_1, \ldots, \boldsymbol{a}_k$ の線形結合として表される．よって，**x は $\boldsymbol{a}_1, \ldots, \boldsymbol{a}_k$ の線形結合として表される**．このとき，問 3.6 の結果を用いれば，$\boldsymbol{a}_1, \ldots, \boldsymbol{a}_k$ の中に，$\boldsymbol{e}_1, \ldots, \boldsymbol{e}_s$ の線形結合として表せないものがあることがわかる．

(3) **導入例題 3.6** よりしたがう．

(4) V が $\boldsymbol{e}_1, \ldots, \boldsymbol{e}_s$ で生成されるならば，小問 (1) より，これらは V の基底である．そうでないならば，小問 (2) より，$\boldsymbol{a}_1, \ldots, \boldsymbol{a}_k$ の中に，$\boldsymbol{e}_1, \ldots, \boldsymbol{e}_s$ の線形結合として表せないものがある．それをあらためて $\boldsymbol{e}_{s+1}$ とおくと，小問 (3) より，$\boldsymbol{e}_1, \ldots, \boldsymbol{e}_s, \boldsymbol{e}_{s+1}$ は線形独立である．もし V がこれらの元で生成されるならば，これらは V の基底である．そうでないならば，$\boldsymbol{a}_1, \ldots, \boldsymbol{a}_k$ の中にこれらの元の線形結合として表せないものがあるので，それを付け加える．以下同様に考えれば，最終的に V の基底が得られる． ■

次に，線形独立性，線形従属性の線形写像による影響について考えよう．

導入 例題 3.7

V, V' は K 上の線形空間とする．$T\colon V \to V'$ は線形写像とし，$\boldsymbol{a}_1, \boldsymbol{a}_2, \ldots, \boldsymbol{a}_k \in V$ とする．

(1) $\boldsymbol{a}_1, \boldsymbol{a}_2, \ldots, \boldsymbol{a}_k$ が線形従属ならば，$T(\boldsymbol{a}_1), T(\boldsymbol{a}_2), \ldots, T(\boldsymbol{a}_k)$ も線形従属であることを示せ．

(2) $T(\boldsymbol{a}_1), T(\boldsymbol{a}_2), \ldots, T(\boldsymbol{a}_k)$ が線形独立ならば，$\boldsymbol{a}_1, \boldsymbol{a}_2, \ldots, \boldsymbol{a}_k$ が線形独立であることを示せ．

【解答】 (1) $\boldsymbol{a}_1, \boldsymbol{a}_2, \ldots, \boldsymbol{a}_k$ が線形従属であるので

$$c_1\boldsymbol{a}_1 + c_2\boldsymbol{a}_2 + \cdots + c_k\boldsymbol{a}_k = \boldsymbol{0},$$
$$(c_1, c_2, \ldots, c_k) \neq (0, 0, \ldots, 0)$$

をみたす $c_1, c_2, \ldots, c_k \in K$ が存在する．両辺の T による像を考えると

$$T(c_1\boldsymbol{a}_1 + c_2\boldsymbol{a}_2 + \cdots + c_k\boldsymbol{a}_k) = T(\boldsymbol{0})$$

となるが，T が線形写像であることより

$$T(c_1\boldsymbol{a}_1 + c_2\boldsymbol{a}_2 + \cdots + c_k\boldsymbol{a}_k) = c_1T(\boldsymbol{a}_1) + c_2T(\boldsymbol{a}_2) + \cdots + c_kT(\boldsymbol{a}_k),$$
$$T(\boldsymbol{0}) = \boldsymbol{0}$$

が成り立つ（問 3.3 参照）．したがって

$$c_1T(\boldsymbol{a}_1) + c_2T(\boldsymbol{a}_2) + \cdots + c_kT(\boldsymbol{a}_k) = \boldsymbol{0},$$
$$(c_1, c_2, \ldots, c_k) \neq (0, 0, \ldots, 0)$$

が得られる．よって，$T(\boldsymbol{a}_1), T(\boldsymbol{a}_2), \ldots, T(\boldsymbol{a}_k)$ は線形従属である．

(2) 小問 (1) の対偶をとればよい． ■

確認 例題 3.5

V, V' は K 上の線形空間とし，$T\colon V \to V'$ は同型写像であるとする．$\boldsymbol{a}_1$, $\boldsymbol{a}_2, \ldots, \boldsymbol{a}_k \in V$ に対して

$$\boldsymbol{a}_1, \ldots, \boldsymbol{a}_k$$

が線形独立ならば

$$T(\boldsymbol{a}_1), \ldots, T(\boldsymbol{a}_k)$$

も線形独立であることを示せ．

ヒント：T の逆写像を考えよ．

【解答】 T が同型写像であるので，逆写像 T^{-1} が存在して，T^{-1} もまた線形写像である．導入例題 3.7 (2) を T^{-1} と

$$T(\boldsymbol{a}_1), \ldots, T(\boldsymbol{a}_k)$$

に対して適用すれば

$$T^{-1}(T(\boldsymbol{a}_1))\ (= \boldsymbol{a}_1), \ldots, T^{-1}(T(\boldsymbol{a}_k))\ (= \boldsymbol{a}_k)$$

が線形独立ならば

$$T(\boldsymbol{a}_1), \ldots, T(\boldsymbol{a}_k)$$

も線形独立であることがわかる．■

問 3.7 V, V' は K 上の線形空間とする．$T\colon V \to V'$ は線形写像とし，$\boldsymbol{a}_1, \ldots, \boldsymbol{a}_k \in V$ とする．次の記述は正しいか，それとも誤りか．理由を述べて判定せよ．

「$\boldsymbol{a}_1, \ldots, \boldsymbol{a}_k$ が線形独立ならば，$T(\boldsymbol{a}_1), \ldots, T(\boldsymbol{a}_k)$ も線形独立である．」

次に，K 上の線形空間 V の基底 $E = \langle \boldsymbol{e}_1, \ldots, \boldsymbol{e}_n \rangle$ が定める写像

$$\psi_E : K^n \ni \begin{pmatrix} x_1 \\ \vdots \\ x_n \end{pmatrix} \mapsto \sum_{i=1}^{n} x_i \boldsymbol{e}_i \in V \tag{3.3}$$

について考えよう．

導入 例題 3.8

$\mathbb{R}^3$ の線形部分空間 V を次のように定める．

$$V = \left\{ \begin{pmatrix} x_1 \\ x_2 \\ x_3 \end{pmatrix} \in \mathbb{R}^3 \;\middle|\; x_1 + x_2 + x_3 = 0 \right\}.$$

また，$\boldsymbol{e}_1 = \begin{pmatrix} 1 \\ 0 \\ -1 \end{pmatrix}, \boldsymbol{e}_2 = \begin{pmatrix} 0 \\ 1 \\ -1 \end{pmatrix}$ とする．

(1) $\boldsymbol{e}_1, \boldsymbol{e}_2$ は V の基底をなすことを示せ．

(2) 基底 $E = \langle \boldsymbol{e}_1, \boldsymbol{e}_2 \rangle$ に対して，上述の式 (3.3) の写像 ψ_E はどのような写像か．

【解答】 (1) $\boldsymbol{e}_1, \boldsymbol{e}_2$ は，ともに**成分の総和が 0 であるので，V の元**である．また，実数 c_1, c_2 が $c_1\boldsymbol{e}_1 + c_2\boldsymbol{e}_2 = \boldsymbol{0}$ をみたすとする．このとき，両辺の第1成分と第2成分に着目すれば，$c_1 = c_2 = 0$ が得られる．よって，**$\boldsymbol{e}_1, \boldsymbol{e}_2$ は線形独立である．**

一方，V の任意の元 $\boldsymbol{a} = \begin{pmatrix} a_1 \\ a_2 \\ a_3 \end{pmatrix}$ をとると，$a_3 = -a_1 - a_2$ をみたす．このとき

$$\boldsymbol{a} = \begin{pmatrix} a_1 \\ a_2 \\ -a_1 - a_2 \end{pmatrix} = a_1 \begin{pmatrix} 1 \\ 0 \\ -1 \end{pmatrix} + a_2 \begin{pmatrix} 0 \\ 1 \\ -1 \end{pmatrix} = a_1\boldsymbol{e}_1 + a_2\boldsymbol{e}_2$$

が成り立つ．よって，**V は $\boldsymbol{e}_1, \boldsymbol{e}_2$ で生成される．**

以上のことより，$\boldsymbol{e}_1, \boldsymbol{e}_2$ が V の基底をなすことが示された．

(2) $x_1, x_2 \in \mathbb{R}$ に対して，$x_1\boldsymbol{e}_1 + x_2\boldsymbol{e}_2 = \begin{pmatrix} x_1 \\ x_2 \\ -x_1 - x_2 \end{pmatrix}$ であるので，ψ_E は

$$\psi_E : \mathbb{R}^2 \ni \begin{pmatrix} x_1 \\ x_2 \end{pmatrix} \mapsto \begin{pmatrix} x_1 \\ x_2 \\ -x_1 - x_2 \end{pmatrix} \in V$$

で与えられる写像である． ■

導入 例題 3.9

V は K 上の線形空間とし，$\boldsymbol{a}_1, \boldsymbol{a}_2, \ldots, \boldsymbol{a}_k, \boldsymbol{x} \in V$ とする．いま，$\boldsymbol{a}_1, \ldots, \boldsymbol{a}_k$ は**線形独立**であるとし，$\boldsymbol{x}$ は $\boldsymbol{a}_1, \ldots, \boldsymbol{a}_k$ の線形結合として表されるとする．このとき

$$\boldsymbol{x} = c_1\boldsymbol{a}_1 + c_2\boldsymbol{a}_2 + \cdots + c_k\boldsymbol{a}_k \quad (c_1, c_2, \ldots, c_k \in K)$$

という表し方は 1 通りしかないことを示せ．

【解答】　次式が成り立つとする $(c_1, c_2, \ldots, c_k, d_1, d_2, \ldots, d_k \in K)$．

$$\begin{aligned} \boldsymbol{x} &= c_1\boldsymbol{a}_1 + c_2\boldsymbol{a}_2 + \cdots + c_k\boldsymbol{a}_k \\ &= d_1\boldsymbol{a}_1 + d_2\boldsymbol{a}_2 + \cdots + d_k\boldsymbol{a}_k. \end{aligned}$$

このとき，$\boldsymbol{a}_1, \ldots, \boldsymbol{a}_k$ が**線形独立**であることに注意すれば

$$(c_1 - d_1)\boldsymbol{a}_1 + (c_2 - d_2)\boldsymbol{a}_2 + \cdots + (c_k - d_k)\boldsymbol{a}_k = \boldsymbol{0}$$

より

$$\begin{aligned} c_1 - d_1 &= c_2 - d_2 \\ &= \cdots \\ &= c_k - d_k \\ &= 0 \end{aligned}$$

が得られる．すなわち

$$c_1 = d_1, \ c_2 = d_2, \ \ldots, \ c_k = d_k$$

であるので，$\boldsymbol{x}$ を $\boldsymbol{a}_1, \ldots, \boldsymbol{a}_k$ の線形結合として表す表し方は 1 通りしかない．■

確認 例題 3.6

V は K 上の線形空間とする．V の基底 $E = \langle \boldsymbol{e}_1, \boldsymbol{e}_2, \ldots, \boldsymbol{e}_n \rangle$ に対して，式 (3.3) の写像 $\psi_E \colon K^n \to V$ を考える．

(1) ψ_E は線形写像であることを示せ．

(2) ψ_E は単射であることを示せ．

(3) ψ_E は全射であることを示せ．

(4) ψ_E は同型写像であることを示せ．

【解答】 (1) $\boldsymbol{x} = \begin{pmatrix} x_1 \\ \vdots \\ x_n \end{pmatrix}, \boldsymbol{y} = \begin{pmatrix} y_1 \\ \vdots \\ y_n \end{pmatrix} \in K^n$ とし，$c \in K$ とする．このとき

$$\psi_E(\boldsymbol{x}+\boldsymbol{y}) = \sum_{i=1}^{n}(x_i + y_i)\boldsymbol{e}_i = \sum_{i=1}^{n} x_i\boldsymbol{e}_i + \sum_{i=1}^{n} y_i\boldsymbol{e}_i = \psi_E(\boldsymbol{x}) + \psi_E(\boldsymbol{x}),$$

$$\psi_E(c\boldsymbol{x}) = \sum_{i=1}^{n}(cx_i)\boldsymbol{e}_i = c\sum_{i=1}^{n} x_i\boldsymbol{e}_i = c\psi_E(\boldsymbol{x})$$

が成り立つので，ψ_E は線形写像である．

(2) $\psi_E(\boldsymbol{x}) = \psi_E(\boldsymbol{y})$ が成り立つとすると

$$x_1\boldsymbol{e}_1 + x_2\boldsymbol{e}_2 + \cdots + x_n\boldsymbol{e}_n = y_1\boldsymbol{e}_1 + y_2\boldsymbol{e}_2 + \cdots + y_n\boldsymbol{e}_n$$

となる．$\boldsymbol{e}_1, \boldsymbol{e}_2, \ldots, \boldsymbol{e}_n$ は**線形独立**であるので，導入例題 3.9 により

$$x_1 = y_1, \quad x_2 = y_2, \ \ldots, \ x_n = y_n$$

となる．すなわち，$\boldsymbol{x} = \boldsymbol{y}$ であるので，ψ_E は単射である．

(3) **V の任意の元 $\boldsymbol{z}$ は $\boldsymbol{e}_1, \boldsymbol{e}_2, \ldots, \boldsymbol{e}_n$ の線形結合として表される．**

$$\boldsymbol{z} = c_1\boldsymbol{e}_1 + c_2\boldsymbol{e}_2 + \cdots + c_n\boldsymbol{e}_n \quad (c_1, c_2, \ldots, c_n \in K).$$

そこで，$\boldsymbol{c} = \begin{pmatrix} c_1 \\ \vdots \\ c_n \end{pmatrix} \in K^n$ とおくと

$$\psi_E(\boldsymbol{c}) = c_1\boldsymbol{e}_1 + c_2\boldsymbol{e}_2 + \cdots + c_n\boldsymbol{e}_n = \boldsymbol{z}$$

となる．よって ψ_E は全射である．

(4) 小問 (1), (2), (3) よりしたがう． ■

問 3.8 V は K 上の線形空間とする．V が n 個の元からなる基底を持つならば，V は K^n と同型であることを示せ．

ここで，連立 1 次方程式の理論を線形空間の問題に応用してみよう．

導入 例題 3.10

$$\boldsymbol{a}_1 = \begin{pmatrix} a_{11} \\ a_{21} \\ a_{31} \end{pmatrix}, \boldsymbol{a}_2 = \begin{pmatrix} a_{12} \\ a_{22} \\ a_{32} \end{pmatrix}, \boldsymbol{a}_3 = \begin{pmatrix} a_{13} \\ a_{23} \\ a_{33} \end{pmatrix} \in \mathbb{R}^3 \text{ とし}, A = \begin{pmatrix} \boldsymbol{a}_1 & \boldsymbol{a}_2 & \boldsymbol{a}_3 \end{pmatrix}$$

$\in M(3,3;\mathbb{R})$ とする．このとき，次の 2 つの条件 (a), (b) は同値であることを示せ．

(a) $\boldsymbol{a}_1, \boldsymbol{a}_2, \boldsymbol{a}_3$ は線形従属である．

(b) $\boldsymbol{x} = \begin{pmatrix} x_1 \\ x_2 \\ x_3 \end{pmatrix}$ とするとき，連立 1 次方程式 $A\boldsymbol{x} = \boldsymbol{0}$ が $\boldsymbol{x} = \boldsymbol{0}$ 以外の解を持つ．

【解答】 次式が成り立つことに注意する．

$$A\boldsymbol{x} = \begin{pmatrix} a_{11} & a_{12} & a_{13} \\ a_{21} & a_{22} & a_{23} \\ a_{31} & a_{32} & a_{33} \end{pmatrix} \begin{pmatrix} x_1 \\ x_2 \\ x_3 \end{pmatrix} = \begin{pmatrix} a_{11}x_1 + a_{12}x_2 + a_{13}x_3 \\ a_{21}x_1 + a_{22}x_2 + a_{23}x_3 \\ a_{31}x_1 + a_{32}x_2 + a_{33}x_3 \end{pmatrix}$$

$$= x_1 \begin{pmatrix} a_{11} \\ a_{21} \\ a_{31} \end{pmatrix} + x_2 \begin{pmatrix} a_{12} \\ a_{22} \\ a_{32} \end{pmatrix} + x_3 \begin{pmatrix} a_{13} \\ a_{23} \\ a_{33} \end{pmatrix} = x_1\boldsymbol{a}_1 + x_2\boldsymbol{a}_2 + x_3\boldsymbol{a}_3.$$

$\boldsymbol{a}_1, \boldsymbol{a}_2, \boldsymbol{a}_3$ が線形従属であることは

$$x_1\boldsymbol{a}_1 + x_2\boldsymbol{a}_2 + x_3\boldsymbol{a}_3 = \boldsymbol{0} \quad \text{かつ} \quad (x_1, x_2, x_3) \neq (0, 0, 0)$$

をみたす $x_1, x_2, x_3 \in \mathbb{R}$ が存在することと同値であるが，上の考察より，それは

$$A\boldsymbol{x} = \boldsymbol{0} \quad \text{かつ} \quad \boldsymbol{x} \neq \boldsymbol{0}$$

をみたす $\boldsymbol{x} \in \mathbb{R}^3$ が存在することと同値である．

よって，条件 (a) と条件 (b) は同値である． ■

問 3.9 $\boldsymbol{a}_1 = \begin{pmatrix} 1 \\ 0 \\ 0 \end{pmatrix}, \boldsymbol{a}_2 = \begin{pmatrix} 0 \\ 1 \\ 0 \end{pmatrix}, \boldsymbol{a}_3 = \begin{pmatrix} 0 \\ 0 \\ 0 \end{pmatrix} \in \mathbb{R}^3$ とし，$A = \begin{pmatrix} \boldsymbol{a}_1 & \boldsymbol{a}_2 & \boldsymbol{a}_3 \end{pmatrix}$ とする．さらに，$\boldsymbol{x} = \begin{pmatrix} x_1 \\ x_2 \\ x_3 \end{pmatrix}$ とする．

(1) A の階数は何か．

(2) 連立 1 次方程式 $A\boldsymbol{x} = \boldsymbol{0}$ の一般解を書け．

(3) $\boldsymbol{a}_1, \boldsymbol{a}_2, \boldsymbol{a}_3$ が線形従属であることを確かめよ．

導入 例題 3.11

$A \in M(m,n;K)$, $\boldsymbol{x} = \begin{pmatrix} x_1 \\ x_2 \\ \vdots \\ x_n \end{pmatrix}$ とする．$\mathrm{rank}(A) = r < n$ とすると，連立1次方程式 $A\boldsymbol{x} = \boldsymbol{0}$ は，$(n-r)$ 個の線形独立な非自明解（$\boldsymbol{x} = \boldsymbol{0}$ 以外の解）を持ち，一般解は，それら $(n-r)$ 個の解の線形結合の形に表されることが知られている．このことを特別な場合に確かめたい．

いま，$m=3, n=4, r=2$ とし，A に行基本変形をくり返しほどこして

$$A' = \begin{pmatrix} 1 & a & 0 & b \\ 0 & 0 & 1 & c \\ 0 & 0 & 0 & 0 \end{pmatrix} \quad (a,b,c \in K)$$

という形の階段行列が得られたとする．このとき，上に述べたことが成り立つことを確かめよ．

【解答】 $A\boldsymbol{x} = \boldsymbol{0}$ の一般解は

$$\begin{pmatrix} x_1 \\ x_2 \\ x_3 \\ x_4 \end{pmatrix} = \begin{pmatrix} -a\alpha - b\beta \\ \alpha \\ -c\beta \\ \beta \end{pmatrix} = \alpha \begin{pmatrix} -a \\ 1 \\ 0 \\ 0 \end{pmatrix} + \beta \begin{pmatrix} -b \\ 0 \\ -c \\ 1 \end{pmatrix} \quad (\alpha, \beta \in K)$$

と表される．ここで，$\begin{pmatrix} -a \\ 1 \\ 0 \\ 0 \end{pmatrix}, \begin{pmatrix} -b \\ 0 \\ -c \\ 1 \end{pmatrix}$ は線形独立であるので，確かにこの場合，一般解が $(n-r)$ 個の線形独立な解の線形結合として表されることが確かめられた（いまの場合，$n-r=2$ である）．■

問 3.10　$A \in M(m,n;K)$ とし，$\boldsymbol{x} = \begin{pmatrix} x_1 \\ x_2 \\ \vdots \\ x_n \end{pmatrix}$ に対して，連立1次方程式 $A\boldsymbol{x} = \boldsymbol{0}$ を考える．このとき，$m < n$ ならば，この方程式は非自明な解を持つことを示せ．ただし，導入例題 3.11 で述べた事実は証明なしに用いてよい．

確認 例題 3.7

n 個の m 次元ベクトル

$$\boldsymbol{a}_1, \boldsymbol{a}_2, \ldots, \boldsymbol{a}_n \in K^m$$

を考える．$m < n$ ならば，これらのベクトルは線形従属であることを示せ．

【解答】

$$A = \begin{pmatrix} \boldsymbol{a}_1 & \boldsymbol{a}_2 & \cdots & \boldsymbol{a}_n \end{pmatrix} \in M(m, n; K)$$

とする．導入例題 3.10 と同様の考察により

$$\boldsymbol{x} = \begin{pmatrix} x_1 \\ \vdots \\ x_n \end{pmatrix}$$

に対して，次のことが成り立つことに注意する．

$$\begin{aligned} A\boldsymbol{x} &= \begin{pmatrix} \boldsymbol{a}_1 & \cdots & \boldsymbol{a}_n \end{pmatrix} \begin{pmatrix} x_1 \\ \vdots \\ x_n \end{pmatrix} \\ &= x_1\boldsymbol{a}_1 + \cdots + x_n\boldsymbol{a}_n. \end{aligned}$$

いま，$m < n$ であるので，問 3.10 より

$$A\boldsymbol{x} = \boldsymbol{0}$$

は非自明解を持つ．これは

$$x_1\boldsymbol{a}_1 + \cdots + x_n\boldsymbol{a}_n = \boldsymbol{0},$$
$$(x_1, \ldots, x_n) \neq (0, \ldots, 0)$$

をみたす $x_1, \ldots, x_n \in K$ が存在することを意味する．よって，$\boldsymbol{a}_1, \ldots, \boldsymbol{a}_n$ は線形従属である． ■

確認 例題 3.8

K 上の線形空間 V は m 個の元からなる基底

$$E = \langle \boldsymbol{e}_1, \boldsymbol{e}_2, \ldots, \boldsymbol{e}_m \rangle$$

を持つとする．

(1) $\boldsymbol{b}_1, \boldsymbol{b}_2, \ldots, \boldsymbol{b}_n \in V$ とする．$m < n$ ならば，$\boldsymbol{b}_1, \boldsymbol{b}_2, \ldots, \boldsymbol{b}_n$ は線形従属であることを示せ．

(2) V の任意の基底は m 個の元からなることを示せ．

【解答】 (1) $\psi_E \colon K^m \to V$ を

$$K^m \ni \begin{pmatrix} x_1 \\ \vdots \\ x_m \end{pmatrix} \mapsto x_1\boldsymbol{e}_1 + \cdots + x_m\boldsymbol{e}_m \in V$$

と定めると，ψ_E は同型写像である（確認例題 3.6）．したがって

$$\psi_E(\boldsymbol{a}_1) = \boldsymbol{b}_1, \quad \psi_E(\boldsymbol{a}_2) = \boldsymbol{b}_2, \ \ldots, \ \psi_E(\boldsymbol{a}_n) = \boldsymbol{b}_n$$

をみたす $\boldsymbol{a}_1, \ldots, \boldsymbol{a}_n \in K^m$ が存在する．いま，$m < n$ であるので，確認例題 3.7 より，$\boldsymbol{a}_1, \ldots, \boldsymbol{a}_n$ は線形従属である．さらに，導入例題 3.7 より，$\boldsymbol{b}_1, \ldots, \boldsymbol{b}_n$ も線形従属である．

(2)

$$F = \langle \boldsymbol{f}_1, \ldots, \boldsymbol{f}_n \rangle$$

を V の任意の基底とする．仮に $m < n$ であるとすると，小問 (1) により，$\boldsymbol{f}_1, \ldots, \boldsymbol{f}_n$ は線形従属であるが，これは，これらが V の基底であることに反する．E と F の役割を入れかえて考えれば，仮に $m > n$ であるとしても，やはり矛盾することがわかる．よって

$$m = n$$

である．したがって，V の任意の基底は m 個の元からなる． ■

問 3.11 $A \in M(m, n; K)$ に対して，K^n の線形部分空間 W を

$$W = \{ \boldsymbol{x} \in K^n \mid A\boldsymbol{x} = \boldsymbol{0} \}$$

と定める．

$$\operatorname{rank}(A) = r$$

であるとき，W の次元は何か．導入例題 3.11 に述べた事実を用いて答えよ．

基底の変換行列に関する問題を取り上げよう．

導入 例題 3.12

$$\boldsymbol{e}_1 = \begin{pmatrix} 1 \\ 1 \end{pmatrix}, \quad \boldsymbol{e}_2 = \begin{pmatrix} 2 \\ 1 \end{pmatrix}, \quad \boldsymbol{f}_1 = \begin{pmatrix} 3 \\ 2 \end{pmatrix}, \quad \boldsymbol{f}_2 = \begin{pmatrix} 4 \\ 3 \end{pmatrix} \in \mathbb{R}^2$$

とする． $E = \langle \boldsymbol{e}_1, \boldsymbol{e}_2 \rangle$, $F = \langle \boldsymbol{f}_1, \boldsymbol{f}_2 \rangle$ は，どちらも $\mathbb{R}^2$ の基底である（このことはここでは証明なしに認める）．このとき，基底 E から F への変換行列を求めよ．

【解答】

$$\boldsymbol{f}_1 = x_1\boldsymbol{e}_1 + x_2\boldsymbol{e}_2$$

を連立 1 次方程式とみて解くと，解として

$$x_1 = 1, \quad x_2 = 1$$

が得られる．よって

$$\boldsymbol{f}_1 = \boldsymbol{e}_1 + \boldsymbol{e}_2 \tag{3.4}$$

が成り立つことがわかる．同様の計算により

$$\boldsymbol{f}_2 = 2\boldsymbol{e}_1 + \boldsymbol{e}_2 \tag{3.5}$$

もわかる．**2 つの式 (3.4), (3.5) にあらわれる係数のたてと横を逆にして並べた行列が基底の変換行列である**．よって，求める変換行列は

$$\begin{pmatrix} 1 & 2 \\ 1 & 1 \end{pmatrix}.$$

■

問 3.12　線形空間 V およびその基底 $E = \langle \boldsymbol{e}_1, \boldsymbol{e}_2 \rangle$ は導入例題 3.8 のものとする．さらに，

$$\boldsymbol{f}_1 = \begin{pmatrix} 1 \\ 2 \\ -3 \end{pmatrix}, \quad \boldsymbol{f}_2 = \begin{pmatrix} 1 \\ -1 \\ 0 \end{pmatrix}$$

とし

$$F = \langle \boldsymbol{f}_1, \boldsymbol{f}_2 \rangle$$

とすると，F も V の基底である（このことは，ここでは証明なしに認める）．このとき，基底 E から F への変換行列を求めよ．

確認 例題 3.9

V は K 上の線形空間とし，$E = \langle \boldsymbol{e}_1, \ldots, \boldsymbol{e}_n \rangle$，$F = \langle \boldsymbol{f}_1, \ldots, \boldsymbol{f}_n \rangle$，$G = \langle \boldsymbol{g}_1, \ldots, \boldsymbol{g}_n \rangle$ はいずれも V の基底であるとする．基底 E から F への変換行列を P とすると，次式が成り立つ．

$$(\boldsymbol{f}_1, \ldots, \boldsymbol{f}_n) = (\boldsymbol{e}_1, \ldots, \boldsymbol{e}_n)P.$$

ここで，$(\boldsymbol{e}_1, \ldots, \boldsymbol{e}_n)$ や $(\boldsymbol{f}_1, \ldots, \boldsymbol{f}_n)$ は，形式的に横ベクトルのように扱い，行列をかける演算も通常のものと同様に考える．

(1) さらに，基底 F から G への変換行列を Q とする．このとき，基底 E から G への変換行列は PQ であることを示せ．

(2) P は正則行列であり，基底 F から E への変換行列は P^{-1} であることを示せ．

【解答】 (1)

$$(\boldsymbol{g}_1, \ldots, \boldsymbol{g}_n) = (\boldsymbol{f}_1, \ldots, \boldsymbol{f}_n)Q = ((\boldsymbol{e}_1, \ldots, \boldsymbol{e}_n)P)Q = (\boldsymbol{e}_1, \ldots, \boldsymbol{e}_n)PQ$$

であるので，基底 E から G への変換行列は PQ である．

(2)

$$(\boldsymbol{e}_1, \ldots, \boldsymbol{e}_n) = (\boldsymbol{e}_1, \ldots, \boldsymbol{e}_n)E_n$$

であるので，基底 E から E 自身への変換行列は n 次単位行列 E_n である．いま，基底 F から E への変換行列を R とおき，**小問 (2) の結果を $G = E$ の場合に適用**すれば

$$PR = E_n$$

が成り立つことがわかる．よって，P は正則行列であり

$$R = P^{-1}$$

である． ■

問 3.13 $V = K^n$ とし，$E = \langle \boldsymbol{e}_1, \boldsymbol{e}_2, \ldots, \boldsymbol{e}_n \rangle$ は V の自然基底とする．すなわち

$$\boldsymbol{e}_1 = \begin{pmatrix} 1 \\ 0 \\ \vdots \\ 0 \end{pmatrix}, \ \boldsymbol{e}_2 = \begin{pmatrix} 0 \\ 1 \\ \vdots \\ 0 \end{pmatrix}, \ \ldots, \ \boldsymbol{e}_n = \begin{pmatrix} 0 \\ 0 \\ \vdots \\ 1 \end{pmatrix}$$

とする．一方，$F = \langle \boldsymbol{f}_1, \ldots, \boldsymbol{f}_n \rangle$ も V の基底であるとする．このとき，基底 E から F への変換行列は，ベクトル $\boldsymbol{f}_1, \ldots, \boldsymbol{f}_n$ を並べて得られる行列 $(\, \boldsymbol{f}_1 \ \cdots \ \boldsymbol{f}_n \,)$ と一致することを示せ．

3.3　線形部分空間とその次元

● 線形部分空間を生成する元 ●　V は K 上の線形空間とする．$\boldsymbol{a}_1, \boldsymbol{a}_2, \ldots, \boldsymbol{a}_k \in V$ に対して

$$W = \left\{ \boldsymbol{z} \in V \;\middle|\; \text{ある } c_i \in K \ (1 \leq i \leq k) \text{ が存在して } \boldsymbol{z} = \sum_{i=1}^{k} c_i \boldsymbol{a}_i \right\}$$

は V の線形部分空間である．この W を $\boldsymbol{a}_1, \boldsymbol{a}_2, \ldots, \boldsymbol{a}_k$ によって**生成された**（**張られた**）V の線形部分空間とよぶ．このとき $\dim W \leq k$ である．

さらに，「$\dim W = k \Leftrightarrow \boldsymbol{a}_1, \boldsymbol{a}_2, \ldots, \boldsymbol{a}_k$ が線形独立」が成り立つ．

● 線形部分空間の共通部分・和空間 ●　V の線形部分空間 W_1, W_2 に対し，その**共通部分** $W_1 \cap W_2$ も V の線形部分空間である．また，W_1 と W_2 の**和空間** $W_1 + W_2$ を

$$W_1 + W_2 = \{ \boldsymbol{z} \in V \mid \text{ある } \boldsymbol{x}_i \in W_i \ (i = 1, 2) \text{ が存在して } \boldsymbol{z} = \boldsymbol{x}_1 + \boldsymbol{x}_2 \}$$

と定める．$W_1 + W_2$ も V の線形部分空間である．このとき

$$\dim(W_1 + W_2) = \dim W_1 + \dim W_2 - \dim(W_1 \cap W_2)$$

が成り立つ．3つ以上の線形部分空間の和空間も同様に定義する．

● 直　和 ●　W_1, W_2 は V の線形部分空間で，$V = W_1 + W_2$ をみたすものとする．

W_1 の基底 $\langle \boldsymbol{e}_1, \boldsymbol{e}_2, \ldots, \boldsymbol{e}_r \rangle$ と W_2 の基底 $\langle \boldsymbol{f}_1, \boldsymbol{f}_2, \ldots, \boldsymbol{f}_s \rangle$ をつなぎ合わせて，V の基底 $\langle \boldsymbol{e}_1, \boldsymbol{e}_2, \ldots, \boldsymbol{e}_r, \boldsymbol{f}_1, \boldsymbol{f}_2, \ldots, \boldsymbol{f}_s \rangle$ が作れるとき，V は W_1, W_2 の**直和**であるといい，$V = W_1 \oplus W_2$ と表す．このとき，$\dim V = \dim W_1 + \dim W_2$ である．3つ以上の線形部分空間の直和も同様に定義する．

● 具体的に与えられた線形部分空間の基底と次元 ●

- $A \in M(m, n; K)$ とし，$\mathrm{rank}(A) = r$ とするとき
$$V = \{ \boldsymbol{x} \in K^n \mid A\boldsymbol{x} = \boldsymbol{0} \}$$
は K^n の線形部分空間であり，$\dim V = n - r$ である．A に行基本変形をほどこして階段行列に変形することによって，V の基底を求めることができる．
- K^n の線形空間 W が $\boldsymbol{b}_1, \boldsymbol{b}_2, \ldots, \boldsymbol{b}_k$ で生成されているとする．これらのベクトルを並べて作られる行列を $B = (\, \boldsymbol{b}_1 \ \cdots \ \boldsymbol{b}_k \,)$ とすると
$$\dim W = \mathrm{rank}(B)$$
という関係が成り立つ．行列 B に対して列基本変形をほどこすことによって，W の基底を求めることができる．

問題演習のねらい 線形空間の線形部分空間の次元について考え，具体的に与えられた線形部分空間の基底を求めよう！

導入 例題 3.13

V は K 上の線形空間とする．V の元 $\boldsymbol{a}_1$, $\boldsymbol{a}_2$, $\boldsymbol{a}_3$ に対して，V の部分集合 W を次のように定める．

$$W = \{\, c_1\boldsymbol{a}_1 + c_2\boldsymbol{a}_2 + c_3\boldsymbol{a}_3 \mid c_1, c_2, c_3 \in K \,\}.$$

(1)　W は V の線形部分空間であることを示せ．

(2)　$\dim W \leq 3$ であることを示せ．

(3)　「$\dim W = 3 \Leftrightarrow \boldsymbol{a}_1, \boldsymbol{a}_2, \boldsymbol{a}_3$ が線形独立」が成り立つことを示せ．

【解答】　(1)　$W \ni 0 \cdot \boldsymbol{a}_1 + 0 \cdot \boldsymbol{a}_2 + 0 \cdot \boldsymbol{a}_3 = \boldsymbol{0}$ より，W は空集合でない．いま，$\boldsymbol{z}, \boldsymbol{w} \in W, c \in K$ とすると

$$\boldsymbol{z} = c_1\boldsymbol{a}_1 + c_2\boldsymbol{a}_2 + c_3\boldsymbol{a}_3, \quad \boldsymbol{w} = d_1\boldsymbol{a}_1 + d_2\boldsymbol{a}_2 + d_3\boldsymbol{a}_3 \quad (c_i, d_i \in K)$$

と表せる．このとき

$$\boldsymbol{z} + \boldsymbol{w} = (c_1 + d_1)\boldsymbol{a}_1 + (c_2 + d_2)\boldsymbol{a}_2 + (c_3 + d_3)\boldsymbol{a}_3,$$
$$c\boldsymbol{z} = cc_1\boldsymbol{a}_1 + cc_2\boldsymbol{a}_2 + cc_3\boldsymbol{a}_3$$

であるので，$\boldsymbol{z} + \boldsymbol{w}, c\boldsymbol{z} \in W$ である．よって，W は V の線形部分空間である．

(2)　**W は $\boldsymbol{a}_1, \boldsymbol{a}_2, \boldsymbol{a}_3$ で生成されているので，この中からいくつか元を選んで W の基底を作ることができる**（確認例題 3.4 参照）．よって，W の基底は3つ以下の元からなる．すなわち，$\dim W \leq 3$ である．

(3)　小問 (2) のように W の基底を作るとき，**$\dim W = 3$ であることは，3つの元 $\boldsymbol{a}_1, \boldsymbol{a}_2, \boldsymbol{a}_3$ が W の基底であることを意味する**．このとき，これらは線形独立である．逆に，これらが線形独立ならば，これらは W の基底であり，$\dim W = 3$ である．■

確認 例題 3.10

V は K 上の線形空間とする．さらに，$\dim V = n$ とする．V の n 個の元 $\boldsymbol{a}_1$, $\boldsymbol{a}_2, \ldots, \boldsymbol{a}_n$ が線形独立ならば，V はこの n 個の元で生成され，この n 個の元は V の基底をなすことを示せ．

【解答】　n 個の元 $\boldsymbol{a}_1, \ldots, \boldsymbol{a}_n$ で生成された V の線形部分空間を W とする．これら n 個の元が線形独立であるので，これらは W の基底であり，$\dim W = n$ である（導入例題 3.13 参照）．さらに，$\dim V = n$ であるので，$\langle \boldsymbol{a}_1, \ldots, \boldsymbol{a}_n \rangle$ は V の基底でもある（したがって，$W = V$ である）．■

確認 例題 3.11

$\boldsymbol{a}_1, \boldsymbol{a}_2, \boldsymbol{a}_3 \in \mathbb{R}^3$ を並べて，3 次正方行列 $A = (\, \boldsymbol{a}_1 \quad \boldsymbol{a}_2 \quad \boldsymbol{a}_3 \,)$ を作る．このとき，次の条件は同値であることを示せ．ただし，導入例題 3.11 で述べた事実は証明なしに用いてよい．

(a)　A は正則行列である．
(b)　$\mathrm{rank}(A) = 3$ である．
(c)　$\det A \neq 0$ である．
(d)　$A\boldsymbol{x} = \boldsymbol{0}$ をみたす $\boldsymbol{x} \in \mathbb{R}^3$ は $\boldsymbol{x} = \boldsymbol{0}$ のみである．
(e)　$\boldsymbol{a}_1, \boldsymbol{a}_2, \boldsymbol{a}_3$ は線形独立である．
(f)　$\langle \boldsymbol{a}_1, \boldsymbol{a}_2, \boldsymbol{a}_3 \rangle$ は $\mathbb{R}^3$ の基底である．

【解答】 確認例題 1.16 より，(a) と (b) は同値である．また，問 2.23 と問 2.26 をあわせれば，(a) と (c) が同値であることがわかる．したがって，3 つの条件 (a), (b), (c) は同値である．

次に，(b) ⇔ (d) を示す．導入例題 3.11 で述べた事実により，$\mathrm{rank}(A) < 3$ ならば

$$A\boldsymbol{x} = \boldsymbol{0} \quad \text{かつ} \quad \boldsymbol{x} \neq \boldsymbol{0}$$

をみたす $\boldsymbol{x} \in \mathbb{R}^3$ が存在する．また，$\mathrm{rank}(A) = 3$ ならば，A は正則行列である．このとき，$\boldsymbol{x} \in \mathbb{R}^3$ が $A\boldsymbol{x} = \boldsymbol{0}$ をみたすならば，両辺に左から A^{-1} をかければ

$$\boldsymbol{x} = \boldsymbol{0}$$

が得られる．よって，(b) と (d) は同値である．

さらに，導入例題 3.10 より，(d) と (e) は同値である．

最後に，(e) ⇔ (f) を示す．基底の定義より (f) ⇒ (e) がしたがう．逆に，確認例題 3.10 より，(e) ⇒ (f) がしたがう．

以上のことより，(a) から (f) までの条件がすべて同値であることが示された．■

問 3.14　$\boldsymbol{a}_1 = \begin{pmatrix} 2 \\ 1 \\ 1 \end{pmatrix}, \boldsymbol{a}_2 = \begin{pmatrix} 2 \\ 2 \\ 1 \end{pmatrix}, \boldsymbol{a}_3 = \begin{pmatrix} 1 \\ 1 \\ 1 \end{pmatrix}$ とする．$A = (\, \boldsymbol{a}_1 \quad \boldsymbol{a}_2 \quad \boldsymbol{a}_3 \,)$ とする．$\langle \boldsymbol{a}_1, \boldsymbol{a}_2, \boldsymbol{a}_3 \rangle$ が $\mathbb{R}^3$ の基底であることを，次の 3 通りの方法によって確かめよ．

(1)　$\boldsymbol{a}_1, \boldsymbol{a}_2, \boldsymbol{a}_3$ が線形独立であることを定義から直接確かめる方法．
(2)　$\mathrm{rank}(A)$ を調べる方法．
(3)　$\det A$ を調べる方法．

線形部分空間の共通部分や和空間についても軽く触れておこう．

導入 例題 3.14

V は K 上の線形空間とし，W_1, W_2 は V の線形部分空間とする．このとき，$W_1 \cap W_2$ も V の線形部分空間であることを示せ．

【解答】 (1)　$\mathbf{0} \in W_1 \cap W_2$ より，$W_1 \cap W_2 \neq \emptyset$．いま，$\boldsymbol{x}, \boldsymbol{y} \in W_1 \cap W_2, c \in K$ とすると，$\boldsymbol{x}, \boldsymbol{y} \in W_1$ であり，W_1 が V の線形部分空間であるので，$\boldsymbol{x}+\boldsymbol{y} \in W_1$，$c\boldsymbol{x} \in W_1$．同様に $\boldsymbol{x}+\boldsymbol{y} \in W_2$，$c\boldsymbol{x} \in W_2$ であるので，$\boldsymbol{x}+\boldsymbol{y} \in W_1 \cap W_2$，$c\boldsymbol{x} \in W_1 \cap W_2$．よって，$W_1 \cap W_2$ は V の線形部分空間である．■

確認 例題 3.12

$\mathbb{R}^2$ の線形部分空間 W_1, W_2 を次のように定める．

$$W_1 = \left\{ \begin{pmatrix} x_1 \\ x_2 \end{pmatrix} \in \mathbb{R}^2 \;\middle|\; x_2 = 0 \right\}, \quad W_2 = \left\{ \begin{pmatrix} x_1 \\ x_2 \end{pmatrix} \in \mathbb{R}^2 \;\middle|\; x_1 = 0 \right\}.$$

このとき，$W_1 + W_2 = \mathbb{R}^2$ であることを示せ．

【解答】 $\mathbb{R}^2$ の任意の元 $\boldsymbol{a} = \begin{pmatrix} a_1 \\ a_2 \end{pmatrix}$ は，W_1 の元 $\begin{pmatrix} a_1 \\ 0 \end{pmatrix}$ と W_2 の元 $\begin{pmatrix} 0 \\ a_2 \end{pmatrix}$ の和として表されるので，$W_1 + W_2$ に属する．よって，$W_1 + W_2 = \mathbb{R}^2$ である．■

次に，K^n の線形部分空間の基底を求める問題に取り組もう．

導入 例題 3.15

$A \in M(m, n; K)$, $\mathrm{rank}(A) = r$ とし，$W = \{\boldsymbol{x} \in K^n \mid A\boldsymbol{x} = \mathbf{0}\}$ とする．いま，W の $(n-r)$ 個の元 $\boldsymbol{x}_1, \boldsymbol{x}_2, \ldots, \boldsymbol{x}_{n-r}$ が次の性質 (P) を持つとする．

(P)：「$A\boldsymbol{x} = \mathbf{0}$ をみたす任意のベクトル $\boldsymbol{x} \in K^n$ は，$\boldsymbol{x}_1, \boldsymbol{x}_2, \ldots, \boldsymbol{x}_{n-r}$ の線形結合として表される．」

このとき，$\boldsymbol{x}_1, \boldsymbol{x}_2, \ldots, \boldsymbol{x}_{n-r}$ は W の基底をなすことを示せ．

【解答】 性質 (P) より，**W は $\boldsymbol{x}_1, \boldsymbol{x}_2, \ldots, \boldsymbol{x}_{n-r}$ で生成される**．よって，この中のいくつかが W の基底をなすが，$\dim W = n - r$ であるので（問 3.11 参照），これら $(n-r)$ 個の元 $\boldsymbol{x}_1, \boldsymbol{x}_2, \ldots, \boldsymbol{x}_{n-r}$ が W の基底をなす．■

確認 例題 3.13

$A = \begin{pmatrix} 1 & 2 & -1 & 1 \\ 1 & 2 & 0 & 3 \\ 2 & 4 & 0 & 6 \end{pmatrix}$ のとき $\mathbb{R}^4$ の線形部分空間 $W = \{\, \boldsymbol{x} \in \mathbb{R}^4 \mid A\boldsymbol{x} = \boldsymbol{0} \,\}$ の基底を 1 組求めよ．

【解答】 A に行基本変形をくり返しほどこして，階段行列を作る．

$$\begin{pmatrix} 1 & 2 & -1 & 1 \\ 1 & 2 & 0 & 3 \\ 2 & 4 & 0 & 6 \end{pmatrix} \xrightarrow[R_3-2R_1]{R_2-R_1} \begin{pmatrix} 1 & 2 & -1 & 1 \\ 0 & 0 & 1 & 2 \\ 0 & 0 & 2 & 4 \end{pmatrix} \xrightarrow[R_3-2R_2]{R_1+R_2} \begin{pmatrix} 1 & 2 & 0 & 3 \\ 0 & 0 & 1 & 2 \\ 0 & 0 & 0 & 0 \end{pmatrix}.$$

このことより，$\mathrm{rank}(A) = 2$ であり，$\dim W = 4 - 2 = 2$ であることがわかる．

また，$\boldsymbol{x} = \begin{pmatrix} x_1 \\ x_2 \\ x_3 \\ x_4 \end{pmatrix}$ に対して連立 1 次方程式 $A\boldsymbol{x} = \boldsymbol{0}$ を考えると，一般解は

$$\begin{pmatrix} x_1 \\ x_2 \\ x_3 \\ x_4 \end{pmatrix} = \begin{pmatrix} -2\alpha - 3\beta \\ \alpha \\ -2\beta \\ \beta \end{pmatrix} = \alpha \begin{pmatrix} -2 \\ 1 \\ 0 \\ 0 \end{pmatrix} + \beta \begin{pmatrix} -3 \\ 0 \\ -2 \\ 1 \end{pmatrix} \qquad (\alpha, \beta \in \mathbb{R})$$

で与えられる．ここで，$\boldsymbol{b}_1 = \begin{pmatrix} -2 \\ 1 \\ 0 \\ 0 \end{pmatrix}$, $\boldsymbol{b}_2 = \begin{pmatrix} -3 \\ 0 \\ -2 \\ 1 \end{pmatrix}$ とおけば，$\boldsymbol{b}_1$, $\boldsymbol{b}_2 \in W$ であり，この 2 つのベクトルによって 2 次元の線形空間 W が生成される．

したがって，導入例題 3.15 より，$\langle \boldsymbol{b}_1, \boldsymbol{b}_2 \rangle$ は W の基底である． ■

問 3.15 $A = \begin{pmatrix} 1 & -1 & 1 & -1 & -2 \\ 0 & 1 & -2 & 1 & -1 \\ 2 & 0 & -2 & 1 & -7 \end{pmatrix}$ とする．$W = \{\, \boldsymbol{x} \in \mathbb{R}^5 \mid A\boldsymbol{x} = \boldsymbol{0} \,\}$ の基底を 1 組求めよ．

問 3.16 $\mathbb{R}^4$ の線形部分空間 W_1, W_2 を次のように定める．

$$W_1 = \left\{ \begin{pmatrix} x_1 \\ x_2 \\ x_3 \\ x_4 \end{pmatrix} \in \mathbb{R}^4 \;\middle|\; x_1 + x_2 + x_3 + x_4 = 0 \right\},$$

$$W_2 = \left\{ \begin{pmatrix} x_1 \\ x_2 \\ x_3 \\ x_4 \end{pmatrix} \in \mathbb{R}^4 \;\middle|\; x_1 + 2x_2 + 3x_3 + 4x_4 = 0 \right\}.$$

このとき，$W_1 \cap W_2$ の基底を 1 組求めよ．

別のタイプの線形部分空間についても考えてみよう．

導入 例題 3.16

$A \in M(m, n; K)$ に対して，K^m の部分集合 W_A を次のように定める．

$$W_A = \{ A\boldsymbol{x} \mid \boldsymbol{x} \in K^n \}$$
$$= \{ \boldsymbol{z} \in K^m \mid \text{ある } \boldsymbol{x} \in K^n \text{が存在して } \boldsymbol{z} = A\boldsymbol{x} \}.$$

このとき，W_A は K^m の線形部分空間であることを示せ．

【解答】

$$\mathbf{0} = A \cdot \mathbf{0} \in W_A$$

より

$$W_A \neq \emptyset.$$

いま，$\boldsymbol{z}, \boldsymbol{w} \in W_A, c \in K$ とすると

$$\boldsymbol{z} = A\boldsymbol{x},\ \boldsymbol{w} = A\boldsymbol{y} \quad (\boldsymbol{x}, \boldsymbol{y} \in K^n)$$

と表せる．このとき

$$\boldsymbol{z} + \boldsymbol{w} = A(\boldsymbol{x} + \boldsymbol{y}) \in W_A,$$
$$c\boldsymbol{z} = A(c\boldsymbol{x}) \in W_A$$

となる．よって，W_A は K^m の線形部分空間である． ■

問 3.17 K, A, W_A は導入例題 3.16 のものとする．さらに $A = (\boldsymbol{a}_1 \quad \boldsymbol{a}_2 \quad \cdots \quad \boldsymbol{a}_n)$ とする．

(1) $\boldsymbol{a}_1, \boldsymbol{a}_2, \ldots, \boldsymbol{a}_n \in W_A$ を示せ．

(2) W_A は $\boldsymbol{a}_1, \boldsymbol{a}_2, \ldots, \boldsymbol{a}_n$ で生成されることを示せ．

ヒント：K^n の基本ベクトル $\boldsymbol{e}_1, \boldsymbol{e}_2, \ldots, \boldsymbol{e}_n$ に対して，$A\boldsymbol{e}_i = \boldsymbol{a}_i$ $(1 \leq i \leq n)$．

問 3.18

$$\boldsymbol{a}_1, \boldsymbol{a}_2, \ldots, \boldsymbol{a}_n \in K^m$$

とし

$$A = (\boldsymbol{a}_1 \quad \boldsymbol{a}_2 \quad \cdots \quad \boldsymbol{a}_n)$$

とする．$\boldsymbol{a}_1, \boldsymbol{a}_2, \ldots, \boldsymbol{a}_n$ で生成された K^m の線形部分空間を W とするとき，$W = W_A$ が成り立つことを示せ．ここで，W_A は導入例題 3.16 のものとする．

導入 例題 3.17

$A = (\boldsymbol{a}_1 \ \ \boldsymbol{a}_2 \ \ \cdots \ \ \boldsymbol{a}_n) \in M(m, n; K)$ とし，$\mathrm{rank}(A) = r$ とする．このとき，A に列基本変形をくり返しほどこすことによって，階段行列を転置した形の行列 $B = (\boldsymbol{b}_1 \ \ \boldsymbol{b}_2 \ \ \cdots \ \ \boldsymbol{b}_n)$ が得られ，さらに次の (a), (b) が成り立つことが知られている．

(a)　$\boldsymbol{b}_1, \boldsymbol{b}_2, \ldots, \boldsymbol{b}_r$ は線形独立である．

(b)　$\boldsymbol{b}_{r+1} = \cdots = \boldsymbol{b}_n = \boldsymbol{0}$.

このことを具体例に即して確かめてみたい．

(1)　$A = \begin{pmatrix} 1 & 0 & 2 & 1 \\ 2 & 0 & 4 & 2 \\ 2 & 1 & 4 & 3 \\ 2 & 1 & 5 & 5 \end{pmatrix}$ に列基本変形をくり返しほどこして，階段行列を転置した形の行列 $B = (\boldsymbol{b}_1 \ \ \boldsymbol{b}_2 \ \ \boldsymbol{b}_3 \ \ \boldsymbol{b}_4)$ を作れ．また，この場合の r（A の階数）は何か．

(2)　$\boldsymbol{b}_1, \boldsymbol{b}_2, \ldots, \boldsymbol{b}_r$ が線形独立であることを確かめよ．

【解答】　(1)　次のように変形すればよい．また，$r = 3$ である．

$$\begin{pmatrix} 1 & 0 & 2 & 1 \\ 2 & 0 & 4 & 2 \\ 2 & 1 & 4 & 3 \\ 2 & 1 & 5 & 5 \end{pmatrix} \xrightarrow[C_4 - C_1]{C_3 - 2C_1} \begin{pmatrix} 1 & 0 & 0 & 0 \\ 2 & 0 & 0 & 0 \\ 2 & 1 & 0 & 1 \\ 2 & 1 & 1 & 3 \end{pmatrix}$$

$$\xrightarrow[C_4 - C_2]{C_1 - 2C_2} \begin{pmatrix} 1 & 0 & 0 & 0 \\ 2 & 0 & 0 & 0 \\ 0 & 1 & 0 & 0 \\ 0 & 1 & 1 & 2 \end{pmatrix} \xrightarrow[C_4 - 2C_3]{C_2 - C_3} \begin{pmatrix} 1 & 0 & 0 & 0 \\ 2 & 0 & 0 & 0 \\ 0 & 1 & 0 & 0 \\ 0 & 0 & 1 & 0 \end{pmatrix}.$$

(2)

$$c_1\boldsymbol{b}_1 + c_2\boldsymbol{b}_2 + c_3\boldsymbol{b}_3 = c_1 \begin{pmatrix} 1 \\ 2 \\ 0 \\ 0 \end{pmatrix} + c_2 \begin{pmatrix} 0 \\ 0 \\ 1 \\ 0 \end{pmatrix} + c_3 \begin{pmatrix} 0 \\ 0 \\ 0 \\ 1 \end{pmatrix} = \begin{pmatrix} 0 \\ 0 \\ 0 \\ 0 \end{pmatrix}$$

と仮定する．このとき，第 1 成分，第 3 成分，第 4 成分に着目すると，$c_1 = c_2 = c_3 = 0$ が得られる．したがって，$\boldsymbol{b}_1, \boldsymbol{b}_2, \boldsymbol{b}_3$ は線形独立である．■

確認 例題 3.14

$A \in M(m,n;K)$ とし，$\mathrm{rank}(A) = r$ とする．A に列基本変形をくり返しほどこし，導入例題 3.17 の条件 (a), (b) をみたす行列 $B = (\, \boldsymbol{b}_1 \ \cdots \ \boldsymbol{b}_n \,)$ を作る．W_A, W_B をそれぞれ次のように定める．

$$W_A = \{A\boldsymbol{x} \mid \boldsymbol{x} \in K^n\}, \quad W_B = \{B\boldsymbol{x} \mid \boldsymbol{x} \in K^n\}.$$

(1)　$W_A = W_B$ を示せ．

(2)　$\langle \boldsymbol{b}_1, \ldots, \boldsymbol{b}_r \rangle$ は W_A の基底であり，$\dim W_A = \mathrm{rank}(A)$ であることを示せ．

【解答】　(1)　A にほどこした列基本変形に対応する基本行列の積を P とすれば，$B = AP$ が成り立つ．このとき，**W_A の元 $A\boldsymbol{x}$ に対して**

$$A\boldsymbol{x} = APP^{-1}\boldsymbol{x} = B(P^{-1}\boldsymbol{x}) \in W_B$$

が成り立つ．また，**W_B の元 $B\boldsymbol{y}$ に対して**

$$B\boldsymbol{y} = A(P\boldsymbol{y}) \in W_A$$

も成り立つ．よって，$W_A = W_B$ である．

(2)　問 3.17 より，W_B は $\boldsymbol{b}_1, \ldots, \boldsymbol{b}_n$ で生成される．いま

$$\boldsymbol{b}_{r+1} = \cdots = \boldsymbol{b}_n = \boldsymbol{0}$$

であり，また，小問 (1) より $W_A = W_B$ であるので，W_A は $\boldsymbol{b}_1, \ldots, \boldsymbol{b}_r$ で生成される．さらに $\boldsymbol{b}_1, \ldots, \boldsymbol{b}_r$ は線形独立であるので，これら r 個の元は W_A の基底をなし，

$$\dim W_A = r = \mathrm{rank}(A)$$

である．■

問 3.19

$$A = \begin{pmatrix} 1 & 1 & 0 & 2 \\ 3 & 3 & 0 & 6 \\ 1 & 2 & 2 & 2 \end{pmatrix}$$

とするとき，$W_A = \left\{A\boldsymbol{x} \mid \boldsymbol{x} \in \mathbb{R}^4\right\}$ の基底を 1 組求めよ．

問 3.20

$$\boldsymbol{a}_1 = \begin{pmatrix} 1 \\ 3 \\ 1 \end{pmatrix}, \quad \boldsymbol{a}_2 = \begin{pmatrix} 1 \\ 3 \\ 2 \end{pmatrix}, \quad \boldsymbol{a}_3 = \begin{pmatrix} 0 \\ 0 \\ 2 \end{pmatrix}, \quad \boldsymbol{a}_4 = \begin{pmatrix} 2 \\ 6 \\ 2 \end{pmatrix}$$

で生成された $\mathbb{R}^3$ の線形部分空間 W の基底を 1 組求めよ．

3.4 線形写像と表現行列

●表現行列● V, V' は K 上の線形空間とし，$T\colon V \to V'$ は線形写像とする．$E = \langle \boldsymbol{e}_1, \boldsymbol{e}_2, \ldots, \boldsymbol{e}_n \rangle$ は V の基底とし，$E' = \langle \boldsymbol{e}'_1, \boldsymbol{e}'_2, \ldots, \boldsymbol{e}'_m \rangle$ は V' の基底とする．

$$\begin{cases} T(\boldsymbol{e}_1) = a_{11}\boldsymbol{e}'_1 + a_{21}\boldsymbol{e}'_2 + \cdots + a_{m1}\boldsymbol{e}'_m \\ T(\boldsymbol{e}_2) = a_{12}\boldsymbol{e}'_1 + a_{22}\boldsymbol{e}'_2 + \cdots + a_{m2}\boldsymbol{e}'_m \\ \qquad\vdots \\ T(\boldsymbol{e}_n) = a_{1n}\boldsymbol{e}'_1 + a_{2n}\boldsymbol{e}'_2 + \cdots + a_{mn}\boldsymbol{e}'_m \end{cases}$$

という関係が成り立つとき，$A = \begin{pmatrix} a_{11} & a_{12} & \cdots & a_{1n} \\ a_{21} & a_{22} & \cdots & a_{2n} \\ \vdots & \vdots & \ddots & \vdots \\ a_{m1} & a_{m2} & \cdots & a_{mn} \end{pmatrix}$ を**基底** E, E' **に関する** T **の表現行列**（**行列表示**）とよぶ．

$T(\boldsymbol{e}_1), T(\boldsymbol{e}_2), \ldots, T(\boldsymbol{e}_n)$ や $\boldsymbol{e}'_1, \boldsymbol{e}'_2, \ldots, \boldsymbol{e}'_m$ を横に並べて，形式的に横ベクトルのように表すと，次式が成り立つ．

$$\big(T(\boldsymbol{e}_1), T(\boldsymbol{e}_2), \ldots, T(\boldsymbol{e}_n)\big) = (\boldsymbol{e}'_1, \boldsymbol{e}'_2, \ldots, \boldsymbol{e}'_m)A.$$

●基底の変換と表現行列● $T\colon V \to V'$ は線形写像とする．E, F は V の基底とし，E', F' は V' の基底とする．基底 E, E' に関する T の表現行列を A とし，基底 F, F' に関する T の表現行列を B とする．また，V の基底 E から F への変換行列を P とし，V' の基底 E' から F' への変換行列を Q とする．このとき

$$B = Q^{-1}AP$$

が成り立つ．

●次元定理● 線形写像 $T\colon V \to V'$ に対して

$$\mathrm{Im}(T) = \left\{ \boldsymbol{y} \in V' \;\middle|\; \text{ある } \boldsymbol{x} \in V \text{ が存在して } \boldsymbol{y} = T(\boldsymbol{x}) \right\}$$

を T の**像**とよぶ．$\mathrm{Im}(T)$ は V' の線形部分空間である．また

$$\mathrm{Ker}(T) = \left\{ \boldsymbol{x} \in V \;\middle|\; T(\boldsymbol{x}) = \boldsymbol{0} \right\}$$

を T の**核**とよぶ．$\mathrm{Ker}(T)$ は V の線形部分空間である．

このとき，次式が成り立つ（**次元定理**）．

$$\dim V = \dim \mathrm{Ker}(T) + \dim \mathrm{Im}(T).$$

●線形写像の像の次元と表現行列の階数● 線形写像 $T\colon V \to V'$ の像 $\mathrm{Im}(T)$ の次元は，T の任意の表現行列の階数と等しい．

行列 A の階数は，A の線形独立な列ベクトル（行ベクトル）の最大個数と等しい．

問題演習のねらい 線形写像とその表現行列の関係をしっかりと理解しよう！

導入 例題 3.18

（名古屋工業大学大学院工学研究科入試問題：一部抜粋・改題）

$\mathbb{R}^2 = \left\{ \begin{pmatrix} x \\ y \end{pmatrix} \middle| \, x, y \in \mathbb{R} \right\}$ から $\mathbb{R}^3 = \left\{ \begin{pmatrix} X \\ Y \\ Z \end{pmatrix} \middle| \, X, Y, Z \in \mathbb{R} \right\}$ への線形写像 $f\colon \mathbb{R}^2 \to \mathbb{R}^3$ は

$$\mathbb{R}^2 \ni \begin{pmatrix} x \\ y \end{pmatrix} \mapsto \begin{pmatrix} 3x+2y \\ x-4y \\ 2x+y \end{pmatrix} \in \mathbb{R}^3$$

として与えられている．$\mathbb{R}^2$ の基底

$$G = \left\langle \boldsymbol{g}_1 = \begin{pmatrix} -1 \\ 1 \end{pmatrix}, \boldsymbol{g}_2 = \begin{pmatrix} 2 \\ -1 \end{pmatrix} \right\rangle$$

および，$\mathbb{R}^3$ の基底

$$G' = \left\langle \boldsymbol{g}'_1 = \begin{pmatrix} 1 \\ -2 \\ 3 \end{pmatrix}, \boldsymbol{g}'_2 = \begin{pmatrix} 0 \\ 1 \\ -1 \end{pmatrix}, \boldsymbol{g}'_3 = \begin{pmatrix} 1 \\ 0 \\ 2 \end{pmatrix} \right\rangle$$

をとる（これらが基底であることは，ここでは証明なしに認めることにする）．基底 G, G' に関する f の表現行列 A を求めよ．

【解答】 $f(\boldsymbol{g}_1) = \begin{pmatrix} -1 \\ -5 \\ -1 \end{pmatrix}$, $f(\boldsymbol{g}_2) = \begin{pmatrix} 4 \\ 6 \\ 3 \end{pmatrix}$ である．そこで

$$\begin{pmatrix} -1 \\ -5 \\ -1 \end{pmatrix} = a_{11} \begin{pmatrix} 1 \\ -2 \\ 3 \end{pmatrix} + a_{21} \begin{pmatrix} 0 \\ 1 \\ -1 \end{pmatrix} + a_{31} \begin{pmatrix} 1 \\ 0 \\ 2 \end{pmatrix}$$

をみたす a_{11}, a_{21}, a_{31} を求めるために，これを連立1次方程式とみて解けば

$$a_{11} = 4, \quad a_{21} = 3, \quad a_{31} = -5$$

が得られる．同様に，$f(\boldsymbol{g}_2) = a_{12}\boldsymbol{g}'_1 + a_{22}\boldsymbol{g}'_2 + a_{32}\boldsymbol{g}'_3$ をみたす a_{12}, a_{22}, a_{32} は

$$a_{12} = -1, \quad a_{22} = 4, \quad a_{32} = 5$$

である．よって求める表現行列は $\begin{pmatrix} a_{11} & a_{12} \\ a_{21} & a_{22} \\ a_{31} & a_{32} \end{pmatrix} = \begin{pmatrix} 4 & -1 \\ 3 & 4 \\ -5 & 5 \end{pmatrix}$ である． ■

問 3.21　（名古屋工業大学大学院工学研究科入試問題：一部抜粋・改題）

導入例題 3.18 の状況において，$\mathbb{R}^2$ の別の基底 $H = \langle \boldsymbol{h}_1, \boldsymbol{h}_2 \rangle$ と $\mathbb{R}^3$ の基底 G' に関する f の表現行列は $\begin{pmatrix} 2 & 13 \\ 11 & 24 \\ 5 & -5 \end{pmatrix}$ である．このとき基底 H を求めよ．

問 3.22　$A \in M(m, n; K)$ に対して，写像 $T_A : K^n \to K^m$ を

$$T_A(\boldsymbol{x}) = A\boldsymbol{x} \quad (\boldsymbol{x} \in K^n)$$

と定める．

$$E = \langle \boldsymbol{e}_1, \ldots, \boldsymbol{e}_n \rangle, \quad E' = \langle \boldsymbol{e}'_1, \ldots, \boldsymbol{e}'_m \rangle$$

はそれぞれ K^n, K^m の**自然基底**とする．このとき，基底 E, E' に関する T_A の表現行列は A 自身であることを示せ．

確認 例題 3.15

V, V' は K 上の線形空間とし，$T \colon V \to V'$ は線形写像とする．$E = \langle \boldsymbol{e}_1, \ldots, \boldsymbol{e}_n \rangle$, $F = \langle \boldsymbol{f}_1, \ldots, \boldsymbol{f}_n \rangle$ は V の基底とし，基底 E から F への変換行列を P とする．また，$E' = \langle \boldsymbol{e}'_1, \ldots, \boldsymbol{e}'_m \rangle$, $F' = \langle \boldsymbol{f}'_1, \ldots, \boldsymbol{f}'_m \rangle$ は V' の基底とし，基底 E' から F' への変換行列を Q とする．さらに，基底 E, E' に関する T の表現行列を A とし，基底 F, F' に関する T の表現行列を B とする．いま，$\boldsymbol{e}_1, \ldots, \boldsymbol{e}_n$ などを横に並べて，形式的に横ベクトルのように表すとき，次の (a) から (d) が成り立つ．

(a)　$(\boldsymbol{f}_1, \ldots, \boldsymbol{f}_n) = (\boldsymbol{e}_1, \ldots, \boldsymbol{e}_n)P$.

(b)　$(\boldsymbol{f}'_1, \ldots, \boldsymbol{f}'_m) = (\boldsymbol{e}'_1, \ldots, \boldsymbol{e}'_m)Q$.

(c)　$(T(\boldsymbol{e}_1), \ldots, T(\boldsymbol{e}_n)) = (\boldsymbol{e}'_1, \ldots, \boldsymbol{e}'_m)A$.

(d)　$(T(\boldsymbol{f}_1), \ldots, T(\boldsymbol{f}_n)) = (\boldsymbol{f}'_1, \ldots, \boldsymbol{f}'_m)B$.

このことを利用して，次の問いに答えよ．

(1)　次の (e), (f) が成り立つことを示せ．

(e)　$\bigl(T(\boldsymbol{f}_1), \ldots, T(\boldsymbol{f}_n)\bigr) = \bigl(T(\boldsymbol{e}_1), \ldots, T(\boldsymbol{e}_n)\bigr)P$.

(f)　$(\boldsymbol{e}'_1, \ldots, \boldsymbol{e}'_m) = (\boldsymbol{f}'_1, \ldots, \boldsymbol{f}'_m)Q^{-1}$.

(2)　$(T(\boldsymbol{f}_1), \ldots, T(\boldsymbol{f}_n)) = (\boldsymbol{f}'_1, \ldots, \boldsymbol{f}'_m)Q^{-1}AP$ を示すことにより

$$B = Q^{-1}AP$$

が成り立つことを示せ．

【解答】 (1)　まず (e) を示す．$P = (p_{ij})$ とするとき，(a) より，次が成り立つ．

$$\boldsymbol{f}_j = \sum_{i=1}^{n} p_{ij}\boldsymbol{e}_i \quad (1 \leq j \leq n).$$

このとき，T が線形写像であることを用いれば

$$\begin{aligned} T(\boldsymbol{f}_j) &= T\left(\sum_{i=1}^{n} p_{ij}\boldsymbol{e}_i\right) \\ &= \sum_{i=1}^{n} p_{ij}T(\boldsymbol{e}_i) \quad (1 \leq j \leq n) \end{aligned}$$

が得られる．このことは次のようにいいかえられるので，(e) が示される．

$$\bigl(T(\boldsymbol{f}_1), \ldots, T(\boldsymbol{f}_n)\bigr) = \bigl(T(\boldsymbol{e}_1), \ldots, T(\boldsymbol{e}_n)\bigr)P.$$

また，(b) の両辺に**右から Q^{-1} をかければ**，(f) が得られる．

(2)　(e), (c), (f) **を順に用いれば**

$$\begin{aligned} \bigl(T(\boldsymbol{f}_1), \ldots, T(\boldsymbol{f}_n)\bigr) &\overset{\text{(e)}}{=} \bigl(T(\boldsymbol{e}_1), \ldots, T(\boldsymbol{e}_n)\bigr)P \\ &\overset{\text{(c)}}{=} (\boldsymbol{e}'_1, \ldots, \boldsymbol{e}'_m)AP \\ &\overset{\text{(f)}}{=} (\boldsymbol{f}'_1, \ldots, \boldsymbol{f}'_m)Q^{-1}AP \end{aligned}$$

が得られる．これと (d) とを比べれば，$B = Q^{-1}AP$ が得られる．■

問 3.23　導入例題 3.18 の状況において，$\mathbb{R}^2$ の自然基底を $E = \langle \boldsymbol{e}_1, \boldsymbol{e}_2 \rangle$ とし，$\mathbb{R}^3$ の自然基底を $E' = \langle \boldsymbol{e}'_1, \boldsymbol{e}'_2, \boldsymbol{e}'_3 \rangle$ とする．

(1)　基底 E, E' に関する f の表現行列 A_0 を求めよ．

(2)　基底 E から G への変換行列 P，および，基底 E' から G' への変換行列 Q を求めよ．

(3)

$$A = Q^{-1}A_0P$$

が成り立つことを計算により確かめよ．

次に，次元定理を特別な場合に考察し，行列の階数との関連を調べよう．

確認 例題 3.16

$A \in M(m,n;K)$ とし，$\mathrm{rank}(A)=r$ とする．$T_A\colon K^n \to K^m$ を $T_A(\boldsymbol{x}) = A\boldsymbol{x}$ （$\boldsymbol{x} \in K^n$） と定める．

(1)

$$\mathrm{Ker}(T_A) = \{\boldsymbol{x} \in K^n \mid A\boldsymbol{x} = \boldsymbol{0}\}$$

であり

$$\dim \mathrm{Ker}(T_A) = n - r$$

であることを確かめよ．

(2)　$W_A = \{A\boldsymbol{x} \mid \boldsymbol{x} \in K^n\}$ とおくとき

$$\mathrm{Im}(T_A) = W_A$$

であり

$$\dim \mathrm{Im}(T_A) = r$$

であることを確かめよ．

(3)

$$\dim K^n = \dim \mathrm{Ker}(T_A) + \dim \mathrm{Im}(T_A)$$

が成り立つことを確かめよ．

【解答】　(1)

$$\mathrm{Ker}(T_A) = \left\{\boldsymbol{x} \in K^n \;\middle|\; T_A(\boldsymbol{x}) = \boldsymbol{0}\right\} = \{\boldsymbol{x} \in K^n \mid A\boldsymbol{x} = \boldsymbol{0}\}$$

である．さらに問 3.11 より，その次元は $n-r$ である．

(2)

$$\mathrm{Im}(T_A) = \left\{T_A(\boldsymbol{x}) \;\middle|\; \boldsymbol{x} \in K^n\right\} = \{A\boldsymbol{x} \mid \boldsymbol{x} \in K^n\} = W_A$$

である．さらに確認例題 3.14 より，$\dim \mathrm{Im}(T_A) = \dim W_A = \mathrm{rank}(A) = r$ である．

(3)

$$\dim \mathrm{Ker}(T_A) + \dim \mathrm{Im}(T_A) = (n-r) + r = n = \dim K^n.$$

■

問 3.24　$A \in M(m,n;K)$ とし，$\mathrm{rank}(A) = r$ とする．

(1)　A の線形独立な列ベクトルの最大個数は r であることを示せ．

ヒント：$T_A\colon K^n \to K^m$ を考え，確認例題 3.8，確認例題 3.16，問 3.17 などを参考にせよ．

(2)　A の線形独立な行ベクトルの最大個数は r であることを示せ．

3.5 計量線形空間

●計量線形空間の定義● V は K 上の線形空間とする．V の任意の 2 つの元 $\boldsymbol{a}, \boldsymbol{b}$ に対して，$\boldsymbol{a}$ と $\boldsymbol{b}$ の**内積** $(\boldsymbol{a}, \boldsymbol{b}) \in K$ が定まり，次の (1) から (6) が成り立つとき，V は K 上の**計量線形空間**（**計量ベクトル空間，内積空間**）であるという（$\boldsymbol{a}, \boldsymbol{a}', \boldsymbol{b}, \boldsymbol{b}' \in V$, $c \in K$）.

(1) $(\boldsymbol{a}+\boldsymbol{a}', \boldsymbol{b}) = (\boldsymbol{a}, \boldsymbol{b}) + (\boldsymbol{a}', \boldsymbol{b})$.
(2) $(c\boldsymbol{a}, \boldsymbol{b}) = c(\boldsymbol{a}, \boldsymbol{b})$.
(3) $(\boldsymbol{a}, \boldsymbol{b}+\boldsymbol{b}') = (\boldsymbol{a}, \boldsymbol{b}) + (\boldsymbol{a}, \boldsymbol{b}')$.
(4) $(\boldsymbol{a}, c\boldsymbol{b}) = \overline{c}(\boldsymbol{a}, \boldsymbol{b})$.
(5) $(\boldsymbol{b}, \boldsymbol{a}) = \overline{(\boldsymbol{a}, \boldsymbol{b})}$.
(6) $(\boldsymbol{a}, \boldsymbol{a})$ は 0 以上の実数である．さらに，「$(\boldsymbol{a}, \boldsymbol{a}) = 0 \Leftrightarrow \boldsymbol{a} = \boldsymbol{0}$」が成り立つ.

これら 6 つの条件を**内積の公理**という．$K = \mathbb{R}$ のときは，複素共役は不要である．$\sqrt{(\boldsymbol{a}, \boldsymbol{a})}$ を $\boldsymbol{a}$ の**ノルム**（**長さ**）といい，記号 $\|\boldsymbol{a}\|$ で表す.

K^n の 2 つの元 $\boldsymbol{a} = \begin{pmatrix} a_1 \\ \vdots \\ a_n \end{pmatrix}$, $\boldsymbol{b} = \begin{pmatrix} b_1 \\ \vdots \\ b_n \end{pmatrix}$ に対して

$$(\boldsymbol{a}, \boldsymbol{b}) = \sum_{i=1}^{n} a_i \overline{b}_i = a_1\overline{b}_1 + a_2\overline{b}_2 + \cdots + a_n\overline{b}_n$$

と定めた内積を**標準内積**という．$K = \mathbb{R}$ のときは，複素共役は不要である.

●シュワルツの不等式，三角不等式● 計量線形空間の元についても，シュワルツの不等式と三角不等式が成り立つ.

●計量同型写像● 計量線形空間の間の同型写像 $T\colon V \to V'$ が，さらに，V の任意の元 $\boldsymbol{x}, \boldsymbol{y}$ に対して

$$\bigl(T(\boldsymbol{x}),\ T(\boldsymbol{y})\bigr) = (\boldsymbol{x}, \boldsymbol{y})$$

をみたすとき，T は**計量同型写像**であるという．V から V' への計量同型写像が存在するとき，V と V' は**計量同型**であるという.

●正規直交基底● K 上の計量線形空間 V の基底 $E = \langle \boldsymbol{e}_1, \boldsymbol{e}_2, \ldots, \boldsymbol{e}_n \rangle$ が

$$(\boldsymbol{e}_i, \boldsymbol{e}_j) = \begin{cases} 1 & (i = j \text{ のとき}) \\ 0 & (i \neq j \text{ のとき}) \end{cases} \qquad (1 \leq i \leq n,\ 1 \leq j \leq n)$$

をみたすとき，E は V の**正規直交基底**であるという.

$E = \langle \boldsymbol{e}_1, \boldsymbol{e}_2, \ldots, \boldsymbol{e}_n \rangle$ が V の正規直交基底であるとき，次の写像 ψ_E は K^n から V への計量同型写像である.

$$\psi_E : K^n \ni \begin{pmatrix} x_1 \\ \vdots \\ x_n \end{pmatrix} \mapsto \sum_{i=1}^{n} x_i \boldsymbol{e}_i = x_1\boldsymbol{e}_1 + x_2\boldsymbol{e}_2 + \cdots + x_n\boldsymbol{e}_n \in V.$$

ただし，K^n には標準的な内積が与えられているものとする．

2 つの正規直交基底の間の変換行列は，**ユニタリ行列**（$K = \mathbb{C}$ の場合）あるいは**直交行列**（$K = \mathbb{R}$ の場合）である．

● グラム-シュミットの直交化法 ●　計量線形空間 V の基底 $\langle \boldsymbol{a}_1, \boldsymbol{a}_2, \ldots, \boldsymbol{a}_n \rangle$ から次のようにして正規直交基底を作ることができる（**グラム-シュミットの直交化法**）．

(1)　$\boldsymbol{b}_1 = \boldsymbol{a}_1$ とおく．

(2)

$$\boldsymbol{b}_2 = \boldsymbol{a}_2 - \frac{(\boldsymbol{a}_2, \boldsymbol{b}_1)}{\|\boldsymbol{b}_1\|^2}\boldsymbol{b}_1$$

とおくと

$$(\boldsymbol{b}_2, \boldsymbol{b}_1) = 0, \quad \boldsymbol{b}_2 \neq \boldsymbol{0}.$$

(3)

$$\boldsymbol{b}_3 = \boldsymbol{a}_3 - \frac{(\boldsymbol{a}_3, \boldsymbol{b}_1)}{\|\boldsymbol{b}_1\|^2}\boldsymbol{b}_1 - \frac{(\boldsymbol{a}_3, \boldsymbol{b}_2)}{\|\boldsymbol{b}_2\|^2}\boldsymbol{b}_2$$

とおくと

$$(\boldsymbol{b}_3, \boldsymbol{b}_1) = (\boldsymbol{b}_3, \boldsymbol{b}_2) = 0, \quad \boldsymbol{b}_3 \neq \boldsymbol{0}.$$

(4)　同様に続けて，互いに直交する n 個の $\boldsymbol{0}$ でない V の元 $\boldsymbol{b}_1$，$\boldsymbol{b}_2$，$\ldots$，$\boldsymbol{b}_n$ を作る．

(5)

$$\boldsymbol{e}_i = \frac{1}{\|\boldsymbol{b}_i\|}\boldsymbol{b}_i \quad (1 \leq i \leq n)$$

とおけば，$\langle \boldsymbol{e}_1, \boldsymbol{e}_2, \ldots, \boldsymbol{e}_n \rangle$ は V の正規直交基底である．

● 直交補空間・正射影 ●　計量線形空間 V の線形部分空間 W に対して，W の**直交補空間** $W^\perp$ を

$$W^\perp = \{\, \boldsymbol{x} \in V \mid W \text{ の任意の元 } \boldsymbol{y} \text{ に対して } (\boldsymbol{x}, \boldsymbol{y}) = 0 \,\}$$

と定める．$W^\perp$ は V の線形部分空間であり

$$V = W \oplus W^\perp$$

が成り立つ．

このとき，V の任意の元 $\boldsymbol{a}$ は

$$\boldsymbol{a} = \boldsymbol{a}' + \boldsymbol{a}'' \quad (\boldsymbol{a}' \in W,\ \boldsymbol{a}'' \in W^\perp)$$

と一意的に分解する．この $\boldsymbol{a}'$ を $\boldsymbol{a}$ の W への**正射影**という．

問題演習のねらい 内積の公理や正規直交基底についての理解を深め，実際に正規直交基底を求められるようにしよう！

まず，正規直交基底やその変換行列を理解することからはじめよう．

導入 例題 3.19

$$\boldsymbol{a}_1 = \frac{1}{\sqrt{3}}\begin{pmatrix} 1 \\ 1 \\ 1 \end{pmatrix},\ \boldsymbol{a}_2 = \frac{1}{\sqrt{2}}\begin{pmatrix} 1 \\ -1 \\ 0 \end{pmatrix},\ \boldsymbol{a}_3 = \frac{1}{\sqrt{6}}\begin{pmatrix} 1 \\ 1 \\ -2 \end{pmatrix} \in \mathbb{R}^3$$

とするとき，$\langle \boldsymbol{a}_1, \boldsymbol{a}_2, \boldsymbol{a}_3 \rangle$ が $\mathbb{R}^3$ の正規直交基底であるかどうか判定せよ．ただし，$\mathbb{R}^3$ には標準内積が与えられているものとする．また，$\langle \boldsymbol{a}_1, \boldsymbol{a}_2, \boldsymbol{a}_3 \rangle$ が $\mathbb{R}^3$ の基底であることは，ここでは証明なしに認める．

【解答】 正規直交基底である．実際，$\|\boldsymbol{a}_1\| = \|\boldsymbol{a}_2\| = \|\boldsymbol{a}_3\| = 1$ であり，$(\boldsymbol{a}_1, \boldsymbol{a}_2) = (\boldsymbol{a}_1, \boldsymbol{a}_3) = (\boldsymbol{a}_2, \boldsymbol{a}_3) = 0$ である． ■

問 3.25 V は K 上の計量線形空間とする．V の $\boldsymbol{0}$ でない元 $\boldsymbol{a}_1, \boldsymbol{a}_2, \ldots, \boldsymbol{a}_k$ が互いに直交するならば，これらは線形独立であることを示せ．

確認 例題 3.17

V は2次元複素計量線形空間とし，$E = \langle \boldsymbol{e}_1, \boldsymbol{e}_2 \rangle$ は V の正規直交基底とする．$\mathbb{C}^2$ から V への線形写像 ψ_E を

$$\psi_E : \mathbb{C}^2 \ni \begin{pmatrix} x_1 \\ x_2 \end{pmatrix} \mapsto x_1\boldsymbol{e}_1 + x_2\boldsymbol{e}_2 \in V$$

と定める．このとき，ψ_E は計量同型写像であることを示せ．ただし，$\mathbb{C}^2$ には標準内積が与えられているものとする．また，ψ_E が線形写像であって全単射であることは，ここでは証明なしに認める．

【解答】 $\boldsymbol{x} = \begin{pmatrix} x_1 \\ x_2 \end{pmatrix},\ \boldsymbol{y} = \begin{pmatrix} y_1 \\ y_2 \end{pmatrix} \in \mathbb{C}^2$ に対して

$$\begin{aligned}
(\psi_E(\boldsymbol{x}), \psi_E(\boldsymbol{y})) &= (x_1\boldsymbol{e}_1 + x_2\boldsymbol{e}_2, y_1\boldsymbol{e}_1 + y_2\boldsymbol{e}_2) \\
&= (x_1\boldsymbol{e}_1, y_1\boldsymbol{e}_1) + (x_1\boldsymbol{e}_1, y_2\boldsymbol{e}_2) + (x_2\boldsymbol{e}_2, y_1\boldsymbol{e}_1) + (x_2\boldsymbol{e}_2, y_2\boldsymbol{e}_2) \\
&= x_1\overline{y}_1(\boldsymbol{e}_1, \boldsymbol{e}_1) + x_1\overline{y}_2(\boldsymbol{e}_1, \boldsymbol{e}_2) + x_2\overline{y}_1(\boldsymbol{e}_2, \boldsymbol{e}_1) + x_2\overline{y}_2(\boldsymbol{e}_2, \boldsymbol{e}_2)
\end{aligned}$$

である．さらに，$(\boldsymbol{e}_1, \boldsymbol{e}_1) = (\boldsymbol{e}_2, \boldsymbol{e}_2) = 1$, $(\boldsymbol{e}_1, \boldsymbol{e}_2) = (\boldsymbol{e}_2, \boldsymbol{e}_1) = 0$ であるので

$$(\psi_E(\boldsymbol{x}), \psi_E(\boldsymbol{y})) = x_1\overline{y}_1 + x_2\overline{y}_2 = (\boldsymbol{x}, \boldsymbol{y})$$

が成り立つ．よって，ψ_E は計量同型写像である． ■

確認 例題 3.18

V は 2 次元複素計量線形空間とし，$E = \langle \boldsymbol{e}_1, \boldsymbol{e}_2 \rangle$, $F = \langle \boldsymbol{f}_1, \boldsymbol{f}_2 \rangle$ は V の正規直交基底とする．基底 E から F への変換行列を $P = (p_{ij}) = (\boldsymbol{p}_1 \quad \boldsymbol{p}_2)$ とするとき，P はユニタリ行列であることを示せ．

【解答】

$$\boldsymbol{f}_1 = p_{11}\boldsymbol{e}_1 + p_{21}\boldsymbol{e}_2, \quad \boldsymbol{f}_2 = p_{12}\boldsymbol{e}_1 + p_{22}\boldsymbol{e}_2$$

である．このとき，E, F がともに V の正規直交基底であることを用いれば

$$\begin{aligned}
1 &= (\boldsymbol{f}_1, \boldsymbol{f}_1) = (p_{11}\boldsymbol{e}_1 + p_{21}\boldsymbol{e}_2, p_{11}\boldsymbol{e}_1 + p_{21}\boldsymbol{e}_2) \\
&= p_{11}\overline{p}_{11}(\boldsymbol{e}_1, \boldsymbol{e}_1) + p_{11}\overline{p}_{21}(\boldsymbol{e}_1, \boldsymbol{e}_2) + p_{21}\overline{p}_{11}(\boldsymbol{e}_2, \boldsymbol{e}_1) + p_{21}\overline{p}_{21}(\boldsymbol{e}_2, \boldsymbol{e}_2) \\
&= p_{11}\overline{p}_{11} + p_{21}\overline{p}_{21} \\
&= (\boldsymbol{p}_1, \boldsymbol{p}_1), \\
0 &= (\boldsymbol{f}_1, \boldsymbol{f}_2) = (p_{11}\boldsymbol{e}_1 + p_{21}\boldsymbol{e}_2, p_{12}\boldsymbol{e}_1 + p_{22}\boldsymbol{e}_2) \\
&= p_{11}\overline{p}_{12}(\boldsymbol{e}_1, \boldsymbol{e}_1) + p_{11}\overline{p}_{22}(\boldsymbol{e}_1, \boldsymbol{e}_2) + p_{21}\overline{p}_{12}(\boldsymbol{e}_2, \boldsymbol{e}_1) + p_{21}\overline{p}_{22}(\boldsymbol{e}_2, \boldsymbol{e}_2) \\
&= p_{11}\overline{p}_{12} + p_{21}\overline{p}_{22} \\
&= (\boldsymbol{p}_1, \boldsymbol{p}_2)
\end{aligned}$$

が得られる．同様に

$$(\boldsymbol{p}_2, \boldsymbol{p}_2) = 1$$

も得られる．**P の列ベクトル $\boldsymbol{p}_1$, $\boldsymbol{p}_2$ はノルムが 1 であり，互いに直交する**ので，P はユニタリ行列である（第 1.7 節参照）．■

問 3.26

$$\boldsymbol{e}_1 = \frac{1}{5}\begin{pmatrix} 3 \\ 4 \end{pmatrix}, \quad \boldsymbol{e}_2 = \frac{1}{5}\begin{pmatrix} -4 \\ 3 \end{pmatrix}, \quad \boldsymbol{f}_1 = \frac{1}{13}\begin{pmatrix} 12 \\ 5 \end{pmatrix}, \quad \boldsymbol{f}_2 = \frac{1}{13}\begin{pmatrix} -5 \\ 12 \end{pmatrix} \in \mathbb{R}^2$$

とする．

(1)　$E = \langle \boldsymbol{e}_1, \boldsymbol{e}_2 \rangle$, $F = \langle \boldsymbol{f}_1, \boldsymbol{f}_2 \rangle$ はどちらも $\mathbb{R}^2$ の正規直交基底であることを確かめよ．ただし，$\mathbb{R}^2$ には標準内積が与えられているものとする．

(2)　基底 E から F への変換行列 P を求め，P が直交行列であることを確かめよ．

次に，グラム-シュミットの直交化法に関する問題に取り組もう．

導入 例題 3.20

V は K 上の計量線形空間とし，V の元 $\boldsymbol{a}_1, \boldsymbol{a}_2, \boldsymbol{a}_3$ は線形独立であるとする．いま，$\boldsymbol{b}_1 = \boldsymbol{a}_1$, $\boldsymbol{b}_2 = \boldsymbol{a}_2 - p\boldsymbol{b}_1$ $(p \in K)$ とおく．

(1)　$\boldsymbol{b}_1, \boldsymbol{b}_2, \boldsymbol{a}_3$ は線形独立であることを示せ．特に $\boldsymbol{b}_2 \neq \boldsymbol{0}$ であることを示せ．

(2)　$\boldsymbol{b}_1$ と $\boldsymbol{b}_2$ が直交するとき，$\boldsymbol{b}_1, \boldsymbol{a}_2$ を用いた形で p を表せ．

小問 (2) のように定数 p を定め，さらに $\boldsymbol{b}_3 = \boldsymbol{a}_3 - q\boldsymbol{b}_1 - r\boldsymbol{b}_2$ $(q, r \in K)$ とおく．

(3)　$\boldsymbol{b}_1, \boldsymbol{b}_2, \boldsymbol{b}_3$ は線形独立であることを示せ．特に $\boldsymbol{b}_3 \neq \boldsymbol{0}$ であることを示せ．

(4)　$\boldsymbol{b}_1, \boldsymbol{b}_2, \boldsymbol{b}_3$ が互いに直交するとき，$\boldsymbol{b}_1, \boldsymbol{b}_2, \boldsymbol{a}_3$ を用いた形で q, r を表せ．

【解答】　(1)　$c_1, c_2, c_3 \in K$ が $c_1\boldsymbol{b}_1 + c_2\boldsymbol{b}_2 + c_3\boldsymbol{a}_3 = \boldsymbol{0}$ をみたすとすると

$$\boldsymbol{0} = c_1\boldsymbol{a}_1 + c_2(\boldsymbol{a}_2 - p\boldsymbol{a}_1) + c_3\boldsymbol{a}_3 = (c_1 - pc_2)\boldsymbol{a}_1 + c_2\boldsymbol{a}_2 + c_3\boldsymbol{a}_3$$

である．仮定より $\boldsymbol{a}_1, \boldsymbol{a}_2, \boldsymbol{a}_3$ は線形独立であるので，$c_1 - pc_2 = c_2 = c_3 = 0$ となる．これより，$c_1 = c_2 = c_3 = 0$ が得られる．よって，$\boldsymbol{b}_1, \boldsymbol{b}_2, \boldsymbol{a}_3$ は線形独立である．特に $\boldsymbol{b}_2 \neq \boldsymbol{0}$ である（実際，もし $\boldsymbol{b}_2 = \boldsymbol{0}$ ならば，$0 \cdot \boldsymbol{b}_1 + 1 \cdot \boldsymbol{b}_2 + 0 \cdot \boldsymbol{a}_3 = \boldsymbol{0}$ より，$\boldsymbol{b}_1, \boldsymbol{b}_2, \boldsymbol{a}_3$ は線形従属となる）．

(2)　$0 = (\boldsymbol{b}_2, \boldsymbol{b}_1) = (\boldsymbol{a}_2 - p\boldsymbol{b}_1, \boldsymbol{b}_1) = (\boldsymbol{a}_2, \boldsymbol{b}_1) - p\|\boldsymbol{b}_1\|^2$ より，$p = \dfrac{(\boldsymbol{a}_2, \boldsymbol{b}_1)}{\|\boldsymbol{b}_1\|^2}$．

(3)　$d_1, d_2, d_3 \in K$ が $d_1\boldsymbol{b}_1 + d_2\boldsymbol{b}_2 + d_3\boldsymbol{b}_3 = \boldsymbol{0}$ をみたすとすると

$$\boldsymbol{0} = d_1\boldsymbol{b}_1 + d_2\boldsymbol{b}_2 + d_3(\boldsymbol{a}_3 - q\boldsymbol{b}_1 - r\boldsymbol{b}_2) = (d_1 - qd_3)\boldsymbol{b}_1 + (d_2 - rd_3)\boldsymbol{b}_2 + d_3\boldsymbol{a}_3$$

である．小問 (1) より $\boldsymbol{b}_1, \boldsymbol{b}_2, \boldsymbol{a}_3$ は線形独立であるので $d_1 - qd_3 = d_2 - rd_3 = d_3 = 0$ となる．これより，$d_1 = d_2 = d_3 = 0$ が得られる．よって，$\boldsymbol{b}_1, \boldsymbol{b}_2, \boldsymbol{b}_3$ は線形独立である．特に $\boldsymbol{b}_3 \neq \boldsymbol{0}$ である．

(4)　$(\boldsymbol{b}_1, \boldsymbol{b}_2) = 0$ であることに注意すると

$$\begin{aligned}0 &= (\boldsymbol{b}_3, \boldsymbol{b}_1) = (\boldsymbol{a}_3 - q\boldsymbol{b}_1 - r\boldsymbol{b}_2, \boldsymbol{b}_1) = (\boldsymbol{a}_3, \boldsymbol{b}_1) - q(\boldsymbol{b}_1, \boldsymbol{b}_1) - r(\boldsymbol{b}_2, \boldsymbol{b}_1)\\ &= (\boldsymbol{a}_3, \boldsymbol{b}_1) - q\|\boldsymbol{b}_1\|^2\end{aligned}$$

である．よって，$q = \dfrac{(\boldsymbol{a}_3, \boldsymbol{b}_1)}{\|\boldsymbol{b}_1\|^2}$ である．同様に

$$0 = (\boldsymbol{b}_3, \boldsymbol{b}_2) = (\boldsymbol{a}_3 - q\boldsymbol{b}_1 - r\boldsymbol{b}_2, \boldsymbol{b}_2) = (\boldsymbol{a}_3, \boldsymbol{b}_2) - r\|\boldsymbol{b}_2\|^2$$

より，$r = \dfrac{(\boldsymbol{a}_3, \boldsymbol{b}_2)}{\|\boldsymbol{b}_2\|^2}$ である．■

確認 例題 3.19

$\mathbb{R}^3$ に通常の内積（標準内積）を入れた実計量線形空間において，3 個のベクトル

$$\boldsymbol{a}_1 = \begin{pmatrix} 2 \\ 1 \\ 2 \end{pmatrix},\ \boldsymbol{a}_2 = \begin{pmatrix} 1 \\ 1 \\ 0 \end{pmatrix},\ \boldsymbol{a}_3 = \begin{pmatrix} 3 \\ 1 \\ 2 \end{pmatrix}$$

から グラム-シュミットの直交化法によって正規直交基底を作れ．

【解答】 $\boldsymbol{b}_1 = \boldsymbol{a}_1 = \begin{pmatrix} 2 \\ 1 \\ 2 \end{pmatrix}$ とおくと，$(\boldsymbol{a}_2, \boldsymbol{b}_1) = 3$, $\|\boldsymbol{b}_1\|^2 = 9$ である．そこで

$$\boldsymbol{b}_2 = \boldsymbol{a}_2 - \frac{(\boldsymbol{a}_2, \boldsymbol{b}_1)}{\|\boldsymbol{b}_1\|^2}\boldsymbol{b}_1 = \frac{1}{3}\begin{pmatrix} 1 \\ 2 \\ -2 \end{pmatrix}$$

とすれば，$(\boldsymbol{b}_2, \boldsymbol{b}_1) = 0$ である．さらに，$\boldsymbol{b}_2' = 3\boldsymbol{b}_2 = \begin{pmatrix} 1 \\ 2 \\ -2 \end{pmatrix}$ とおく．このとき，$(\boldsymbol{a}_3, \boldsymbol{b}_1) = 11$, $(\boldsymbol{a}_3, \boldsymbol{b}_2') = 1$, $\|\boldsymbol{b}_2'\|^2 = 9$ である．そこで

$$\boldsymbol{b}_3 = \boldsymbol{a}_3 - \frac{(\boldsymbol{a}_3, \boldsymbol{b}_1)}{\|\boldsymbol{b}_1\|^2}\boldsymbol{b}_1 - \frac{(\boldsymbol{a}_3, \boldsymbol{b}_2')}{\|\boldsymbol{b}_2'\|^2}\boldsymbol{b}_2' = \frac{2}{9}\begin{pmatrix} 2 \\ -2 \\ -1 \end{pmatrix}$$

とし，さらに $\boldsymbol{b}_3' = \dfrac{9}{2}\boldsymbol{b}_3 = \begin{pmatrix} 2 \\ -2 \\ -1 \end{pmatrix}$ とすれば，$\boldsymbol{b}_1$, $\boldsymbol{b}_2'$, $\boldsymbol{b}_3'$ は互いに直交する．そこで

$$\boldsymbol{e}_1 = \frac{1}{\|\boldsymbol{b}_1\|}\boldsymbol{b}_1 = \frac{1}{3}\begin{pmatrix} 2 \\ 1 \\ 2 \end{pmatrix},\ \boldsymbol{e}_2 = \frac{1}{\|\boldsymbol{b}_2'\|}\boldsymbol{b}_2' = \frac{1}{3}\begin{pmatrix} 1 \\ 2 \\ -2 \end{pmatrix},\ \boldsymbol{e}_3 = \frac{1}{\|\boldsymbol{b}_3'\|}\boldsymbol{b}_3' = \frac{1}{3}\begin{pmatrix} 2 \\ -2 \\ -1 \end{pmatrix}$$

とすれば，$\langle \boldsymbol{e}_1, \boldsymbol{e}_2, \boldsymbol{e}_3 \rangle$ は $\mathbb{R}^3$ の正規直交基底である． ■

注意：確認例題 3.19 の解答において，b_2 や b_3 を定数倍しても，これらが互いに直交するという関係は保たれるので，分数の計算を避けるために $\boldsymbol{b}_2'$ や $\boldsymbol{b}_3'$ を作った．

問 3.27 $\mathbb{R}^3$ に通常の内積（標準内積）を入れた実計量線形空間において，3 個のベクトル $\boldsymbol{a}_1 = \begin{pmatrix} 1 \\ 1 \\ 1 \end{pmatrix}$, $\boldsymbol{a}_2 = \begin{pmatrix} 1 \\ 3 \\ 0 \end{pmatrix}$, $\boldsymbol{a}_3 = \begin{pmatrix} 2 \\ 1 \\ 1 \end{pmatrix}$ からグラム-シュミットの直交化法によって正規直交基底を作れ．

直交補空間についても触れておこう．

導入　例題 3.21

K 上の計量線形空間 V の線形部分空間 W に対して，$W^{\perp}$ を

$$W^{\perp} = \left\{ \boldsymbol{x} \in V \;\middle|\; W \text{ の任意の元 } \boldsymbol{y} \text{ に対して } (\boldsymbol{x}, \boldsymbol{y}) = 0 \right\}$$

と定めると，$W^{\perp}$ は V の線形部分空間であることを示せ．

【解答】　$\mathbf{0}$ は W の任意の元と直交するので，$\mathbf{0} \in W^{\perp}$ である．いま，$\boldsymbol{x}_1, \boldsymbol{x}_2 \in W^{\perp}$，$c \in K$ とする．$\boldsymbol{y}$ を W の任意の元とするとき

$$(\boldsymbol{x}_1, \boldsymbol{y}) = (\boldsymbol{x}_2, \boldsymbol{y}) = 0$$

であるので

$$\begin{aligned}(\boldsymbol{x}_1 + \boldsymbol{x}_2, \boldsymbol{y}) &= (\boldsymbol{x}_1, \boldsymbol{y}) + (\boldsymbol{x}_2, \boldsymbol{y}) \\ &= \mathbf{0} + \mathbf{0} = \mathbf{0}\end{aligned}$$

が成り立つ．よって，$\boldsymbol{x}_1 + \boldsymbol{x}_2 \in W^{\perp}$ である．同様に

$$(c\boldsymbol{x}_1, \boldsymbol{y}) = c(\boldsymbol{x}_1, \boldsymbol{y}) = 0$$

であるので，$c\boldsymbol{x}_1 \in W^{\perp}$ である．よって，$W^{\perp}$ は V の線形部分空間である．■

確認　例題 3.20

V は K 上の 4 次元計量線形空間とし，W は V の 2 次元線形部分空間 W とする．

(1)　V の正規直交基底 $\langle \boldsymbol{e}_1, \boldsymbol{e}_2, \boldsymbol{e}_3, \boldsymbol{e}_4 \rangle$ であって，その一部分 $\langle \boldsymbol{e}_1, \boldsymbol{e}_2 \rangle$ が W の正規直交基底となるものが存在することを示せ．

(2)　$\boldsymbol{e}_1$, $\boldsymbol{e}_2$, $\boldsymbol{e}_3$, $\boldsymbol{e}_4$ は小問 (1) のものとする．V の元 $\boldsymbol{x}$ を

$$\boldsymbol{x} = c_1\boldsymbol{e}_1 + c_2\boldsymbol{e}_2 + c_3\boldsymbol{e}_3 + c_4\boldsymbol{e}_4 \quad (c_1, c_2, c_3, c_4 \in K)$$

と表すとき

$$\boldsymbol{x} \in W^{\perp} \Leftrightarrow c_1 = c_2 = 0$$

が成り立つことを示せ．

(3)　このとき，$\langle \boldsymbol{e}_3, \boldsymbol{e}_4 \rangle$ は $W^{\perp}$ の正規直交基底であることを示せ．

(4)

$$\dim W^{\perp} = \dim V - \dim W$$

が成り立つことを示せ．

【解答】　(1)　W の正規直交基底 $\langle \boldsymbol{e}_1, \boldsymbol{e}_2 \rangle$ に 2 個の元を付け加えて，まず V の基底 $\langle \boldsymbol{e}_1, \boldsymbol{e}_2, \boldsymbol{a}_3, \boldsymbol{a}_4 \rangle$ を作る．これに**グラム-シュミットの直交化法**を適用すれば，求める正規直交基底が得られる．

(2)　$\boldsymbol{x} \in W^{\perp}$ とすると，$\boldsymbol{x}$ は $\boldsymbol{e}_1$ と直交する．ここで，$\langle \boldsymbol{e}_1, \boldsymbol{e}_2, \boldsymbol{e}_3, \boldsymbol{e}_4 \rangle$ が正規直交基底であることに注意すれば

$$0 = (\boldsymbol{x}, \boldsymbol{e}_1) = (c_1\boldsymbol{e}_1 + c_2\boldsymbol{e}_2 + c_3\boldsymbol{e}_3 + c_4\boldsymbol{e}_4, \boldsymbol{e}_1) = c_1$$

が得られる．同様に

$$c_2 = 0$$

も得られる．

逆に

$$c_1 = c_2 = 0$$

とすると

$$\boldsymbol{x} = c_3\boldsymbol{e}_3 + c_4\boldsymbol{e}_4$$

と表せるので

$$(\boldsymbol{x}, \boldsymbol{e}_1) = (\boldsymbol{x}, \boldsymbol{e}_2) = 0$$

である．さらに，W の任意の元 $\boldsymbol{z}$ をとると，$\boldsymbol{z} = d_1\boldsymbol{e}_1 + d_2\boldsymbol{e}_2$（$d_1, d_2 \in K$）と表される．このとき

$$(\boldsymbol{z}, \boldsymbol{x}) = (d_1\boldsymbol{e}_1 + d_2\boldsymbol{e}_2, \boldsymbol{x}) = d_1(\boldsymbol{e}_1, \boldsymbol{x}) + d_2(\boldsymbol{e}_2, \boldsymbol{x}) = 0$$

が成り立つ．よって $\boldsymbol{x} \in W^{\perp}$ である．

(3)　小問 (2) より，$W^{\perp}$ は $\boldsymbol{e}_3$, $\boldsymbol{e}_4$ で生成される．さらに，これら 2 個の元は，**それぞれノルム 1 であり，互いに直交する**ので，$W^{\perp}$ の正規直交基底である．

(4)　$\dim W^{\perp} = 2 = 4 - 2 = \dim V - \dim W$. ■

問 3.28

$$\boldsymbol{a}_1 = \begin{pmatrix} 1 \\ 1 \\ 0 \\ 1 \end{pmatrix},\ \boldsymbol{a}_2 = \begin{pmatrix} 3 \\ 2 \\ 1 \\ 1 \end{pmatrix},\ \boldsymbol{a}_3 = \begin{pmatrix} 1 \\ 0 \\ 0 \\ 0 \end{pmatrix},\ \boldsymbol{a}_4 = \begin{pmatrix} 0 \\ 1 \\ 0 \\ 0 \end{pmatrix} \in \mathbb{R}^4$$

とする．2 つのベクトル $\boldsymbol{a}_1$, $\boldsymbol{a}_2$ で生成された $\mathbb{R}^4$ の線形部分空間を W とし，その直交補空間を $W^{\perp}$ とする．ただし，$\mathbb{R}^4$ には標準内積が与えられているものとする．

(1)　$\boldsymbol{a}_1$, $\boldsymbol{a}_2$, $\boldsymbol{a}_3$, $\boldsymbol{a}_4$ は線形独立であることを示せ．

(2)　W の基底 $\langle \boldsymbol{b}_1, \boldsymbol{b}_2 \rangle$ であって，$(\boldsymbol{b}_1, \boldsymbol{b}_2) = 0$ をみたすものを 1 組求めよ．

(3)　$W^{\perp}$ の正規直交基底を 1 組求めよ．

第3章 章末問題

基本 例題 3.1

V は K 上の線形空間とし，W_1, W_2 は V の線形部分空間とする．$\langle \boldsymbol{a}_1, \boldsymbol{a}_2 \rangle$ を $W_1 \cap W_2$ の基底とし，それを延長して W_1 の基底 $\langle \boldsymbol{a}_1, \boldsymbol{a}_2, \boldsymbol{b}_1 \rangle$ と W_2 の基底 $\langle \boldsymbol{a}_1, \boldsymbol{a}_2, \boldsymbol{c}_1, \boldsymbol{c}_2 \rangle$ を作ったとする．

(1) $W_1 + W_2$ は $\boldsymbol{a}_1$, $\boldsymbol{a}_2$, $\boldsymbol{b}_1$, $\boldsymbol{c}_1$, $\boldsymbol{c}_2$ で生成されることを示せ．

いま，α_1, α_2, β_1, γ_1, $\gamma_2 \in K$ が

$$\alpha_1 \boldsymbol{a}_1 + \alpha_2 \boldsymbol{a}_2 + \beta_1 \boldsymbol{b}_1 + \gamma_1 \boldsymbol{c}_1 + \gamma_2 \boldsymbol{c}_2 = \boldsymbol{0}$$

をみたすと仮定する．

(2) $\boldsymbol{d} = \alpha_1 \boldsymbol{a}_1 + \alpha_2 \boldsymbol{a}_2 + \beta_1 \boldsymbol{b}_1 = -\gamma_1 \boldsymbol{c}_1 - \gamma_2 \boldsymbol{c}_2$ とおくとき，$\boldsymbol{d} \in W_1 \cap W_2$ であり，ある α'_1, $\alpha'_2 \in K$ に対して $\boldsymbol{d} = \alpha'_1 \boldsymbol{a}_1 + \alpha'_2 \boldsymbol{a}_2$ となることを示せ．

(3) $\alpha_1 = \alpha_2 = \beta_1 = \gamma_1 = \gamma_2 = 0$ を示し，$\langle \boldsymbol{a}_1, \boldsymbol{a}_2, \boldsymbol{b}_1, \boldsymbol{c}_1, \boldsymbol{c}_2 \rangle$ が $W_1 + W_2$ の基底であることを示せ．

(4) $\dim(W_1 + W_2) = \dim W_1 + \dim W_2 - \dim(W_1 \cap W_2)$ が成り立つことを示せ．

【解答】 (1) $W_1 + W_2$ の任意の元 $\boldsymbol{z}$ は，$\boldsymbol{z} = \boldsymbol{x}_1 + \boldsymbol{x}_2$（$\boldsymbol{x}_1 \in W_1$, $\boldsymbol{x}_2 \in W_2$）と表される．このとき

$$\boldsymbol{x}_1 = p_1 \boldsymbol{a}_1 + p_2 \boldsymbol{a}_2 + q_1 \boldsymbol{b}_1, \quad \boldsymbol{x}_2 = p'_1 \boldsymbol{a}_1 + p'_2 \boldsymbol{a}_2 + r_1 \boldsymbol{c}_1 + r_2 \boldsymbol{c}_2$$

（$p_1, p_2, p'_1, p'_2, q_1, r_1, r_2 \in K$）と表されるので

$$\boldsymbol{z} = \boldsymbol{x}_1 + \boldsymbol{x}_2 = (p_1 + p'_1)\boldsymbol{a}_1 + (p_2 + p'_2)\boldsymbol{a}_2 + q_1 \boldsymbol{b}_1 + r_1 \boldsymbol{c}_1 + r_2 \boldsymbol{c}_2$$

となる．よって，$W_1 + W_2$ は $\boldsymbol{a}_1$, $\boldsymbol{a}_2$, $\boldsymbol{b}_1$, $\boldsymbol{c}_1$, $\boldsymbol{c}_2$ で生成される．

(2) $\boldsymbol{a}_1, \boldsymbol{a}_2, \boldsymbol{b}_1 \in W_1$ より，$\boldsymbol{d} = \alpha_1 \boldsymbol{a}_1 + \alpha_2 \boldsymbol{a}_2 + \beta_1 \boldsymbol{b}_1 \in W_1$．一方，$\boldsymbol{c}_1$, $\boldsymbol{c}_2 \in W_2$ より，$\boldsymbol{d} = -\gamma_1 \boldsymbol{c}_1 - \gamma_2 \boldsymbol{c}_2 \in W_2$．よって，$\boldsymbol{d} \in W_1 \cap W_2$ である．いま，$\langle \boldsymbol{a}_1, \boldsymbol{a}_2 \rangle$ が $W_1 \cap W_2$ の基底であるので

$$\boldsymbol{d} = \alpha'_1 \boldsymbol{a}_1 + \alpha'_2 \boldsymbol{a}_2 \quad (\alpha'_1, \alpha'_2 \in K)$$

と表される．

(3) $\boldsymbol{d} = -\gamma_1 \boldsymbol{c}_1 - \gamma_2 \boldsymbol{c}_2 = \alpha'_1 \boldsymbol{a}_1 + \alpha'_2 \boldsymbol{a}_2$ であるので

$$\alpha'_1 \boldsymbol{a}_1 + \alpha'_2 \boldsymbol{a}_2 + \gamma_1 \boldsymbol{c}_1 + \gamma_2 \boldsymbol{c}_2 = \boldsymbol{0}$$

が成り立つ．ここで，$\boldsymbol{a}_1$, $\boldsymbol{a}_2$, $\boldsymbol{c}_1$, $\boldsymbol{c}_2$ **は線形独立**であるので

$$\alpha'_1 = \alpha'_2 = \gamma_1 = \gamma_2 = 0$$

が得られる．このとき，特に，$\boldsymbol{d}=\boldsymbol{0}$ である．よって

$$\alpha_1\boldsymbol{a}_1+\alpha_2\boldsymbol{a}_2+\beta_1\boldsymbol{b}_1=\boldsymbol{0}$$

となるが，$\boldsymbol{a}_1, \boldsymbol{a}_2, \boldsymbol{b}_1$ が線形独立であるので

$$\alpha_1=\alpha_2=\beta_1=0$$

である．結局，$\alpha_1=\alpha_2=\beta_1=\gamma_1=\gamma_2=0$ が得られたので，$\boldsymbol{a}_1, \boldsymbol{a}_2, \boldsymbol{b}_1, \boldsymbol{c}_1, \boldsymbol{c}_2$ は線形独立である．小問 (1) とあわせれば，これらの元が W_1+W_2 の基底をなすことがわかる．

(4) $$\begin{aligned}\dim(W_1+W_2)&=5=3+4-2\\&=\dim W_1+\dim W_2-\dim(W_1\cap W_2).\end{aligned}$$ ■

基本 例題 3.2

V, V' は K 上の線形空間とし，$\dim V=n, \dim V'=m$ とする．$T\colon V\to V'$ は線形写像とする．$\langle\boldsymbol{e}_1,\ldots,\boldsymbol{e}_s\rangle$ を $\mathrm{Ker}(T)$ の基底とし，それに元を付け加えて V の基底 $\langle\boldsymbol{e}_1,\ldots,\boldsymbol{e}_s,\boldsymbol{e}_{s+1},\ldots,\boldsymbol{e}_n\rangle$ を作ったとする．

(1) $\mathrm{Im}(T)$ は $T(\boldsymbol{e}_{s+1}),\ldots,T(\boldsymbol{e}_n)$ で生成されることを示せ．

いま，$c_{s+1},\ldots,c_n\in K$ が $c_{s+1}T(\boldsymbol{e}_{s+1})+\cdots+c_nT(\boldsymbol{e}_n)=\boldsymbol{0}$ をみたすと仮定し

$$\boldsymbol{d}=c_{s+1}\boldsymbol{e}_{s+1}+\cdots+c_n\boldsymbol{e}_n$$

とおく．

(2) $\boldsymbol{d}\in\mathrm{Ker}(T)$ であることを示し，さらに，ある $c_1,\ldots,c_s\in K$ が存在して

$$\boldsymbol{d}=c_1\boldsymbol{e}_1+\cdots+c_s\boldsymbol{e}_s$$

が成り立つことを示せ．

(3) $c_{s+1}=\cdots=c_n=0$ を示し，$\langle T(\boldsymbol{e}_{s+1}),\ldots,T(\boldsymbol{e}_n)\rangle$ が $\mathrm{Im}(T)$ の基底であることを示せ．

(4) $\dim\mathrm{Im}(T)=\dim V-\dim\mathrm{Ker}(T)$ が成り立つことを示せ．

【解答】 (1) $\mathrm{Im}(T)$ の任意の元 $\boldsymbol{z}$ は $\boldsymbol{z}=T(\boldsymbol{x})$（$\boldsymbol{x}\in V$）と表され，さらに $\boldsymbol{x}$ は

$$\boldsymbol{x}=\alpha_1\boldsymbol{e}_1+\cdots+\alpha_n\boldsymbol{e}_n\quad(\alpha_1,\ldots,\alpha_n\in K)$$

と表される．ここで，$\boldsymbol{e}_1,\ldots,\boldsymbol{e}_s\in\mathrm{Ker}(T)$ であることに注意すれば

$$\begin{aligned}\boldsymbol{z}=T(\boldsymbol{x})&=T(\alpha_1\boldsymbol{e}_1+\cdots+\alpha_n\boldsymbol{e}_n)\\&=\alpha_1T(\boldsymbol{e}_1)+\cdots+\alpha_sT(\boldsymbol{e}_s)+\alpha_{s+1}T(\boldsymbol{e}_{s+1})+\cdots+\alpha_nT(\boldsymbol{e}_n)\\&=\alpha_{s+1}T(\boldsymbol{e}_{s+1})+\cdots+\alpha_nT(\boldsymbol{e}_n)\end{aligned}$$

が得られる．よって，$\mathrm{Im}(T)$ は $T(\boldsymbol{e}_{s+1}), \ldots, T(\boldsymbol{e}_n)$ で生成される．

(2)

$$T(\boldsymbol{d}) = T(c_{s+1}\boldsymbol{e}_{s+1} + \cdots + c_n\boldsymbol{e}_n) = c_{s+1}T(\boldsymbol{e}_{s+1}) + \cdots + c_nT(\boldsymbol{e}_n) = \boldsymbol{0}$$

であるので，$\boldsymbol{d} \in \mathrm{Ker}(T)$ である．いま，$\langle \boldsymbol{e}_1, \ldots, \boldsymbol{e}_s \rangle$ が $\mathrm{Ker}(T)$ の基底であるので $\boldsymbol{d} = c_1\boldsymbol{e}_1 + \cdots + c_s\boldsymbol{e}_s$（$c_1, \ldots, c_s \in K$）と表される．

(3) $c_1\boldsymbol{e}_1 + \cdots + c_s\boldsymbol{e}_s = \boldsymbol{d} = c_{s+1}\boldsymbol{e}_{s+1} + \cdots + c_n\boldsymbol{e}_n$ より

$$-c_1\boldsymbol{e}_1 - \cdots - c_s\boldsymbol{e}_s + c_{s+1}\boldsymbol{e}_{s+1} + \cdots + c_n\boldsymbol{e}_n = \boldsymbol{0}$$

が成り立つが，$\boldsymbol{e}_1, \ldots, \boldsymbol{e}_n$ は線形独立であるので

$$-c_1 = \cdots = -c_s = c_{s+1} = \cdots = c_n = 0$$

である．特に $c_{s+1} = \cdots = c_n = 0$ であるので，$T(\boldsymbol{e}_{s+1}), \ldots, T(\boldsymbol{e}_n)$ は線形独立であり，小問 (1) とあわせれば，これらが $\mathrm{Im}(T)$ の基底をなすことがわかる．

(4) $\dim \mathrm{Im}(T) = n - s = \dim V - \dim \mathrm{Ker}(T)$. ■

基本 例題 3.3

V, V' は K 上の線形空間とし, $\dim V = n, \dim V' = m$ とする．$T\colon V \to V'$ は線形写像とする．

(1) $E = \langle \boldsymbol{e}_1, \ldots, \boldsymbol{e}_n \rangle, F = \langle \boldsymbol{f}_1, \ldots, \boldsymbol{f}_n \rangle$ は V の基底とし, $E' = \langle \boldsymbol{e}'_1, \ldots, \boldsymbol{e}'_m \rangle$, $F' = \langle \boldsymbol{f}'_1, \ldots, \boldsymbol{f}'_m \rangle$ は V' の基底とする．基底 E, E' に関する T の表現行列を A とし，基底 F, F' に関する T の表現行列を B とするとき

$$\mathrm{rank}(A) = \mathrm{rank}(B)$$

が成り立つことを示せ．

(2) V, V' の任意の基底に関する T の表現行列の階数は，$\dim \mathrm{Im}(T)$ と一致することを示せ．

【解答】 (1) 基底 E から F への変換行列を P, E' から F' への変換行列を Q とすると，$B = Q^{-1}AP$ が成り立つ（確認例題 3.15 参照）．P, Q は正則であるので，いくつかの基本行列の積として表される．よって，$\mathrm{rank}(B) = \mathrm{rank}(A)$ である．

(2) $\dim \mathrm{Im}(T) = r$ とすると，基本例題 3.2 より

$$\dim \mathrm{Ker}(T) = n - r$$

である．

いま，$\langle \boldsymbol{e}_{r+1}, \ldots, \boldsymbol{e}_n \rangle$ **を** $\mathrm{Ker}(T)$ **の基底**とし，それに元を付け加えて，V **の基底** $\langle \boldsymbol{e}_1, \ldots, \boldsymbol{e}_r, \boldsymbol{e}_{r+1}, \ldots, \boldsymbol{e}_n \rangle$ を作る．さらに

$$\boldsymbol{e}'_1 = T(\boldsymbol{e}_1), \ldots, \boldsymbol{e}'_r = T(\boldsymbol{e}_r)$$

とおくと，基本例題 3.2 と同様に考えれば，$\langle \boldsymbol{e}'_1, \ldots, \boldsymbol{e}'_r \rangle$ **が** $\mathrm{Im}(T)$ **の基底**であること

がわかる．さらにそれに元を付け加えて，V' **の基底** $\langle e'_1, \ldots, e'_r, e'_{r+1}, \ldots, e'_m\rangle$ を作る．このとき，$\boldsymbol{e}_{r+1}, \ldots, \boldsymbol{e}_n \in \mathrm{Ker}(T)$ であることに注意すれば

$$T(\boldsymbol{e}_i) = \begin{cases} \boldsymbol{e}'_i & (1 \leq i \leq r) \\ \boldsymbol{0} & (r+1 \leq i \leq n) \end{cases}$$

がわかる．よって，この基底に関する T の表現行列は $\begin{pmatrix} E_r & O \\ O & O \end{pmatrix} \in M(m, n; K)$ である．この行列の階数は r である．小問 (1) とあわせれば，V, V' の任意の基底に関する T の表現行列の階数が $r = \dim \mathrm{Im}(T)$ であることがわかる．■

基本 例題 3.4

$\mathbb{R}^3$ に通常の内積（標準内積）を入れた実計量線形空間において，ベクトル $\boldsymbol{a}_1 = \begin{pmatrix} 1 \\ 1 \\ 0 \end{pmatrix}$, $\boldsymbol{a}_2 = \begin{pmatrix} 2 \\ 1 \\ 1 \end{pmatrix}$ で生成された $\mathbb{R}^3$ の線形部分空間を W とする．

(1)　W の基底 $\langle \boldsymbol{b}_1, \boldsymbol{b}_2\rangle$ であって，$(\boldsymbol{b}_1, \boldsymbol{b}_2) = 0$ をみたすものを 1 組求めよ．

(2)　$\boldsymbol{b}_1$, $\boldsymbol{b}_2$ は小問 (1) で求めたものとする．$\boldsymbol{x} \in \mathbb{R}^3$ に対して $\boldsymbol{x}'$ を

$$\boldsymbol{x}' = \frac{(\boldsymbol{x}, \boldsymbol{b}_1)}{\|\boldsymbol{b}_1\|^2}\boldsymbol{b}_1 + \frac{(\boldsymbol{x}, \boldsymbol{b}_2)}{\|\boldsymbol{b}_2\|^2}\boldsymbol{b}_2$$

と定めると，$\boldsymbol{x}'$ は $\boldsymbol{x}$ の W への正射影であることを示せ．

(3)　小問 (2) において，$\boldsymbol{x} = \begin{pmatrix} 3 \\ 2 \\ 5 \end{pmatrix}$ のとき，$\boldsymbol{x}'$ を求めよ．

【解答】　(1)　$\boldsymbol{b}_1 = \boldsymbol{a}_1 = \begin{pmatrix} 1 \\ 1 \\ 0 \end{pmatrix}$ とする．$\boldsymbol{a}_2 - \dfrac{(\boldsymbol{a}_2, \boldsymbol{b}_1)}{\|\boldsymbol{b}_1\|^2}\boldsymbol{b}_1 = \dfrac{1}{2}\begin{pmatrix} 1 \\ -1 \\ 2 \end{pmatrix}$ であるので，たとえば $\boldsymbol{b}_2 = \begin{pmatrix} 1 \\ -1 \\ 2 \end{pmatrix}$ とすればよい．

(2)　$\boldsymbol{x}'$ は $\boldsymbol{b}_1$, $\boldsymbol{b}_2$ の線形結合であるので，$\boldsymbol{x}' \in W$．また，$\boldsymbol{x}'' = \boldsymbol{x} - \boldsymbol{x}'$ とおくと

$$\begin{aligned}(\boldsymbol{x}'', \boldsymbol{b}_1) &= (\boldsymbol{x}, \boldsymbol{b}_1) - \frac{(\boldsymbol{x}, \boldsymbol{b}_1)}{\|\boldsymbol{b}_1\|^2}(\boldsymbol{b}_1, \boldsymbol{b}_1) - \frac{(\boldsymbol{x}, \boldsymbol{b}_2)}{\|\boldsymbol{b}_2\|^2}(\boldsymbol{b}_2, \boldsymbol{b}_1) \\ &= (\boldsymbol{x}, \boldsymbol{b}_1) - (\boldsymbol{x}, \boldsymbol{b}_1) = 0\end{aligned}$$

である．同様に

$$(\boldsymbol{x}'', \boldsymbol{b}_2) = 0$$

であるので，**$\boldsymbol{x}''$ は W の任意の元 $\boldsymbol{w}$ と直交する**．よって，$\boldsymbol{x}'$（$= \boldsymbol{x} - \boldsymbol{x}''$）は $\boldsymbol{x}$ の W への正射影である（次図参照）．

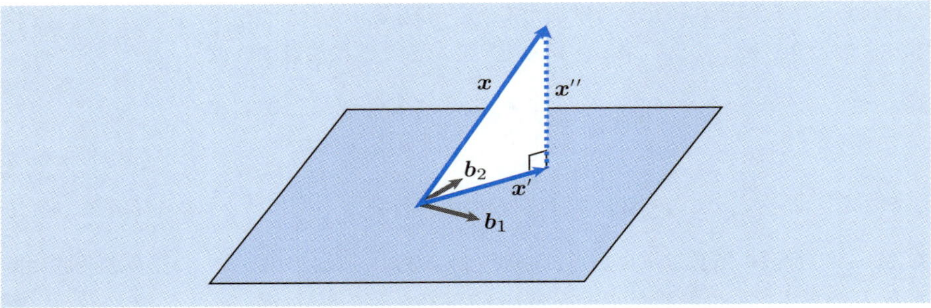

(3)　$(\boldsymbol{x}, \boldsymbol{b}_1) = 5$, $\|\boldsymbol{b}_1\|^2 = 2$, $(\boldsymbol{x}, \boldsymbol{b}_2) = 11$, $\|\boldsymbol{b}_2\|^2 = 6$ より

$$\boldsymbol{x}' = \frac{5}{2}\begin{pmatrix}1\\1\\0\end{pmatrix} + \frac{11}{6}\begin{pmatrix}1\\-1\\2\end{pmatrix} = \frac{1}{3}\begin{pmatrix}13\\2\\11\end{pmatrix}.$$

■

基本問題 3.1　(名古屋工業大学大学院工学研究科入試問題・一部抜粋・改題)

実線形空間 $\mathbb{R}^5$ の線形部分空間

$$V = \left\{ \begin{pmatrix}x\\y\\z\\s\\t\end{pmatrix} \middle| \begin{array}{r} 2x - 2y + \ \ 9z + 5s - 3t = 0, \\ -\ x + \ \ y - \ \ 4z - 2s + \ \ t = 0, \\ 4x - 4y + 11z + 3s + \ \ t = 0, \\ -3x + 3y - 10z - 4s + \ \ t = 0 \end{array} \right\}$$

が与えられている．

(1)　V の基底を 1 組与えよ．

(2)　線形写像 $f\colon V \to \mathbb{R}^3$ は

$$V \ni \begin{pmatrix}x\\y\\z\\s\\t\end{pmatrix} \mapsto \begin{pmatrix}-x + 3y - 3z + 5s + 4t\\-x + 4y - 2z + 9s + 5t\\4x - 5y + 9z - 2s + \ \ t\end{pmatrix} \in \mathbb{R}^3$$

として与えられている．このとき，f による V の像 $f(V)$ の基底を 1 組与えよ．

(3)　小問 (2) の線形写像 f の核 $\mathrm{Ker}(f)$ の次元を求めよ．

※次の問題では，上述の基本問題 3.1 とその解答の中の記号を用いるので，それを読んでから取り組んでいただきたい．

基本問題 3.2　上述の基本問題 3.1 と同じ状況を考える．

(1)　$A' = \begin{pmatrix}1 & -1 & 0 & -2 & 3\\0 & 0 & 1 & 1 & -1\end{pmatrix}$ とおく（これは A に行基本変形をほどこして得られた階段行列の一部である）．また，C は基本問題 3.1 (2) の解答の中の行列

とする．このとき，A' と C をたてに並べた行列 $\begin{pmatrix} A' \\ C \end{pmatrix}$ に行基本変形をくり返しほどこすことによって $\mathrm{Ker}(f)$ の基底が求められることを説明し，実際にそれを求めよ．

(2)　$z_1, z_2, z_3 \in \mathbb{R}$ に対して，$f(z_1\boldsymbol{a}_1 + z_2\boldsymbol{a}_2 + z_3\boldsymbol{a}_3) = \boldsymbol{0}$ が成り立つための条件を求めることによって $\mathrm{Ker}(f)$ の基底が求められることを説明し，実際にそれを求めよ．ここで，$\boldsymbol{a}_1, \boldsymbol{a}_2, \boldsymbol{a}_3$ は基本問題 3.1 (1) の解答の中のベクトルとする．

基本問題 3.3　（筑波大学大学院システム情報工学研究科 コンピュータサイエンス専攻入試問題）

$$\boldsymbol{a}_1 = \begin{pmatrix} 2 \\ 0 \\ 2 \end{pmatrix}, \quad \boldsymbol{a}_2 = \begin{pmatrix} a \\ 1 \\ b \end{pmatrix}, \quad \boldsymbol{a}_3 = \begin{pmatrix} 3 \\ 1 \\ 1 \end{pmatrix}, \quad \boldsymbol{x} = \begin{pmatrix} 1 \\ 1 \\ 1 \end{pmatrix}$$

とする．ただし，$\boldsymbol{a}_2$ は以下の (i), (ii), (iii) の条件をみたす．

(i) $\boldsymbol{a}_1$ と $\boldsymbol{a}_2$ は直交する．

(ii) $\|\boldsymbol{a}_2\| = \sqrt{3}$.

(iii) a, b は実数で $a > 0$.

このとき，以下の問いに答えよ．ただし，ベクトルの内積は，標準内積とする．

(1)　$\boldsymbol{a}_2$ を求めよ．

(2)　$\boldsymbol{a}_1, \boldsymbol{a}_3$ が張る空間 V への $\boldsymbol{x}$ の正射影 $\boldsymbol{y}$ を求めよ．

(3)　$\boldsymbol{a}_1, \boldsymbol{a}_2, \boldsymbol{a}_3$ が張る空間 W の直交補空間を $W^{\perp}$ とする．$\dim W^{\perp}$ を求めよ．また，$\dim W^{\perp} > 0$ ならば，$W^{\perp}$ の正規直交基底を 1 組求めよ．

基本問題 3.4　複素計量線形空間 V の元 $\boldsymbol{a}, \boldsymbol{b}, \boldsymbol{c}$ が

$$(\boldsymbol{a}, \boldsymbol{a} - \boldsymbol{c}) = (\boldsymbol{b}, \boldsymbol{b} - \boldsymbol{c}) = 0$$

をみたすとき，$\|\boldsymbol{a} - \boldsymbol{b}\| \leq \|\boldsymbol{c}\|$ が成り立つことを，三角不等式を用いて証明せよ．

ヒント：次図を参考にせよ．

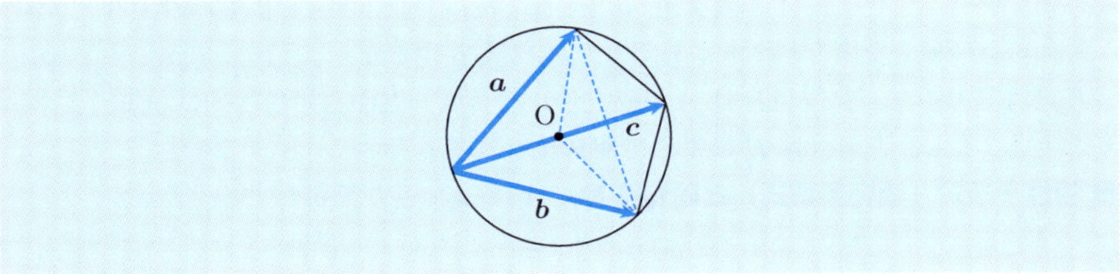

第4章 行列の対角化とその応用

4.1 対　角　化

● 線形変換とその表現行列 ●　$K = \mathbb{R}$ または $\mathbb{C}$ とし，V は K 上の線形空間とする．V から V 自身への線形写像 $T\colon V \to V$ を特に**線形変換**とよぶ．

E, F は V の基底とする．基底 E に関する T の表現行列を A，基底 F に関する T の表現行列を B とし，基底 E から F への変換行列を P とすると

$$B = P^{-1}AP$$

が成り立つ．

● 線形変換の固有値と固有ベクトル ●　V は K 上の線形空間とし，$T\colon V \to V$ は線形変換とする．V の $\mathbf{0}$ でない元 $\boldsymbol{x} \in V$ と $\alpha \in K$ が

$$T(\boldsymbol{x}) = \alpha\boldsymbol{x}$$

をみたすとき，α を線形変換 T の**固有値**，$\boldsymbol{x}$ を固有値 α に対する T の**固有ベクトル**とよぶ．

V の基底 E が T の固有ベクトルからなることと，E に関する T の表現行列が対角行列であることとは同値である．このとき，表現行列の対角成分は，T の固有値である．

● 正方行列の固有値と固有ベクトル ●　$A \in M(n, n; K)$ とする．$\mathbf{0}$ でないベクトル $\boldsymbol{x} \in K^n$ と $\alpha \in K$ が

$$A\boldsymbol{x} = \alpha\boldsymbol{x}$$

をみたすとき，α を行列 A の**固有値**，$\boldsymbol{x}$ を固有値 α に対する A の**固有ベクトル**とよぶ．

n 個の線形独立な固有ベクトル $\boldsymbol{p}_1, \ldots, \boldsymbol{p}_n$ が存在するならば，$P = (\,\boldsymbol{p}_1 \ \cdots \ \boldsymbol{p}_n\,)$ は正則行列であり，$P^{-1}AP$ は A の固有値を対角成分とする対角行列になる．このようなとき，「A は正則行列 P によって**対角化**される」という．

● 特性多項式（固有多項式）と固有値 ●　A は n 次正方行列とする．

$$\Phi_A(t) = \det(tE_n - A)$$

を A の**特性多項式（固有多項式）**とよび，方程式

$$\Phi_A(t) = 0$$

を**特性方程式（固有方程式）**とよぶ．

A の固有値は特性方程式の根である．

● **固有空間** ● 線形変換 $T\colon V \to V$ の固有値 α に対して

$$W(\alpha) = \{\, \boldsymbol{x} \in V \mid T(\boldsymbol{x}) = \alpha\boldsymbol{x} \,\}$$

を**固有値 α に対する T の固有空間**とよぶ.

正方行列 $A \in M(n, n; K)$ の固有値 α に対して

$$W(\alpha) = \{\, \boldsymbol{x} \in K^n \mid A\boldsymbol{x} = \alpha\boldsymbol{x} \,\}$$

を**固有値 α に対する A の固有空間**とよぶ.

● **対角化可能条件** ● 正方行列 $A \in M(n, n; K)$ が対角可能であることは

「A の特性方程式のすべての根が K 内にあり，かつ，その根（固有値）の重複度と，その固有値に対する固有空間の次元とが一致する」

ということと同値である.

特に，A の特性方程式が K 内に相異なる n 個の根を持てば，A は対角化可能である.

相異なる固有値 $\alpha_1, \ldots, \alpha_k$ に対する固有ベクトル $\boldsymbol{p}_1, \ldots, \boldsymbol{p}_k$ は線形独立である.

● **行列のべき乗** ● 正方行列 A が正則行列 P によって対角化されるとすると,

$$(P^{-1}AP)^k$$

が容易に計算できるので，それを利用して A^k を計算することができる.

● **数列や微分方程式への応用** ● 行列の対角化を用いると，漸化式が定数係数の 1 次式で与えられた数列の一般項を求める問題や，定数係数の線形常微分方程式の初期値問題が解けることがある.

問題演習のねらい 行列の対角化のメカニズムを理解し，実際に対角化できるようにしよう！ さらに，その応用もできるようにしよう！

まず，行列の対角化のメカニズムを理解し，特性方程式が重根を持たない場合の対角化について考えよう．

導入 例題 4.1

$$A = \begin{pmatrix} a_{11} & a_{12} \\ a_{21} & a_{22} \end{pmatrix}, \quad \boldsymbol{p}_1 = \begin{pmatrix} p_{11} \\ p_{21} \end{pmatrix}, \quad \boldsymbol{p}_2 = \begin{pmatrix} p_{12} \\ p_{22} \end{pmatrix}$$

とする．$\boldsymbol{p}_1, \boldsymbol{p}_2$ はいずれも $\boldsymbol{0}$ でないとし，$P = (\, \boldsymbol{p}_1 \;\; \boldsymbol{p}_2 \,)$ とおく．いま，$A\boldsymbol{p}_1 = \alpha_1 \boldsymbol{p}_1$, $A\boldsymbol{p}_2 = \alpha_2 \boldsymbol{p}_2$ が成り立つとし

$$B = \begin{pmatrix} \alpha_1 & 0 \\ 0 & \alpha_2 \end{pmatrix}$$

とおく（$a_{ij}, p_{ij}, \alpha_i \in \mathbb{C};\ 1 \leq i \leq 2,\ 1 \leq j \leq 2$）．

(1)　$AP = PB$ が成り立つことを示せ．

(2)　$\boldsymbol{p}_1, \boldsymbol{p}_2$ が線形独立ならば，P は正則行列であり，$P^{-1}AP = B$ となることを示せ．

(3)

$$\det(\alpha_i E_2 - A) = 0 \quad (1 \leq i \leq 2)$$

を示せ．**ヒント**：$(\alpha_i E_2 - A)\boldsymbol{p}_i = \boldsymbol{0}$.

【解答】　(1)　行列の区分けを利用して計算する．

$$\begin{aligned} AP &= A(\, \boldsymbol{p}_1 \;\; \boldsymbol{p}_2 \,) = (\, A\boldsymbol{p}_1 \;\; A\boldsymbol{p}_2 \,) \\ &= (\, \alpha_1 \boldsymbol{p}_1 \;\; \alpha_2 \boldsymbol{p}_2 \,) \end{aligned}$$

が成り立つ．一方

$$\begin{aligned} PB &= (\, \boldsymbol{p}_1 \;\; \boldsymbol{p}_2 \,) \begin{pmatrix} \alpha_1 & 0 \\ 0 & \alpha_2 \end{pmatrix} \\ &= (\, \alpha_1 \boldsymbol{p}_1 \;\; \alpha_2 \boldsymbol{p}_2 \,) \end{aligned}$$

であるので

$$AP = PB$$

が成り立つ．

(2)　**正方行列の階数は，線形独立な列ベクトルの最大個数と等しい**．いまの場合，$\boldsymbol{p}_1, \boldsymbol{p}_2$ が線形独立であるので

$$\text{rank}(P) = 2$$

である．よって，P は正則である．このとき，小問 (2) の式 $AP = PB$ の両辺に左から P^{-1} をかければ

$$P^{-1}AP = B.$$

(3) $1 \leq i \leq 2$ に対して

$$A\boldsymbol{p}_i = \alpha_i \boldsymbol{p}_i = \alpha_i E_2 \boldsymbol{p}_i$$

であるので

$$(\alpha_i E_2 - A)\boldsymbol{p}_i = \boldsymbol{0} \tag{4.1}$$

が成り立つ．**仮に** $\det(\alpha_i E_2 - A) \neq 0$ **ならば，**$\alpha_i E_2 - A$ **は逆行列を持つ．**このとき，式 (4.1) の両辺に左から $(\alpha_i E_2 - A)^{-1}$ をかければ

$$\boldsymbol{p}_i = \boldsymbol{0}$$

となり，仮定に反する．よって

$$\det(\alpha_i E_2 - A) = 0.$$ ■

問 4.1

$$A = \begin{pmatrix} 1 & 2 \\ -1 & 4 \end{pmatrix}, \quad \boldsymbol{p}_1 = \begin{pmatrix} 2 \\ 1 \end{pmatrix}, \quad \boldsymbol{p}_2 = \begin{pmatrix} 1 \\ 1 \end{pmatrix}$$

とする．

(1)

$$A\boldsymbol{p}_1 = 2\boldsymbol{p}_1, \quad A\boldsymbol{p}_2 = 3\boldsymbol{p}_2$$

であることを計算により確かめよ．

(2) $P = (\ \boldsymbol{p}_1 \quad \boldsymbol{p}_2\ )$ とする．P^{-1} を求め，$P^{-1}AP$ を計算せよ．

(3)

$$\det(2E_2 - A) = \det(3E_2 - A) = 0$$

を計算により確かめよ．

(4) $\boldsymbol{p}_1' = \begin{pmatrix} -2 \\ -1 \end{pmatrix}$ とするとき，$A\boldsymbol{p}_1' = 2\boldsymbol{p}_1'$ であるが，$P' = (\ \boldsymbol{p}_1 \quad \boldsymbol{p}_1'\ )$ とおくと，P' は正則行列でないことを示せ．

確認 例題 4.1

$A = \begin{pmatrix} -2 & -1 & 4 \\ -4 & 1 & 4 \\ -1 & -1 & 3 \end{pmatrix}$ とする．次の手順により，A を対角化せよ．

(1)　A の特性多項式 $\Phi_A(t) = \det(tE_3 - A)$ を求め，A の固有値をすべて求めよ．

(2)　小問 (1) で求めた固有値に対する固有ベクトルをそれぞれ 1 つずつ求めよ．

(3)　A の固有ベクトルを並べた行列 P を用いて，$P^{-1}AP$ を対角行列にせよ．

【解答】　(1)　$\Phi_A(t) = \begin{vmatrix} t+2 & 1 & -4 \\ 4 & t-1 & -4 \\ 1 & 1 & t-3 \end{vmatrix} = (t+1)(t-1)(t-2)$ であるので，固有値は -1, 1, 2 である．

(2)　$\boldsymbol{x} = \begin{pmatrix} x_1 \\ x_2 \\ x_3 \end{pmatrix}$ に対して，次のことが成り立つことに注意する．

$$A\boldsymbol{x} = -\boldsymbol{x} \Leftrightarrow (A + E_3)\boldsymbol{x} = \boldsymbol{0} \Leftrightarrow \begin{pmatrix} -1 & -1 & 4 \\ -4 & 2 & 4 \\ -1 & -1 & 4 \end{pmatrix} \begin{pmatrix} x_1 \\ x_2 \\ x_3 \end{pmatrix} = \begin{pmatrix} 0 \\ 0 \\ 0 \end{pmatrix}.$$

これを連立 1 次方程式として解くことにより，A の固有値 -1 に対する固有ベクトルとして，たとえば $\boldsymbol{p}_1 = \begin{pmatrix} 2 \\ 2 \\ 1 \end{pmatrix}$ がとれる．同様に，$A\boldsymbol{x} = \boldsymbol{x} \Leftrightarrow (A - E_3)\boldsymbol{x} = \boldsymbol{0}$ を連立 1 次方程式とみて解くと，固有値 1 に対する固有ベクトルとして，$\boldsymbol{p}_2 = \begin{pmatrix} 1 \\ 1 \\ 1 \end{pmatrix}$ がとれる．さらに，固有値 2 に対する固有ベクトルとして，$\boldsymbol{p}_3 = \begin{pmatrix} 1 \\ 0 \\ 1 \end{pmatrix}$ がとれる．

(3)　$\boldsymbol{p}_1, \boldsymbol{p}_2, \boldsymbol{p}_3$ は線形独立である（検証は省略．実は次の**確認例題 4.2** により，**相異なる固有値に対する固有ベクトルは線形独立である**）．よって

$$P = (\ \boldsymbol{p}_1 \quad \boldsymbol{p}_2 \quad \boldsymbol{p}_3\ ) = \begin{pmatrix} 2 & 1 & 1 \\ 2 & 1 & 0 \\ 1 & 1 & 1 \end{pmatrix}$$

とおけば，P は正則行列であり，$P^{-1}AP = \begin{pmatrix} -1 & 0 & 0 \\ 0 & 1 & 0 \\ 0 & 0 & 2 \end{pmatrix}$ である．■

問 4.2　$A = \begin{pmatrix} 0 & 1 & -1 \\ 1 & 0 & -1 \\ 1 & -1 & 0 \end{pmatrix}$ とする．$P^{-1}AP$ が対角行列となるような正則行列 P を 1 つ求めよ．また，そのときの $P^{-1}AP$ も書け．

確認 例題 4.2

$A \in M(n, n; \mathbb{C})$ とし，$\alpha_1, \alpha_2, \ldots, \alpha_k$ は A の相異なる固有値とする．$\boldsymbol{x}_1, \boldsymbol{x}_2, \ldots, \boldsymbol{x}_k$ はそれぞれ $\alpha_1, \alpha_2, \ldots, \alpha_k$ に対する固有ベクトルとする．このとき，$\boldsymbol{x}_1, \boldsymbol{x}_2, \ldots, \boldsymbol{x}_k$ は線形独立であることを証明せよ．

【解答】 k についての数学的帰納法を用いる．$k = 1$ のとき，結論は正しい（$\boldsymbol{x}_1 \neq \boldsymbol{0}$ に注意）．そこで，$k \geq 2$ とし，$(k-1)$ 個の固有ベクトルについては結論が成り立つと仮定する．いま，$c_1, c_2, \ldots, c_k \in \mathbb{C}$ が

$$c_1\boldsymbol{x}_1 + c_2\boldsymbol{x}_2 + \cdots + c_k\boldsymbol{x}_k = \boldsymbol{0} \tag{4.2}$$

をみたすとする．式 (4.2) の両辺に左から A をかけると

$$c_1\alpha_1\boldsymbol{x}_1 + c_2\alpha_2\boldsymbol{x}_2 + \cdots + c_k\alpha_k\boldsymbol{x}_k = \boldsymbol{0} \tag{4.3}$$

が得られる（ここで，$A\boldsymbol{x}_i = \alpha_i\boldsymbol{x}_i$ $(1 \leq i \leq k)$ を用いた）．

いま，式 (4.2) の両辺を α_1 倍したものを式 (4.3) から辺々引けば

$$c_2(\alpha_2 - \alpha_1)\boldsymbol{x}_2 + \cdots + c_k(\alpha_k - \alpha_1)\boldsymbol{x}_k = \boldsymbol{0}$$

となる．帰納法の仮定より，$\boldsymbol{x}_2, \ldots, \boldsymbol{x}_k$ は線形独立であるので

$$c_2(\alpha_2 - \alpha_1) = \cdots = c_k(\alpha_k - \alpha_1) = 0$$

が成り立つが，$\alpha_2, \ldots, \alpha_k$ は相異なるので

$$c_2 = \cdots = c_k = 0$$

である．これを式 (4.2) に代入すれば

$$c_1\boldsymbol{x}_1 = \boldsymbol{0}$$

となるが，$\boldsymbol{x}_1 \neq \boldsymbol{0}$ より

$$c_1 = 0$$

である．結局

$$c_1 = c_2 = \cdots = c_k = 0$$

が示されたので，$\boldsymbol{x}_1, \boldsymbol{x}_2, \ldots, \boldsymbol{x}_k$ は線形独立である．■

問 4.3 $A \in M(n, n; \mathbb{C})$ とする．A の特性方程式 $\Phi_A(t) = 0$ が相異なる n 個の根を持つならば，ある複素正則行列 P が存在して，$P^{-1}AP$ が対角行列となることを示せ．

次に，特性方程式が重根を持つ場合を考えよう．

導入 例題 4.2

$A \in M(n, n; \mathbb{C})$ とし，α, β は A の相異なる固有値とする．$\boldsymbol{p}_1, \boldsymbol{p}_2$ は固有値 α に対する A の固有ベクトルとし，$\boldsymbol{p}_3$ は固有値 β に対する A の固有ベクトルとする．

(1) $c_1, c_2 \in \mathbb{C}$ に対して，$\boldsymbol{p} = c_1\boldsymbol{p}_1 + c_2\boldsymbol{p}_2$ とおく．$\boldsymbol{p} \neq \boldsymbol{0}$ ならば，$\boldsymbol{p}$ は固有値 α に対する A の固有ベクトルであることを示せ．

さらに，$\boldsymbol{p}_1, \boldsymbol{p}_2$ は線形独立であるとする．

$c_1, c_2, c_3 \in \mathbb{C}$ が $c_1\boldsymbol{p}_1 + c_2\boldsymbol{p}_2 + c_3\boldsymbol{p}_3 = \boldsymbol{0}$ をみたすと仮定し，次の手順にしたがって，$c_1 = c_2 = c_3 = 0$ を示そう．

(2) $\boldsymbol{p} = c_1\boldsymbol{p}_1 + c_2\boldsymbol{p}_2$ とおくと，$\boldsymbol{p} = \boldsymbol{0}$ であることを示せ．

ヒント：そうでないと仮定して矛盾を導く．小問 (1)，確認例題 4.2 を用いよ．

(3) $c_1 = c_2 = c_3 = 0$ を示し，$\boldsymbol{p}_1, \boldsymbol{p}_2, \boldsymbol{p}_3$ が線形独立であることを示せ．

【解答】 (1)

$$A\boldsymbol{p} = c_1 A\boldsymbol{p}_1 + c_2 A\boldsymbol{p}_2 = c_1\alpha\boldsymbol{p}_1 + c_2\alpha\boldsymbol{p}_2 = \alpha\boldsymbol{p}$$

であるので，$\boldsymbol{p} \neq \boldsymbol{0}$ ならば，$\boldsymbol{p}$ は固有値 α に対する A の固有ベクトルである．

(2) **仮に $\boldsymbol{p} \neq \boldsymbol{0}$ とすると**，小問 (1) より，$\boldsymbol{p}$ は固有値 α に対する固有ベクトルである．このとき，確認例題 4.2 より，$\boldsymbol{p}, \boldsymbol{p}_3$ **は線形独立**でなければならないが，一方

$$\boldsymbol{p} + c_3\boldsymbol{p}_3 = c_1\boldsymbol{p}_1 + c_2\boldsymbol{p}_2 + c_3\boldsymbol{p}_3 = \boldsymbol{0}$$

であるので，$\boldsymbol{p}, \boldsymbol{p}_3$ が線形従属となり，矛盾する．よって $\boldsymbol{p} = \boldsymbol{0}$ である．

(3) 小問 (2) より

$$c_1\boldsymbol{p}_1 + c_2\boldsymbol{p}_2 = \boldsymbol{0}$$

であるが，$\boldsymbol{p}_1, \boldsymbol{p}_2$ は線形独立であるので，$c_1 = c_2 = 0$ である．また，これを

$$c_1\boldsymbol{p}_1 + c_2\boldsymbol{p}_2 + c_3\boldsymbol{p}_3 = \boldsymbol{0}$$

に代入すれば，$c_3\boldsymbol{p}_3 = \boldsymbol{0}$ が得られ，$\boldsymbol{p}_3 \neq \boldsymbol{0}$ より $c_3 = 0$ となる．よって，$\boldsymbol{p}_1, \boldsymbol{p}_2, \boldsymbol{p}_3$ は線形独立である． ■

問 4.4 $A \in M(n, n; \mathbb{C})$ とし，α, β は A の相異なる固有値とする．$\boldsymbol{p}_1, \boldsymbol{p}_2$ は固有値 α に対する A の固有ベクトルとし，$\boldsymbol{p}_3, \boldsymbol{p}_4$ は固有値 β に対する A の固有ベクトルとする．さらに，$\boldsymbol{p}_1, \boldsymbol{p}_2$ は線形独立であり，$\boldsymbol{p}_3, \boldsymbol{p}_4$ は線形独立であるとする．このとき，4つのベクトル $\boldsymbol{p}_1, \boldsymbol{p}_2, \boldsymbol{p}_3, \boldsymbol{p}_4$ は線形独立であることを示せ．

導入 例題 4.3

$A = \begin{pmatrix} 3 & 0 & -2 \\ 2 & 1 & -2 \\ 4 & 0 & -3 \end{pmatrix}$ とする．

(1) A の固有値は 1, -1 であることを示せ．

(2) $A\boldsymbol{x} = \boldsymbol{x}$ をみたす $\boldsymbol{x} \in \mathbb{C}^3$ をすべて求めよ．

(3) 固有値 1 に対する A の線形独立な固有ベクトル $\boldsymbol{p}_1, \boldsymbol{p}_2$ を 1 組求めよ．

(4) 固有値 -1 に対する固有ベクトル $\boldsymbol{p}_3$ を 1 つ求めよ．

(5) $P = (\,\boldsymbol{p}_1 \;\; \boldsymbol{p}_2 \;\; \boldsymbol{p}_3\,)$ とおくとき，P は正則行列であることを示せ．

(6) $P^{-1}AP$ は何か．

【解答】 (1) A の特性多項式が $\Phi_A(t) = \det(tE_3 - A) = (t-1)^2(t+1)$ であるので（計算は省略），A の固有値は 1, -1 である．

(2) $A\boldsymbol{x} = \boldsymbol{x}$ （$\Leftrightarrow (A - E_3)\boldsymbol{x} = \boldsymbol{0}$）を連立 1 次方程式とみて解けば

$$\begin{pmatrix} x_1 \\ x_2 \\ x_3 \end{pmatrix} = \begin{pmatrix} \beta \\ \alpha \\ \beta \end{pmatrix} = \alpha \begin{pmatrix} 0 \\ 1 \\ 0 \end{pmatrix} + \beta \begin{pmatrix} 1 \\ 0 \\ 1 \end{pmatrix} \quad (\alpha, \beta \in \mathbb{C}).$$

(3) たとえば $\boldsymbol{p}_1 = \begin{pmatrix} 0 \\ 1 \\ 0 \end{pmatrix}$, $\boldsymbol{p}_2 = \begin{pmatrix} 1 \\ 0 \\ 1 \end{pmatrix}$ （小問 (2) の解答の形からわかる）．

(4) $(A + E_3)\boldsymbol{x} = \boldsymbol{0}$ を解く．たとえば $\boldsymbol{p}_3 = \begin{pmatrix} 1 \\ 1 \\ 2 \end{pmatrix}$ とすればよい．

(5) **導入例題 4.2 により，$\boldsymbol{p}_1, \boldsymbol{p}_2, \boldsymbol{p}_3$ は線形独立**であるので，P は正則である．

(6) $P^{-1}AP = \begin{pmatrix} 1 & 0 & 0 \\ 0 & 1 & 0 \\ 0 & 0 & -1 \end{pmatrix}$. ■

問 4.5 $A \in M(4, 4; \mathbb{C})$ とし，α, β は A の相異なる固有値とする．$\boldsymbol{p}_1, \boldsymbol{p}_2$ は固有値 α に対する A の線形独立な固有ベクトルとし，$\boldsymbol{p}_3, \boldsymbol{p}_4$ は固有値 β に対する A の線形独立な固有ベクトルとする．このとき，$P = (\,\boldsymbol{p}_1 \;\; \boldsymbol{p}_2 \;\; \boldsymbol{p}_3 \;\; \boldsymbol{p}_4\,)$ とおけば，P は正則行列であり，$P^{-1}AP = \begin{pmatrix} \alpha & 0 & 0 & 0 \\ 0 & \alpha & 0 & 0 \\ 0 & 0 & \beta & 0 \\ 0 & 0 & 0 & \beta \end{pmatrix}$ となることを示せ．

確認 例題 4.3

$A = \begin{pmatrix} 0 & -6 & 6 \\ -2 & -4 & 6 \\ -2 & -6 & 8 \end{pmatrix}$ とする．$P^{-1}AP$ が対角行列となるような正則行列 P を 1 つ求め，そのときの $P^{-1}AP$ を記せ．

【解答】 A の特性多項式は

$$\Phi_A(t) = \det(tE_3 - A) = t(t-2)^2$$

であるので，A の固有値は 0, 2 である．固有値 0 に対する A の固有ベクトルとして

$$\boldsymbol{p}_1 = \begin{pmatrix} 1 \\ 1 \\ 1 \end{pmatrix}$$

がとれる．また，$A\boldsymbol{x} = 2\boldsymbol{x}$ をみたす $\boldsymbol{x}$ は次のように表される．

$$\begin{pmatrix} x_1 \\ x_2 \\ x_3 \end{pmatrix} = \begin{pmatrix} -3\alpha + 3\beta \\ \alpha \\ \beta \end{pmatrix} = \alpha \begin{pmatrix} -3 \\ 1 \\ 0 \end{pmatrix} + \beta \begin{pmatrix} 3 \\ 0 \\ 1 \end{pmatrix} \quad (\alpha, \beta \in \mathbb{C}).$$

よって

$$\boldsymbol{p}_2 = \begin{pmatrix} -3 \\ 1 \\ 0 \end{pmatrix}, \quad \boldsymbol{p}_3 = \begin{pmatrix} 3 \\ 0 \\ 1 \end{pmatrix}$$

とすれば，$\boldsymbol{p}_2, \boldsymbol{p}_3$ は固有値 2 に対する線形独立な固有ベクトルである．そこで

$$P = \begin{pmatrix} \boldsymbol{p}_1 & \boldsymbol{p}_2 & \boldsymbol{p}_3 \end{pmatrix} = \begin{pmatrix} 1 & -3 & 3 \\ 1 & 1 & 0 \\ 1 & 0 & 1 \end{pmatrix}$$

とおけば，P は正則行列であり

$$P^{-1}AP = \begin{pmatrix} 0 & 0 & 0 \\ 0 & 2 & 0 \\ 0 & 0 & 2 \end{pmatrix}$$

となる．■

問 4.6 $A = \begin{pmatrix} -1 & 0 & 0 & -2 \\ -2 & 1 & 0 & -2 \\ -2 & 2 & -1 & -2 \\ 0 & 0 & 0 & 1 \end{pmatrix}$ とする．$P^{-1}AP$ が対角行列となるような正則行列 P を 1 つ求め，そのときの $P^{-1}AP$ を記せ．

次に，対角化ができない場合を扱う問題にも少しあたっておこう．

導入 例題 4.4

$A \in M(3,3;\mathbb{C})$ とし，A の特性多項式 $\Phi_A(t)$ は

$$\Phi_A(t) = (t-\alpha)^2(t-\beta) \quad (\alpha, \beta \in \mathbb{C},\ \alpha \neq \beta).$$

という形であるとする．また，A の固有値 α に対する固有空間を $W(\alpha)$ と表す．

$$W(\alpha) = \{\boldsymbol{x} \in \mathbb{C}^3 \mid A\boldsymbol{x} = \alpha\boldsymbol{x}\}.$$

(1) 固有値 α に対する A の任意の固有ベクトルは $W(\alpha)$ に属することを示せ．

(2) $\dim W(\alpha) = 1$ ならば

$$P^{-1}AP = \begin{pmatrix} \alpha & 0 & 0 \\ 0 & \alpha & 0 \\ 0 & 0 & \beta \end{pmatrix}$$

をみたす 3 次正則行列 P は存在しないことを示せ．

【解答】 (1) $\boldsymbol{x}$ を固有値 α に対する固有ベクトルとすると

$$A\boldsymbol{x} = \alpha\boldsymbol{x}$$

が成り立つので，$\boldsymbol{x} \in W(\alpha)$ である．

(2) 問題の条件をみたす

$$P = (\ \boldsymbol{p}_1 \quad \boldsymbol{p}_2 \quad \boldsymbol{p}_3\ )$$

が存在するとすると，$\boldsymbol{p}_1, \boldsymbol{p}_2$ は固有値 α に対する線形独立な固有ベクトルである．しかし

$$\dim W(\alpha) = 1$$

より，$W(\alpha)$ は 2 個以上の線形独立な元を含み得ない．よって，このような P は存在しない． ■

確認 例題 4.4

$$A = \begin{pmatrix} -4 & 1 & -5 \\ -2 & 1 & -2 \\ 3 & -1 & 4 \end{pmatrix}$$

に対して，$P^{-1}AP$ が対角行列となるような 3 次複素正則行列 P は存在しないことを示せ．

【解答】 A の特性多項式は

$$\Phi_A(t) = (t-1)^2(t+1)$$

であるので，固有値は 1, -1 である．いま，固有値 α に対する固有空間を $W(\alpha)$ と表す．このとき，**$W(1)$ は連立 1 次方程式 $Ax = x$ の解全体の集合と一致する**ので

$$W(1) = \left\{ c \begin{pmatrix} -1 \\ 0 \\ 1 \end{pmatrix} \middle| \; c \in \mathbb{C} \right\}$$

であることが計算によってわかる．よって，$\dim W(1) = 1$ である．同様に

$$W(-1) = \left\{ c \begin{pmatrix} -2 \\ -1 \\ 1 \end{pmatrix} \middle| \; c \in \mathbb{C} \right\}$$

であることがわかる．よって

$$\dim W(-1) = 1$$

である．

$\dim W(1) = 1$ より，**固有値 1 に対する線形独立な固有ベクトルは最大 1 個**しか選べない．同様に，$\dim W(-1) = 1$ より，**固有値 -1 に対する線形独立な固有ベクトルは最大 1 個**しか選べない．したがって，**3 個の線形独立な A の固有ベクトルを選ぶことができない**．よって，問題の条件をみたす P は存在しない． ■

問 4.7 α は複素数とし

$$A = \begin{pmatrix} \alpha & 1 & 0 \\ 0 & \alpha & 1 \\ 0 & 0 & \alpha \end{pmatrix}$$

とするとき，$P^{-1}AP$ が対角行列となるような 3 次複素正則行列 P は存在しないことを示せ．

行列の対角化の応用として，行列のべき乗を求める問題をまず考えよう．

導入 例題 4.5

A は n 次正方行列，P は n 次正則行列とし，$B = P^{-1}AP$ とおく．このとき，任意の自然数 k に対して，$B^k = P^{-1}A^kP$, $A^k = PB^kP^{-1}$ が成り立つことを示せ．

【解答】 k に関する数学的帰納法によって示す．$k=1$ のときは正しい．そこで，$k \geq 2$ とし，$B^{k-1} = P^{-1}A^{k-1}P$ が成り立つと仮定する．このとき

$$B^k = BB^{k-1} = (P^{-1}AP)(P^{-1}A^{k-1}P) = P^{-1}AA^{k-1}P = P^{-1}A^kP$$

となる．また，両辺に左から P，右から P^{-1} をかければ，$PB^kP^{-1} = A^k$ となる．

■

確認 例題 4.5

k を自然数とする．確認例題 4.1 の行列 A について，A^k を求めよ．

【解答】 $P = \begin{pmatrix} 2 & 1 & 1 \\ 2 & 1 & 0 \\ 1 & 1 & 1 \end{pmatrix}$, $B = P^{-1}AP$ とおけば，$B = \begin{pmatrix} -1 & 0 & 0 \\ 0 & 1 & 0 \\ 0 & 0 & 2 \end{pmatrix}$ である（確認例題 4.1 参照）．このとき，$P^{-1} = \begin{pmatrix} 1 & 0 & -1 \\ -2 & 1 & 2 \\ 1 & -1 & 0 \end{pmatrix}$ であり

$$\begin{aligned} A^k &= PB^kP^{-1} \\ &= \begin{pmatrix} 2 & 1 & 1 \\ 2 & 1 & 0 \\ 1 & 1 & 1 \end{pmatrix} \begin{pmatrix} (-1)^k & 0 & 0 \\ 0 & 1 & 0 \\ 0 & 0 & 2^k \end{pmatrix} \begin{pmatrix} 1 & 0 & -1 \\ -2 & 1 & 2 \\ 1 & -1 & 0 \end{pmatrix} \\ &= \begin{pmatrix} 2\cdot(-1)^k - 2 + 2^k & 1 - 2^k & -2\cdot(-1)^k + 2 \\ 2\cdot(-1)^k - 2 & 1 & -2\cdot(-1)^k + 2 \\ (-1)^k - 2 + 2^k & 1 - 2^k & -(-1)^k + 2 \end{pmatrix} \end{aligned}$$

である．

■

問 4.8 k を自然数とする．確認例題 4.3 の行列 A について，A^k を求めよ．

次に，数列や常微分方程式への応用を考える．

導入 例題 4.6

$A = \begin{pmatrix} 0 & 1 \\ 2 & 1 \end{pmatrix}$ をある正則行列 P によって対角化せよ．

【解答】 $\boldsymbol{p}_1 = \begin{pmatrix} 1 \\ -1 \end{pmatrix}$, $\boldsymbol{p}_2 = \begin{pmatrix} 1 \\ 2 \end{pmatrix}$ は，それぞれ固有値 $-1, 2$ に対する固有ベクトル．$P = (\ \boldsymbol{p}_1\ \ \boldsymbol{p}_2\ ) = \begin{pmatrix} 1 & 1 \\ -1 & 2 \end{pmatrix}$ とおけば

$$P^{-1}AP = \begin{pmatrix} -1 & 0 \\ 0 & 2 \end{pmatrix}.$$

■

問 4.9　$A = \begin{pmatrix} 0 & 1 \\ -2 & 3 \end{pmatrix}$ をある正則行列 P によって対角化せよ．

確認 例題 4.6

α, β は実数とする．数列 $\{a_n\}$ は $a_1 = \alpha$, $a_2 = \beta$ をみたし，さらに，次の漸化式をみたすとする．

$$a_{n+2} = a_{n+1} + 2a_n \quad (n \geq 1).$$

いま，b_n $(n \geq 1)$ を $b_n = a_{n+1}$ により定める．

(1)　導入例題 4.6 の行列 A を用いて

$$\begin{pmatrix} a_{n+1} \\ b_{n+1} \end{pmatrix} = A \begin{pmatrix} a_n \\ b_n \end{pmatrix} \quad (n \geq 1)$$

という関係式が成り立つことを示せ．

さらに，導入例題 4.6 の解答の行列 P を用いて，c_n, d_n を次のように定める．

$$\begin{pmatrix} c_n \\ d_n \end{pmatrix} = P^{-1} \begin{pmatrix} a_n \\ b_n \end{pmatrix} \quad (n \geq 1).$$

(2)　c_1, d_1 を求めよ．

(3)　$\begin{pmatrix} c_{n+1} \\ d_{n+1} \end{pmatrix} = P^{-1}AP \begin{pmatrix} c_n \\ d_n \end{pmatrix}$ $(n \geq 1)$ が成り立つことを示せ．

(4)　c_n, d_n を求めよ．

(5)　a_n を求めよ．

【解答】 (1) $a_{n+1} = b_n, b_{n+1} = a_{n+2} = a_{n+1} + 2a_n = 2a_n + b_n$ であるので

$$\begin{pmatrix} a_{n+1} \\ b_{n+1} \end{pmatrix} = \begin{pmatrix} 0 & 1 \\ 2 & 1 \end{pmatrix} \begin{pmatrix} a_n \\ b_n \end{pmatrix} = A \begin{pmatrix} a_n \\ b_n \end{pmatrix}.$$

(2)

$$P = \begin{pmatrix} 1 & 1 \\ -1 & 2 \end{pmatrix}, \quad P^{-1} = \frac{1}{3}\begin{pmatrix} 2 & -1 \\ 1 & 1 \end{pmatrix}, \quad a_1 = \alpha, \quad b_1 = a_2 = \beta$$

であるので

$$\begin{pmatrix} c_1 \\ d_1 \end{pmatrix} = \frac{1}{3}\begin{pmatrix} 2 & -1 \\ 1 & 1 \end{pmatrix} \begin{pmatrix} \alpha \\ \beta \end{pmatrix} = \frac{1}{3}\begin{pmatrix} 2\alpha - \beta \\ \alpha + \beta \end{pmatrix}$$

となる．すなわち

$$c_1 = \frac{1}{3}(2\alpha - \beta), \quad d_1 = \frac{1}{3}(\alpha + \beta).$$

(3) $\begin{pmatrix} c_n \\ d_n \end{pmatrix} = P^{-1}\begin{pmatrix} a_n \\ b_n \end{pmatrix}$ より，$\begin{pmatrix} a_n \\ b_n \end{pmatrix} = P\begin{pmatrix} c_n \\ d_n \end{pmatrix}$ であるので

$$\begin{pmatrix} c_{n+1} \\ d_{n+1} \end{pmatrix} = P^{-1}\begin{pmatrix} a_{n+1} \\ b_{n+1} \end{pmatrix} = P^{-1}A\begin{pmatrix} a_n \\ b_n \end{pmatrix} = P^{-1}AP\begin{pmatrix} c_n \\ d_n \end{pmatrix}.$$

(4) $\begin{pmatrix} c_{n+1} \\ d_{n+1} \end{pmatrix} = \begin{pmatrix} -1 & 0 \\ 0 & 2 \end{pmatrix}\begin{pmatrix} c_n \\ d_n \end{pmatrix}$ より，$c_{n+1} = -c_n, d_{n+1} = 2d_n$ である．数列 $\{c_n\}$ は初項が $\dfrac{1}{3}(2\alpha - \beta)$，公比が -1 の等比数列である．同様に，数列 $\{d_n\}$ は初項が $\dfrac{1}{3}(\alpha + \beta)$，公比が 2 の等比数列である．よって，次が得られる．

$$c_n = \frac{1}{3}(2\alpha - \beta) \cdot (-1)^{n-1}, \quad d_n = \frac{1}{3}(\alpha + \beta) \cdot 2^{n-1} \quad (n \geq 1).$$

(5) $\begin{pmatrix} a_n \\ b_n \end{pmatrix} = P\begin{pmatrix} c_n \\ d_n \end{pmatrix} = \begin{pmatrix} 1 & 1 \\ -1 & 2 \end{pmatrix}\begin{pmatrix} c_n \\ d_n \end{pmatrix}$ であるので

$$a_n = c_n + d_n = \frac{1}{3}(2\alpha - \beta) \cdot (-1)^{n-1} + \frac{1}{3}(\alpha + \beta) \cdot 2^{n-1}$$

である． ■

問 4.10 α, β は実数とする．数列 $\{a_n\}$ は $a_1 = \alpha, a_2 = \beta$ をみたし，さらに，次の漸化式をみたすとする．

$$a_{n+2} = 3a_{n+1} - 2a_n \quad (n \geq 1).$$

この数列の一般項を求めよ．

確認 例題 4.7

α, β は実数とする．2 回微分可能な t の関数 $x(t)$ は，$x(0) = \alpha$, $x'(0) = \beta$ をみたし，さらに，次の微分方程式をみたすとする．

$$x''(t) = x'(t) + 2x(t).$$

いま，関数 $y(t)$ を $y(t) = x'(t)$ により定める．

(1)　導入例題 4.6 の行列 A を用いて

$$\begin{pmatrix} x'(t) \\ y'(t) \end{pmatrix} = A \begin{pmatrix} x(t) \\ y(t) \end{pmatrix}$$

という関係式が成り立つことを示せ．

さらに，導入例題 4.6 の解答の行列 P を用いて，$z(t)$, $w(t)$ を次のように定める．

$$\begin{pmatrix} z(t) \\ w(t) \end{pmatrix} = P^{-1} \begin{pmatrix} x(t) \\ y(t) \end{pmatrix}.$$

(2)　$z(0)$, $w(0)$ を求めよ．

(3)　$\begin{pmatrix} z'(t) \\ w'(t) \end{pmatrix} = P^{-1}AP \begin{pmatrix} z(t) \\ w(t) \end{pmatrix}$ が成り立つことを示せ．

(4)　$z(t)$, $w(t)$ を求めよ．

(5)　$x(t)$ を求めよ．

【解答】　(1)　$x'(t) = y(t)$, $y'(t) = x''(t) = x'(t) + 2x(t) = 2x(t) + y(t)$ より

$$\begin{pmatrix} x'(t) \\ y'(t) \end{pmatrix} = \begin{pmatrix} 0 & 1 \\ 2 & 1 \end{pmatrix} \begin{pmatrix} x(t) \\ y(t) \end{pmatrix} = A \begin{pmatrix} x(t) \\ y(t) \end{pmatrix}.$$

(2)　$x(0) = \alpha$, $y(0) = x'(0) = \beta$ であるので

$$\begin{pmatrix} z(0) \\ w(0) \end{pmatrix} = \frac{1}{3} \begin{pmatrix} 2 & -1 \\ 1 & 1 \end{pmatrix} \begin{pmatrix} \alpha \\ \beta \end{pmatrix} = \frac{1}{3} \begin{pmatrix} 2\alpha - \beta \\ \alpha + \beta \end{pmatrix}$$

となる．すなわち，$z(0) = \dfrac{1}{3}(2\alpha - \beta)$, $w(0) = \dfrac{1}{3}(\alpha + \beta)$.

(3)　$\begin{pmatrix} z(t) \\ w(t) \end{pmatrix} = P^{-1} \begin{pmatrix} x(t) \\ y(t) \end{pmatrix}$ を微分して，$\begin{pmatrix} z'(t) \\ w'(t) \end{pmatrix} = P^{-1} \begin{pmatrix} x'(t) \\ y'(t) \end{pmatrix}$ が得られる．また，$\begin{pmatrix} x(t) \\ y(t) \end{pmatrix} = P \begin{pmatrix} z(t) \\ w(t) \end{pmatrix}$ であるので

$$\begin{pmatrix} z'(t) \\ w'(t) \end{pmatrix} = P^{-1} \begin{pmatrix} x'(t) \\ y'(t) \end{pmatrix} = P^{-1}A \begin{pmatrix} x(t) \\ y(t) \end{pmatrix} = P^{-1}AP \begin{pmatrix} z(t) \\ w(t) \end{pmatrix}.$$

(4) $z'(t) = -z(t)$ より，$z(t) = ce^{-t}$ (c は定数) という形であるが，$z(0) = ce^0 = c$ であるので，$z(t) = \frac{1}{3}(2\alpha - \beta)e^{-t}$ である．同様に，$w(t) = \frac{1}{3}(\alpha + \beta)e^{2t}$ である．

(5) $\begin{pmatrix} x(t) \\ y(t) \end{pmatrix} = P \begin{pmatrix} z(t) \\ w(t) \end{pmatrix} = \begin{pmatrix} 1 & 1 \\ -1 & 2 \end{pmatrix} \begin{pmatrix} z(t) \\ w(t) \end{pmatrix}$ であるので

$$x(t) = z(t) + w(t) = \frac{1}{3}(2\alpha - \beta)\, e^{-t} + \frac{1}{3}(\alpha + \beta)\, e^{2t}$$

である． ■

問 4.11 α, β は実数とする．次の微分方程式をみたす 2 回微分可能な関数 $x(t)$ であって，$x(0) = \alpha$, $x'(0) = \beta$ となるものを求めよ．

$$x''(t) = 3x'(t) - 2x(t).$$

4.2 直交行列・ユニタリ行列による対角化

● 直交行列による対称行列の対角化 ● n 次実正方行列 A に対して，次のことが成り立つ．

ある直交行列 P が存在して $P^{-1}AP$ が対角行列になる $\Leftrightarrow$ A が対称行列．

実対称行列 A を直交行列によって対角化する方法は以下の通りである．

(1) A の特性方程式を解き，固有値を求める．
(2) それぞれの固有値に対する固有空間を求め，グラム-シュミットの直交化法などを利用して，固有空間の正規直交基底を求める．
(3) それぞれの固有空間の正規直交基底をつなぎあわせると $\mathbb{R}^n$ の正規直交基底が得られるが，その基底を構成するベクトルを列ベクトルとして並べた行列 P を作れば，P は直交行列であり，$P^{-1}AP$ は対角行列となる．

● ユニタリ行列による正規行列の対角化 ● n 次正方行列 A が $A^*A = AA^*$ が成り立つとき，A は**正規行列**であるという ($A^* = {}^t\overline{A}$ は随伴行列)．

n 次複素正方行列 A に対して，次のことが成り立つ．

あるユニタリ行列 P が存在して $P^{-1}AP$ が対角行列になる $\Leftrightarrow$ A が正規行列．

対角化の方法は，上述の実対称行列の場合と同様である．

問題演習のねらい 実対称行列（正規行列）を直交行列（ユニタリ行列）によって対角化するメカニズムを理解し，実際に対角化できるようにしよう！

まず，実対称行列の固有値と固有ベクトルを調べることからはじめよう．ただし，ここで考える内積は，特に断らない限り，標準内積とする．

導入 例題 4.7

A は n 次実対称行列とするとき，任意の $\boldsymbol{x}, \boldsymbol{y} \in \mathbb{C}^n$ に対して

$$(A\boldsymbol{x}, \boldsymbol{y}) = (\boldsymbol{x}, A\boldsymbol{y})$$

が成り立つことを示せ．

【解答】 確認例題 1.23 より，$(A\boldsymbol{x}, \boldsymbol{y}) = (\boldsymbol{x}, A^*\boldsymbol{y})$ が成り立つが，A が実対称行列のとき

$$A^* = {}^tA = A$$

であるので

$$(A\boldsymbol{x}, \boldsymbol{y}) = (\boldsymbol{x}, A\boldsymbol{y})$$

となる． ■

確認 例題 4.8

A は n 次実対称行列とする．A の固有値はすべて実数であることを示せ．

ヒント：A の固有ベクトル $\boldsymbol{x}$ に対して，$(A\boldsymbol{x}, \boldsymbol{x})$ を考えよ．

【解答】 複素数 α を A の固有値とし，$\boldsymbol{x}$ を α に対する固有ベクトルとすると

$$(A\boldsymbol{x}, \boldsymbol{x}) = (\alpha\boldsymbol{x}, \boldsymbol{x}) = \alpha(\boldsymbol{x}, \boldsymbol{x}) = \alpha\|\boldsymbol{x}\|^2,$$
$$(\boldsymbol{x}, A\boldsymbol{x}) = (\boldsymbol{x}, \alpha\boldsymbol{x}) = \overline{\alpha}(\boldsymbol{x}, \boldsymbol{x}) = \overline{\alpha}\|\boldsymbol{x}\|^2$$

が成り立つ．導入例題 4.7 より

$$(A\boldsymbol{x}, \boldsymbol{x}) = (\boldsymbol{x}, A\boldsymbol{x})$$

であり，さらに，$\|\boldsymbol{x}\| \neq 0$ であるので

$$\alpha = \overline{\alpha}$$

が成り立つ．よって，α は実数である． ■

確認 例題 4.9

A は n 次実対称行列とし，α, β は A の相異なる固有値とする．実ベクトル $\boldsymbol{x}$, $\boldsymbol{y}$ は，それぞれ α, β に対する固有ベクトルとする．このとき，$\boldsymbol{x}$ と $\boldsymbol{y}$ は直交することを示せ．

【解答】 確認例題 4.8 より，α, β は実数であるので

$$(A\boldsymbol{x}, \boldsymbol{y}) = (\alpha\boldsymbol{x}, \boldsymbol{y}) = \alpha(\boldsymbol{x}, \boldsymbol{y}),$$
$$(\boldsymbol{x}, A\boldsymbol{y}) = (\boldsymbol{x}, \beta\boldsymbol{y}) = \beta(\boldsymbol{x}, \boldsymbol{y})$$

が成り立つ．導入例題 4.7 より

$$(A\boldsymbol{x}, \boldsymbol{y}) = (\boldsymbol{x}, A\boldsymbol{y})$$

であるので

$$\alpha(\boldsymbol{x}, \boldsymbol{y}) = \beta(\boldsymbol{x}, \boldsymbol{y})$$

であるが，仮定より $\alpha \neq \beta$ であるので

$$(\boldsymbol{x}, \boldsymbol{y}) = 0$$

でなければならない． ■

問 4.12

$$A = \begin{pmatrix} 2 & 1 \\ 1 & 2 \end{pmatrix}$$

とする．

(1)　A の固有値をすべて求めよ．

(2)　A の相異なる固有値に対する固有ベクトルであって，実ベクトルであるものを 1 つずつ求め，それらが直交することを確かめよ．

次に，実対称行列の特性多項式が重根を持たないときに，直交行列によって対角化する方法を考えよう．ここで，次の事実を復習しておく．

- n 次実（複素）正方行列 $P = (\boldsymbol{p}_1 \quad \boldsymbol{p}_2 \quad \cdots \quad \boldsymbol{p}_n)$ について，次は同値である．

(a)　P は直交行列（ユニタリ行列）である．

(b)　各 $\boldsymbol{p}_i$ はノルムが 1 であり，$i \neq j$ ならば，$\boldsymbol{p}_i$ と $\boldsymbol{p}_j$ は直交する ($1 \leq i \leq n$, $1 \leq j \leq n$).

確認　例題 4.10

$A = \begin{pmatrix} 7 & 0 & -6 \\ 0 & 5 & 0 \\ -6 & 0 & -2 \end{pmatrix}$ とする．

(1)　A の固有値をすべて求めよ．

(2)　それぞれの固有値に対する固有ベクトルであって，ノルム（長さ）が 1 の実ベクトルであるものを 1 つずつ求めよ．

(3)　小問 (2) で求めた固有ベクトルを並べて作った行列を P とするとき，P が直交行列であることを確かめよ．また，$P^{-1}AP$ を記せ．

【解答】　(1)　A の特性多項式は $(t+5)(t-5)(t-10)$．固有値は，$-5, 5, 10$．

(2)　たとえば，$\boldsymbol{q}_1 = \begin{pmatrix} 1 \\ 0 \\ 2 \end{pmatrix}$ は固有値 -5 に対する固有ベクトルである．そこで，$\boldsymbol{p}_1 = \dfrac{1}{\|\boldsymbol{q}_1\|}\boldsymbol{q}_1 = \dfrac{1}{\sqrt{5}}\begin{pmatrix} 1 \\ 0 \\ 2 \end{pmatrix}$ とすれば，$\boldsymbol{p}_1$ は固有値 -5 に対するノルム 1 の固有ベクトルである．同様に，$\boldsymbol{p}_2 = \begin{pmatrix} 0 \\ 1 \\ 0 \end{pmatrix}$ は固有値 5 に対するノルム 1 の固有ベクトルであり，$\boldsymbol{p}_3 = \dfrac{1}{\sqrt{5}}\begin{pmatrix} -2 \\ 0 \\ 1 \end{pmatrix}$ は固有値 10 に対するノルム 1 の固有ベクトルである．

(3)　$\boldsymbol{p}_1, \boldsymbol{p}_2, \boldsymbol{p}_3$ はノルムが 1 で，互いに直交するので，$P = (\boldsymbol{p}_1 \quad \boldsymbol{p}_2 \quad \boldsymbol{p}_3)$ は直交行列である．また，P の作り方より，$P^{-1}AP = \begin{pmatrix} -5 & 0 & 0 \\ 0 & 5 & 0 \\ 0 & 0 & 10 \end{pmatrix}$．■

問 4.13　問 4.12 の行列 A を直交行列によって対角化せよ．

問 4.14　$A = \begin{pmatrix} 1 & 1 & 2 \\ 1 & 1 & 2 \\ 2 & 2 & 0 \end{pmatrix}$ を直交行列によって対角化せよ．

次に，対角行列の特性方程式が重根を持つ場合について考えよう．

導入 例題 4.8

$$A = \begin{pmatrix} 7 & -2 & -1 \\ -2 & 10 & 2 \\ -1 & 2 & 7 \end{pmatrix}$$ とする．

(1)　A の固有値は 6, 12 であることを示せ．

(2)

$$W(6) = \{\boldsymbol{x} \in \mathbb{R}^3 \mid A\boldsymbol{x} = 6\boldsymbol{x}\}$$

とおく．

$$\dim W(6) = 2$$

であることを示し，$W(6)$ の基底 $\langle \boldsymbol{q}_1, \boldsymbol{q}_2 \rangle$ を 1 組与えよ．

(3)　小問 (2) で求めた基底に対してグラム-シュミットの直交化法を適用することにより，$W(6)$ の正規直交基底 $\langle \boldsymbol{p}_1, \boldsymbol{p}_2 \rangle$ を求めよ．

(4)　固有値 12 に対する固有ベクトル $\boldsymbol{p}_3$ であって，ノルムが 1 の実ベクトルであるものを 1 つ求めよ．

(5)　$P = \begin{pmatrix} \boldsymbol{p}_1 & \boldsymbol{p}_2 & \boldsymbol{p}_3 \end{pmatrix}$ とおくとき，P が直交行列であることを確かめよ．また，$P^{-1}AP$ を記せ．

【解答】　(1)　特性多項式が

$$(t-6)^2(t-12)$$

であるので，固有値は 6, 12.

(2)

$$A\boldsymbol{x} = 6\boldsymbol{x}$$

を連立 1 次方程式とみて解くことにより，$W(6)$ の任意の元 $\boldsymbol{x}$ は

$$\boldsymbol{x} = \begin{pmatrix} 2\alpha + \beta \\ \alpha \\ \beta \end{pmatrix} = \alpha \begin{pmatrix} 2 \\ 1 \\ 0 \end{pmatrix} + \beta \begin{pmatrix} 1 \\ 0 \\ 1 \end{pmatrix} \quad (\alpha, \beta \in \mathbb{R})$$

と表されることがわかる．そこで

$$\boldsymbol{q}_1 = \begin{pmatrix} 2 \\ 1 \\ 0 \end{pmatrix}, \quad \boldsymbol{q}_2 = \begin{pmatrix} 1 \\ 0 \\ 1 \end{pmatrix}$$

とおけば，この 2 つのベクトルは $W(6)$ の基底をなす．

(3)

$$\boldsymbol{r}_1 = \boldsymbol{q}_1 = \begin{pmatrix} 2 \\ 1 \\ 0 \end{pmatrix},$$

$$\boldsymbol{r}_2 = \boldsymbol{q}_2 - \frac{(\boldsymbol{q}_2, \boldsymbol{r}_1)}{\|\boldsymbol{r}_1\|^2}\boldsymbol{r}_1 = \frac{1}{5}\begin{pmatrix} 1 \\ -2 \\ 5 \end{pmatrix}$$

とし，さらに

$$\boldsymbol{p}_1 = \frac{1}{\|\boldsymbol{r}_1\|}\boldsymbol{r}_1 = \frac{1}{\sqrt{5}}\begin{pmatrix} 2 \\ 1 \\ 0 \end{pmatrix},$$

$$\boldsymbol{p}_2 = \frac{1}{\|5\boldsymbol{r}_2\|}(5\boldsymbol{r}_2) = \frac{1}{\sqrt{30}}\begin{pmatrix} 1 \\ -2 \\ 5 \end{pmatrix}$$

とすれば，$\langle \boldsymbol{p}_1, \boldsymbol{p}_2 \rangle$ は $W(6)$ の正規直交基底である．

(4)

$$\boldsymbol{q}_3 = \begin{pmatrix} -1 \\ 2 \\ 1 \end{pmatrix}$$

とすると，$\boldsymbol{q}_3$ は固有値 12 に対する固有ベクトルである．そこで

$$\boldsymbol{p}_3 = \frac{1}{\|\boldsymbol{q}_3\|}\boldsymbol{q}_3$$

$$= \frac{1}{\sqrt{6}}\begin{pmatrix} -1 \\ 2 \\ 1 \end{pmatrix}$$

とすればよい．

(5)　**$\boldsymbol{p}_1, \boldsymbol{p}_2, \boldsymbol{p}_3$ はすべてノルム 1 であり，互いに直交する**ので（計算は省略），P は直交行列である．また，P の作り方より

$$P^{-1}AP = \begin{pmatrix} 6 & 0 & 0 \\ 0 & 6 & 0 \\ 0 & 0 & 12 \end{pmatrix}$$

である．■

確認 例題 4.11

対称行列 $A=\begin{pmatrix}1&2&2\\2&1&2\\2&2&1\end{pmatrix}$ を直交行列によって対角化せよ．

【解答】 A の特性多項式は $(t+1)^2(t-5)$ であるので，**固有値は** $-1,\ 5$ である．$A\boldsymbol{x}=-\boldsymbol{x}$ をみたす $\boldsymbol{x}\in\mathbb{R}^3$ をすべて求めることにより，固有値 -1 に対する固有空間 $W(-1)=\{\boldsymbol{x}\in\mathbb{R}^3 \mid A\boldsymbol{x}=-\boldsymbol{x}\}$ の元 $\boldsymbol{x}$ が

$$\boldsymbol{x}=\begin{pmatrix}-\alpha-\beta\\ \alpha\\ \beta\end{pmatrix}=\alpha\begin{pmatrix}-1\\1\\0\end{pmatrix}+\beta\begin{pmatrix}-1\\0\\1\end{pmatrix}\quad(\alpha,\beta\in\mathbb{R})$$

と表されることがわかる．そこで，$\boldsymbol{q}_1=\begin{pmatrix}-1\\1\\0\end{pmatrix}$, $\boldsymbol{q}_2=\begin{pmatrix}-1\\0\\1\end{pmatrix}$ とおけば，これらは $W(-1)$ の基底をなす．この基底にグラム-シュミットの直交化法を適用すれば

$$\boldsymbol{p}_1=\frac{1}{\sqrt{2}}\begin{pmatrix}-1\\1\\0\end{pmatrix},\quad \boldsymbol{p}_2=\frac{1}{\sqrt{6}}\begin{pmatrix}-1\\-1\\2\end{pmatrix}$$

が $W(-1)$ の正規直交基底をなすことがわかる．

また，$\boldsymbol{p}_3=\frac{1}{\sqrt{3}}\begin{pmatrix}1\\1\\1\end{pmatrix}$ は固有値 5 に対するノルム 1 の固有ベクトルである．

$\boldsymbol{p}_1,\boldsymbol{p}_2,\boldsymbol{p}_3$ は，すべてノルム 1 であり，互いに直交するので

$$P=(\,\boldsymbol{p}_1\ \ \boldsymbol{p}_2\ \ \boldsymbol{p}_3\,)=\begin{pmatrix}-\frac{1}{\sqrt{2}}&-\frac{1}{\sqrt{6}}&\frac{1}{\sqrt{3}}\\ \frac{1}{\sqrt{2}}&-\frac{1}{\sqrt{6}}&\frac{1}{\sqrt{3}}\\ 0&\frac{2}{\sqrt{6}}&\frac{1}{\sqrt{3}}\end{pmatrix}$$

とおけば，P は直交行列であり

$$P^{-1}AP=\begin{pmatrix}-1&0&0\\0&-1&0\\0&0&5\end{pmatrix}$$

である．■

問 4.15　対称行列 $A=\begin{pmatrix}0&1&0\\1&0&0\\0&0&1\end{pmatrix}$ を直交行列によって対角化せよ．

ユニタリ行列による正規行列の対角化についても軽く触れておこう．そのしくみは，直交行列による実対称行列の対角化とほとんど同じである．

導入 例題 4.9

$$A = \begin{pmatrix} 2+3i & -3-2i \\ 3+2i & 2+3i \end{pmatrix}$$

が正規行列であることを確かめよ．ただし，$i = \sqrt{-1}$ である．

【解答】

$$\begin{aligned} A^* &= {}^t\overline{A} \\ &= \begin{pmatrix} 2-3i & 3-2i \\ -3+2i & 2-3i \end{pmatrix} \end{aligned}$$

である．計算により

$$\begin{aligned} AA^* &= A^*A \\ &= \begin{pmatrix} 26 & 10i \\ -10i & 26 \end{pmatrix} \end{aligned}$$

が成り立つことが確かめられる．よって，A は正規行列である．■

問 4.16　$A \in M(n, n; \mathbb{C})$ とする．

(1)　A がエルミート行列ならば，A は正規行列であることを示せ．

(2)　A がユニタリ行列ならば，A は正規行列であることを示せ．

確認　例題 4.12

導入例題 4.9 の行列 A に対して，ユニタリ行列 P をうまく選んで，$P^{-1}AP$ が対角行列になるようにせよ．

【解答】　A の特性多項式は

$$\Phi_A(t) = \begin{vmatrix} t-2-3i & 3+2i \\ -3-2i & t-2-3i \end{vmatrix} = t^2-(4+6i)t+24i = (t-4)(t-6i)$$

であるので，A の固有値は 4, $6i$ である．

$\boldsymbol{x} = \begin{pmatrix} x_1 \\ x_2 \end{pmatrix}$ に対して，$A\boldsymbol{x} = 4\boldsymbol{x} \Leftrightarrow x_1 + ix_2 = 0$ であるので，固有値 4 に対する固有ベクトルとして，$\boldsymbol{q}_1 = \begin{pmatrix} 1 \\ i \end{pmatrix}$ がとれる．そこで

$$\boldsymbol{p}_1 = \frac{1}{\|\boldsymbol{q}_1\|}\boldsymbol{q}_1 = \frac{1}{2}\begin{pmatrix} 1 \\ i \end{pmatrix}$$

とすれば，$\boldsymbol{p}_1$ は，固有値 4 に対するノルム 1 の固有ベクトルである．

また，$A\boldsymbol{x} = 6i\boldsymbol{x} \Leftrightarrow x_1 - ix_2 = 0$ であるので，固有値 $6i$ に対する固有ベクトルとして，$\boldsymbol{q}_2 = \begin{pmatrix} 1 \\ -i \end{pmatrix}$ がとれる．そこで

$$\boldsymbol{p}_2 = \frac{1}{\|\boldsymbol{q}_2\|}\boldsymbol{q}_2 = \frac{1}{2}\begin{pmatrix} 1 \\ -i \end{pmatrix}$$

とすれば，$\boldsymbol{p}_2$ は，固有値 $6i$ に対するノルム 1 の固有ベクトルである．

さらに，$\boldsymbol{p}_1$ と $\boldsymbol{p}_2$ は直交するので，$P = (\,\boldsymbol{p}_1 \quad \boldsymbol{p}_2\,) = \dfrac{1}{2}\begin{pmatrix} 1 & 1 \\ i & -i \end{pmatrix}$ とおけば，P はユニタリ行列であり

$$P^{-1}AP = \begin{pmatrix} 4 & 0 \\ 0 & 6i \end{pmatrix}$$

である．■

注意：複素ベクトルの内積を計算する際に，**2 番目のベクトルの成分の複素共役をとる**ことを忘れないようにしよう．たとえば $\boldsymbol{q}_1 = \begin{pmatrix} 1 \\ i \end{pmatrix}$, $\boldsymbol{q}_2 = \begin{pmatrix} 1 \\ -i \end{pmatrix}$ については

$$(\boldsymbol{q}_1, \boldsymbol{q}_2) = 1 \times \overline{1} + i \times \overline{(-i)} = 1^2 + i^2 = 1 - 1 = 0$$

となるので，$\boldsymbol{q}_1$ と $\boldsymbol{q}_2$ は直交する．

問 4.17　$A = \begin{pmatrix} \cos\theta & -\sin\theta \\ \sin\theta & \cos\theta \end{pmatrix}$ とする．ただし，θ は実数で，$\sin\theta \neq 0$ とする．この行列 A をユニタリ行列によって対角化せよ．

4.3　2次形式

●2次形式と対称行列●　実数係数の n 変数斉次2次式（定数項や1次の項を含まない2次多項式）を **n 変数の（実）2次形式**とよぶ．

n 次実対称行列 A と n 次元ベクトル $\boldsymbol{x} = (x_i)$ に対して，${}^t\boldsymbol{x}A\boldsymbol{x}$ は n 変数の2次形式となる．逆に，n 変数の任意の2次形式は，ある実対称行列 A を用いて ${}^t\boldsymbol{x}A\boldsymbol{x}$ と表すことができる．${}^t\boldsymbol{x}A\boldsymbol{x}$ は $A[\boldsymbol{x}]$ とも表される．

●変数変換●　2次形式 $A[\boldsymbol{x}]$ に対して変数変換

$$\boldsymbol{x} = P\boldsymbol{y} \quad (P \text{ は実正則行列})$$

をほどこすと

$$\begin{aligned} A[\boldsymbol{x}] &= {}^t\boldsymbol{x}A\boldsymbol{x} \\ &= {}^t\boldsymbol{y}\,({}^tPAP)\boldsymbol{y} \\ &= {}^tPAP[\boldsymbol{y}] \end{aligned}$$

となる．

●直交標準形●　n 次実対称行列 A の n 個の固有値を $\alpha_1, \ldots, \alpha_n$ とする．ただし，特性方程式が m 重根を持つ場合は，その根（固有値）を m 個並べる．この n 個の固有値のうち，正のものが p 個，負のものが q 個であるとし

$$\alpha_1, \ldots, \alpha_p > 0, \quad \alpha_{p+1}, \ldots, \alpha_{p+q} < 0, \quad \alpha_{p+q+1} = \cdots = \alpha_n = 0$$

とし

$$\beta_{p+1} = -\alpha_{p+1}, \quad \ldots, \quad \beta_{p+q} = -\alpha_{p+q}$$

とおく．このとき，ある直交行列 P が存在して

$$P^{-1}AP = {}^tPAP$$

が対角行列となり，さらに，その対角成分が $\alpha_1, \ldots, \alpha_n$ となる．この P を用いて変数変換

$$\boldsymbol{x} = P\boldsymbol{y} \quad (\boldsymbol{y} = (y_i))$$

をほどこすと

$$B[\boldsymbol{y}] = \alpha_1 y_1^2 + \cdots + \alpha_p y_p^2 - \beta_{p+1} y_{p+1}^2 - \cdots - \beta_{p+q} y_{p+q}^2$$

という2次形式が得られる．これを**直交標準形**とよぶ．

●シルベスタ標準形●　一般に，直交行列とは限らない正則行列 Q を用いて，変数変換

$$\boldsymbol{x} = Q\boldsymbol{z} \quad (\boldsymbol{z} = (z_i))$$

をほどこすことにより

$$z_1^2 + \cdots + z_p^2 - z_{p+1}^2 - \cdots - z_{p+q}^2$$

という形にまで変形することができる．これを**シルベスタ標準形**とよぶ．

与えられた 2 次形式のシルベスタ標準形を求めるには，次の 2 つの方法がある．

(a)　いったん直交標準形を求めてから，さらにシルベスタ標準形に変形する方法．

(b)　対称行列に対して行基本変形と列基本変形を対称にほどこして，対角行列が 1, −1, 0 のいずれかであるような対角行列を得る方法．そのアルゴリズムは以下の通りである（この方法は 2 次式の**平方完成**を一般化したものである）．

(1)　A の対角成分がすべて 0 ならば，対角成分以外の 0 でない成分を探す．それが (i, j) 成分であるとき，基本変形 $R_i + R_j$, $C_i + C_j$ をほどこすことにより，(i, i) 成分が 0 でないようにする．

(2)　(i, i) 成分が 0 でないとする．$i > 1$ ならば，$R_1 \leftrightarrow R_i$, $C_1 \leftrightarrow C_i$ により，$(1, 1)$ 成分が 0 でないようにしてから行と列を対称に掃き出す．

(3)　2 行目，2 列目以降にも同様の操作をくり返しほどこすことにより，最終的に対角行列を得る．

(4)　$R_i \times c$, $C_i \times c$ を適宜ほどこすことにより，対角成分を 1, −1, 0 のいずれかにする．

● **シルベスタの慣性法則** ●　シルベスタ標準形 $z_1^2 + \cdots + z_p^2 - z_{p+1}^2 - \cdots - z_{p+q}^2$ にあらわれる p, q は変数変換によらず一定であり，それぞれ A の正の固有値の個数，負の固有値の個数に等しい．この事実を**シルベスタの慣性法則**とよぶ．ここにあらわれる p, q の組合せ (p, q) を 2 次形式の**符号**とよぶ．

● **正定値（半正定値）2 次形式** ●　2 次形式 $A[\boldsymbol{x}]$ が**正定値**（**半正定値**）であるとは，$\boldsymbol{0}$ でない任意の $\boldsymbol{a} \in \mathbb{R}^n$ に対して

$$A[\boldsymbol{a}] > 0 \quad (A[\boldsymbol{a}] \geq 0)$$

をみたすことをいう．$A[\boldsymbol{x}]$ が正定値（半正定値）であるとき，対称行列 A は**正定値**（**半正定値**）であるという．

$$A[\boldsymbol{x}] \text{ が正定値（半正定値）} \Leftrightarrow A \text{ の固有値がすべて正（非負）}.$$

● **小行列式による正定値性の判定** ●　n 次対称行列 A の第 1 行から第 k 行まで，第 1 列から第 k 列までを取り出した k 次正方行列を A_k とするとき，次の 2 つの条件は同値である．

(a)　$A[\boldsymbol{x}]$ は正定値である．

(b)　$1 \leq k \leq n$ をみたすすべての自然数 k に対して，$\det A_k > 0$ である．

● **2 次式で定義される図形への応用** ●　2 次形式の理論を用いると，2 次式で定義される図形を調べることができる．

問題演習のねらい 2次形式と対称行列の関係を理解し，2次形式の性質や，その標準形について調べよう！

まず，2次形式と対称行列の関係や変数変換について理解することからはじめよう．

導入 例題 4.10

(1) 次式 (a), (b), (c) のうち，2次形式はどれか．

(a) $2x_1^2 - 3x_1x_2 + x_2^3$ (b) $2x_1^2 + 5x_2^2 - 1$ (c) $x_1x_2 - 3x_2^2$

(2) 変数 x_1, x_2, x_3 に対して，ベクトル $\boldsymbol{x} = \begin{pmatrix} x_1 \\ x_2 \\ x_3 \end{pmatrix}$ を考える．

$A = \begin{pmatrix} a & d & e \\ d & b & f \\ e & f & c \end{pmatrix} \in M(3,3;\mathbb{R})$ に対して ${}^t\boldsymbol{x}A\boldsymbol{x}$ を計算し，これが2次形式であることを確かめよ．

(3) 2次形式 $f(x_1, x_2, x_3) = p_1x_1^2 + p_2x_2^2 + p_3x_3^2 + q_{12}x_1x_2 + q_{13}x_1x_3 + q_{23}x_2x_3$ に対して，${}^t\boldsymbol{x}B\boldsymbol{x} = f(x_1, x_2, x_3)$ となる対称行列 B を求めよ．

【解答】 (1) 2次形式は (c) のみである．(a) は3次式であるので，2次形式でない．(b) は2次式であるが，定数項を含むので，2次形式ではない．(c) はすべての項の次数が2であるので，2次形式である．

(2) 次の計算から，${}^t\boldsymbol{x}A\boldsymbol{x}$ が2次形式であることがわかる．

$$
\begin{aligned}
{}^t\boldsymbol{x}A\boldsymbol{x} &= \begin{pmatrix} x_1 & x_2 & x_3 \end{pmatrix} \begin{pmatrix} a & d & e \\ d & b & f \\ e & f & c \end{pmatrix} \begin{pmatrix} x_1 \\ x_2 \\ x_3 \end{pmatrix} \\
&= ax_1^2 + bx_2^2 + cx_3^2 + 2dx_1x_2 + 2ex_1x_3 + 2fx_2x_3.
\end{aligned}
$$

(3) $B = \begin{pmatrix} p_1 & \frac{1}{2}q_{12} & \frac{1}{2}q_{13} \\ \frac{1}{2}q_{12} & p_2 & \frac{1}{2}q_{23} \\ \frac{1}{2}q_{13} & \frac{1}{2}q_{23} & p_3 \end{pmatrix}$ とすればよい． ■

問 4.18 x_1, x_2 は変数とし，$\boldsymbol{x} = \begin{pmatrix} x_1 \\ x_2 \end{pmatrix}$ とする．

(1) $A = \begin{pmatrix} 1 & -1 \\ -1 & 2 \end{pmatrix}$ に対して，${}^t\boldsymbol{x}A\boldsymbol{x}$ を計算せよ．

(2) 2次形式 $3x_1^2 + 5x_1x_2 - 2x_2^2$ を ${}^t\boldsymbol{x}B\boldsymbol{x}$（$B$ は対称行列）の形に表せ．

確認 例題 4.13

$x_1, \ldots, x_n$ を変数とする 2 次形式

$$ {}^t\boldsymbol{x}A\boldsymbol{x} \quad \left(A \text{ は } n \text{ 次対称行列，} \boldsymbol{x} = \begin{pmatrix} x_1 \\ \vdots \\ x_n \end{pmatrix} \right) $$

に対して，n 次正則行列 P を用いた変数変換 $\boldsymbol{x} = P\boldsymbol{y}$, $\boldsymbol{y} = \begin{pmatrix} y_1 \\ \vdots \\ y_n \end{pmatrix}$ をほどこして，変数 $y_1, \ldots, y_n$ に関する 2 次形式 ${}^t\boldsymbol{y}B\boldsymbol{y}$（$B$ は対称行列）が得られたとする．このとき，A, P を用いて B を表す式を導け．

【解答】

$$ {}^t\boldsymbol{x}A\boldsymbol{x} = {}^t(P\boldsymbol{y})A(P\boldsymbol{y}) = {}^t\boldsymbol{y}\,{}^tPAP\boldsymbol{y} $$

であるので，$B = {}^tPAP$ とおけばよい．実際，このとき

$$ {}^t\boldsymbol{x}A\boldsymbol{x} = {}^t\boldsymbol{y}B\boldsymbol{y} $$

であり，さらに

$$ {}^tB = {}^t({}^tPAP) = {}^tP\,{}^tA\,{}^t({}^tP) = {}^tPAP = B $$

が成り立つので，B は対称行列である．■

問 4.19

$$ f(x_1, x_2) = x_1^2 - 2x_1x_2 + 2x_2^2 $$

とする．

$$ y_1 = x_1 - x_2, \quad y_2 = x_2 $$

とおくと

$$ f(x_1, x_2) = (x_1 - x_2)^2 + x_2^2 = y_1^2 + y_2^2 $$

が得られる．いま，$\boldsymbol{x} = \begin{pmatrix} x_1 \\ x_2 \end{pmatrix}$, $\boldsymbol{y} = \begin{pmatrix} y_1 \\ y_2 \end{pmatrix}$ とする．

(1) $\boldsymbol{x} = P\boldsymbol{y}$ となる行列 P を求めよ．

(2)

$$ f(x_1, x_2) = {}^t\boldsymbol{x}A\boldsymbol{x} = {}^t\boldsymbol{y}B\boldsymbol{y} $$

となる対称行列 A, B を書け．また，このとき $B = {}^tPAP$ が成り立つことを確かめよ．

次に，直交標準形を求める問題に取り組もう．

導入 例題 4.11

A は確認例題 4.11 の行列とし，P はその解答の中の直交行列とする．また，$B = P^{-1}AP$ とおく．さらに，$\boldsymbol{x} = \begin{pmatrix} x_1 \\ x_2 \\ x_3 \end{pmatrix}$, $\boldsymbol{y} = \begin{pmatrix} y_1 \\ y_2 \\ y_3 \end{pmatrix}$ は $\boldsymbol{x} = P\boldsymbol{y}$ という関係式をみたすものとする．

(1)　$B = {}^tPAP$ を示せ．

(2)　${}^t\boldsymbol{x}A\boldsymbol{x}$ を x_1, x_2, x_3 の式として表せ．

(3)　小問 (2) で得られた式に $\boldsymbol{x} = P\boldsymbol{y}$ を代入することにより，y_1, y_2, y_3 の式に直せ．

(4)

$$ {}^t\boldsymbol{x}A\boldsymbol{x} = {}^t\boldsymbol{y}B\boldsymbol{y} $$

が成り立つことを確かめよ．

【解答】　(1)　P が直交行列であるので

$$ P^{-1} = {}^tP. $$

よって，$B = {}^tPAP$ である．

(2)　${}^t\boldsymbol{x}A\boldsymbol{x} = x_1^2 + x_2^2 + x_3^2 + 4x_1x_2 + 4x_1x_3 + 4x_2x_3$.

(3)　$x_1 = -\dfrac{1}{\sqrt{2}}y_1 - \dfrac{1}{\sqrt{6}}y_2 + \dfrac{1}{\sqrt{3}}y_3,\quad x_2 = \dfrac{1}{\sqrt{2}}y_1 - \dfrac{1}{\sqrt{6}}y_2 + \dfrac{1}{\sqrt{3}}y_3,$

$x_3 = \dfrac{2}{\sqrt{6}}y_2 + \dfrac{1}{\sqrt{3}}y_3$

を小問 (2) の解答の式に代入すると，多少煩雑な計算ののち

$$ x_1^2 + x_2^2 + x_3^2 + 4x_1x_2 + 4x_1x_3 + 4x_2x_3 = -y_1^2 - y_2^2 + 5y_3^2 $$

が得られる（計算は省略）．

(4)　省略（小問 (3) よりしたがう）．■

問 4.20　A は問 4.12 の行列とする．問 4.13 の解答において，直交行列 Q を用いて対角化した．いま

$$ B = Q^{-1}AQ,\quad \boldsymbol{x} = \begin{pmatrix} x_1 \\ x_2 \end{pmatrix},\quad \boldsymbol{x} = Q\boldsymbol{y},\quad \boldsymbol{y} = \begin{pmatrix} y_1 \\ y_2 \end{pmatrix} $$

とおく．このとき，${}^t\boldsymbol{x}A\boldsymbol{x} = {}^t\boldsymbol{y}B\boldsymbol{y}$ が成り立つことを実際に計算して確かめよ．

確認　例題 4.14

変数 x_1, x_2, x_3 に関する次の 2 次形式を考える．

$$f(x_1, x_2, x_3) = 7x_1^2 + 10x_2^2 + 7x_3^2 - 4x_1x_2 - 2x_1x_3 + 4x_2x_3$$

(1)

$$f(x_1, x_2, x_3) = {}^t\boldsymbol{x}A\boldsymbol{x} \quad \left(\boldsymbol{x} = \begin{pmatrix} x_1 \\ x_2 \\ x_3 \end{pmatrix}\right)$$

となる対称行列 A を書き，それが導入例題 4.8 の行列 A と一致することを確かめよ．

(2)　直交行列を用いた変数変換をほどこして，$f(x_1, x_2, x_3)$ の直交標準形を求めよ．

【解答】　(1)

$$A = \begin{pmatrix} 7 & -2 & -1 \\ -2 & 10 & 2 \\ -1 & 2 & 7 \end{pmatrix}.$$

これは導入例題 4.8 の行列 A である．

(2)　直交行列

$$P = \begin{pmatrix} \frac{2}{\sqrt{5}} & \frac{1}{\sqrt{30}} & -\frac{1}{\sqrt{6}} \\ \frac{1}{\sqrt{5}} & -\frac{2}{\sqrt{30}} & \frac{2}{\sqrt{6}} \\ 0 & \frac{5}{\sqrt{30}} & \frac{1}{\sqrt{6}} \end{pmatrix}$$

を用いて

$$P^{-1}AP = {}^tPAP = \begin{pmatrix} 6 & 0 & 0 \\ 0 & 6 & 0 \\ 0 & 0 & 12 \end{pmatrix}$$

とすることができる（導入例題 4.8 の解答参照）．そこで，$\boldsymbol{x} = P\boldsymbol{y}$, $\boldsymbol{y} = \begin{pmatrix} y_1 \\ y_2 \\ y_3 \end{pmatrix}$ と変数変換すれば

$$f(x_1, x_2, x_3) = 6y_1^2 + 6y_2^2 + 12y_3^2$$

が得られる．■

問 4.21　問 4.15 の対称行列 A に対応する 2 次形式 ${}^t\boldsymbol{x}A\boldsymbol{x}\left(\boldsymbol{x} = \begin{pmatrix} x_1 \\ x_2 \\ x_3 \end{pmatrix}\right)$ の直交標準形を求めよ．

図形への応用についても触れておこう．

確認 例題 4.15

（北海道大学大学院情報科学研究科 情報エレクトロニクス専攻 入試問題）

x_1x_2 平面上の 2 次曲線

$$5x_1^2 - 2\sqrt{3}\,x_1x_2 + 3x_2^2 = 54 \tag{4.4}$$

について，次の問いに答えよ．

(1)　対称行列 A を用いて，式 (4.4) を次のように表すとき，A を求めよ．

$$\begin{pmatrix} x_1 & x_2 \end{pmatrix} A \begin{pmatrix} x_1 \\ x_2 \end{pmatrix} = 54 \tag{4.5}$$

(2)　行列 A の固有値 λ_1, λ_2（ただし $\lambda_1 < \lambda_2$ とする）を求め，さらに，次式をみたす直交行列 X を求めよ．

$$X^{-1}AX = \begin{pmatrix} \lambda_1 & 0 \\ 0 & \lambda_2 \end{pmatrix} \tag{4.6}$$

(3)　$\begin{pmatrix} y_1 \\ y_2 \end{pmatrix} = X^{-1}\begin{pmatrix} x_1 \\ x_2 \end{pmatrix}$ とおくと，式 (4.6) を使って式 (4.5) は次のように表される．

$$\begin{pmatrix} y_1 & y_2 \end{pmatrix} \begin{pmatrix} \lambda_1 & 0 \\ 0 & \lambda_2 \end{pmatrix} \begin{pmatrix} y_1 \\ y_2 \end{pmatrix} = 54 \tag{4.7}$$

式 (4.7) が表す 2 次曲線は，y_1y_2 平面上で楕円を描くことを示せ．

(4)　小問 (1) から小問 (3) までをふまえて，式 (4.4) が表す 2 次曲線を x_1x_2 平面上に図示せよ．

【解答】　(1)　$A = \begin{pmatrix} 5 & -\sqrt{3} \\ -\sqrt{3} & 3 \end{pmatrix}$.

(2)　A の特性多項式は $(t-2)(t-6)$ である．よって，$\lambda_1 = 2$, $\lambda_2 = 6$ である．$\boldsymbol{p}_1 = \dfrac{1}{2}\begin{pmatrix} 1 \\ \sqrt{3} \end{pmatrix}$ は，固有値 2 に対するノルム 1 の固有ベクトルである．同様に，$\boldsymbol{p}_2 = \dfrac{1}{\|\boldsymbol{q}_2\|}\boldsymbol{q}_2 = \dfrac{1}{2}\begin{pmatrix} -\sqrt{3} \\ 1 \end{pmatrix}$ は，固有値 6 に対するノルム 1 の固有ベクトルである．

このとき，$X = \begin{pmatrix} \boldsymbol{p}_1 & \boldsymbol{p}_2 \end{pmatrix} = \begin{pmatrix} \frac{1}{2} & -\frac{\sqrt{3}}{2} \\ \frac{\sqrt{3}}{2} & \frac{1}{2} \end{pmatrix}$ が求める直交行列である．

(3)　式 (4.7) は，$2y_1^2 + 6y_2^2 = 54$ と書き直される．これは，**y_1y_2 平面において，4 点 $(3\sqrt{3}, 0), (0, 3), (-3\sqrt{3}, 0), (0, -3)$ を通り，y_1 軸を長軸とし，y_2 軸を短軸とする楕円**を表す．

(4) $\begin{pmatrix} x_1 \\ x_2 \end{pmatrix} = X \begin{pmatrix} y_1 \\ y_2 \end{pmatrix}$ である．また，X はベクトルを反時計回りに角度 $\dfrac{\pi}{3}$ 回転させる回転行列であり

$$X\begin{pmatrix} \pm 3\sqrt{3} \\ 0 \end{pmatrix} = \begin{pmatrix} \pm\frac{3}{2}\sqrt{3} \\ \pm\frac{9}{2} \end{pmatrix}, \quad X\begin{pmatrix} 0 \\ \pm 3 \end{pmatrix} = \begin{pmatrix} \mp\frac{3}{2}\sqrt{3} \\ \pm\frac{3}{2} \end{pmatrix} \quad \text{（複号同順）}$$

である．したがって，式 (4.4) が表す 2 次曲線は，x_1x_2 **平面において，4 点** $\left(\dfrac{3}{2}\sqrt{3},\ \dfrac{9}{2}\right)$，$\left(-\dfrac{3}{2}\sqrt{3},\ \dfrac{3}{2}\right)$，$\left(-\dfrac{3}{2}\sqrt{3},\ -\dfrac{9}{2}\right)$，$\left(\dfrac{3}{2}\sqrt{3},\ -\dfrac{3}{2}\right)$ **を通る楕円**である．その**長軸は，2 点** $\left(\dfrac{3}{2}\sqrt{3},\ \dfrac{9}{2}\right)$，$\left(-\dfrac{3}{2}\sqrt{3},\ -\dfrac{9}{2}\right)$ **を結ぶ直線**であり，**短軸は，2 点** $\left(-\dfrac{3}{2}\sqrt{3},\ \dfrac{3}{2}\right)$，$\left(\dfrac{3}{2}\sqrt{3},\ -\dfrac{3}{2}\right)$ **を結ぶ直線**である．

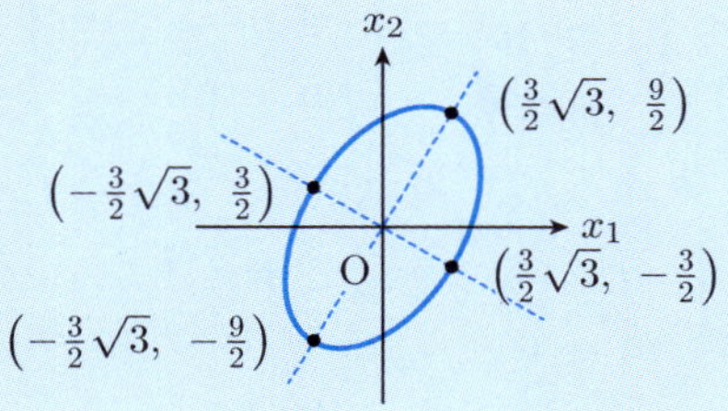

■

問 4.22 x_1x_2 平面において

$$\frac{1}{2}x_1^2 + \sqrt{3}\,x_1x_2 - \frac{1}{2}x_2^2 = 1 \tag{4.8}$$

が表す図形を考える．

(1) $\boldsymbol{x} = \begin{pmatrix} x_1 \\ x_2 \end{pmatrix}$ とおく．対称行列 A を用いて式 (4.8) を ${}^t\boldsymbol{x}A\boldsymbol{x} = 1$ という形に表せ．

(2) ${}^tPAP$ が対角行列になるような直交行列 P を 1 つ求めよ．

(3) $\boldsymbol{x} = P\boldsymbol{y}$, $\boldsymbol{y} = \begin{pmatrix} y_1 \\ y_2 \end{pmatrix}$ と変数変換し，式 (4.8) を y_1, y_2 の式として表せ．また，その式が y_1y_2 平面において双曲線を表すことを確かめよ．

(4) 式 (4.8) が x_1x_2 平面において表す図形の概形を描け．

次に，直交標準形を経由してシルベスタ標準形を作ることを考えよう．

導入 例題 4.12

$f(x_1, x_2, x_3) = 5x_1^2 + 3x_2^2 - 7x_3^2$ に対して，正則行列 P を用いて $\boldsymbol{x} = P\boldsymbol{y}$ $\left(\boldsymbol{x} = \begin{pmatrix} x_1 \\ x_2 \\ x_3 \end{pmatrix},\ \boldsymbol{y} = \begin{pmatrix} y_1 \\ y_2 \\ y_3 \end{pmatrix}\right)$ と変数変換し，シルベスタ標準形に直せ．また，この 2 次形式の符号を答えよ．

【解答】 $y_1 = \sqrt{5}\,x_1$, $y_2 = \sqrt{3}\,x_2$, $y_3 = \sqrt{7}\,x_3$ と変数変換すれば

$$f(x_1, x_2, x_3) = y_1^2 + y_2^2 - y_3^2$$

となり，シルベスタ標準形が得られる．この変数変換は

$$\begin{pmatrix} x_1 \\ x_2 \\ x_3 \end{pmatrix} = \begin{pmatrix} \frac{1}{\sqrt{5}}y_1 \\ \frac{1}{\sqrt{3}}y_2 \\ \frac{1}{\sqrt{7}}y_3 \end{pmatrix} = \begin{pmatrix} \frac{1}{\sqrt{5}} & 0 & 0 \\ 0 & \frac{1}{\sqrt{3}} & 0 \\ 0 & 0 & \frac{1}{\sqrt{7}} \end{pmatrix} \begin{pmatrix} y_1 \\ y_2 \\ y_3 \end{pmatrix}$$

と書き直せるので，$P = \begin{pmatrix} \frac{1}{\sqrt{5}} & 0 & 0 \\ 0 & \frac{1}{\sqrt{3}} & 0 \\ 0 & 0 & \frac{1}{\sqrt{7}} \end{pmatrix}$ とおけばよい．また，シルベスタ標準形において，正の係数が 2 個，負の係数が 1 個あるので，符号は $(2, 1)$ である． ■

注意：シルベスタ標準形を作る際の変数変換に用いられる行列は，**正則行列ではあるが，もはや直交行列とは限らない**．

確認 例題 4.16

$\boldsymbol{x} = \begin{pmatrix} x_1 \\ x_2 \\ x_3 \end{pmatrix}$ とし，確認例題 4.11 の対称行列 A に対応する 2 次形式 ${}^t\boldsymbol{x}A\boldsymbol{x}$ を考える．この 2 次形式の直交標準形，シルベスタ標準形，符号をそれぞれ書け．ただし，ここでは変数変換に用いる行列は求めなくてよい．

【解答】 導入例題 4.11 によれば，直交標準形として，$-y_1^2 - y_2^2 + 5y_3^2$ が選べる．さらに，$z_1 = \sqrt{5}\,y_3$, $z_2 = y_1$, $z_3 = y_2$ と変換すれば，シルベスタ標準形 $z_1^2 - z_2^2 - z_3^2$ が得られる．符号は $(1, 2)$ である． ■

問 4.23 問 4.15 の対称行列 A に対応する 2 次形式の符号を書け．

直交標準形を経由しなくても，行列の掃き出し法を利用して 2 次形式の符号を求めることができる．

導入 例題 4.13

A は n 次対称行列とする．X は n 次正則行列とし，「A に左から ${}^tX$ をかけ，同時に右から X をかけて，新しい行列 ${}^tXAX$ を作る」という操作を考える．

(1) X, Y が n 次正則行列であるとき，A に「左から ${}^tX$ をかけて右から X をかける」という操作ののち，さらに，「左から ${}^tY$ をかけて右から Y をかける」という操作をほどこす．このときに得られる行列は，A に「左から ${}^t(XY)$ をかけて右から XY をかける」という操作をほどこしたものと一致することを示せ．

(2) X が基本行列 $P_n(i,j)$（1.5 節の要項参照）のとき，この操作によって，A はどのように変形するか．

(3) X が基本行列 $Q_n(i;c)$（$c \neq 0$）（1.5 節の要項参照）のときはどうか．

(4) X が基本行列 $R_n(i,j;c)$（1.5 節の要項参照）のときはどうか．

【解答】 (1) ${}^tY({}^tXAX)Y = {}^t(XY)A(XY)$ であることからしたがう．

(2) 第 i 行と第 j 行を交換し，さらに第 i 列と第 j 列を交換するという変形が生じる．

(3) 第 i 行を c 倍し，さらに第 i 列を c 倍するという変形が生じる．

(4) ${}^tR_n(i,j;c) = R_n(j,i;c)$ を左からかけ，$R_n(i,j;c)$ を右からかけるので，第 j 行に第 i 行の c 倍を加え，さらに第 j 列に第 i 列の c 倍を加えるという変形が生じる． ■

問 4.24 $A = \begin{pmatrix} 0 & 1 \\ 1 & 0 \end{pmatrix}$ とし，2 つの基本行列 $X = R_2(2,1;1) = \begin{pmatrix} 1 & 0 \\ 1 & 1 \end{pmatrix}$，$Y = R_2(1,2 - \frac{1}{2}) = \begin{pmatrix} 1 & -\frac{1}{2} \\ 0 & 1 \end{pmatrix}$ を考える（1.5 節の要項参照）．

(1) A に左から ${}^tX$ をかけ，右から X をかけると，どのような変形が生ずるか．

(2) 小問 (1) で得られた行列にさらに左から ${}^tY$ をかけ，右から Y をかけると，どのような変形が生ずるか．

(3) 小問 (2) で得られた行列が ${}^t(XY)A(XY)$ と一致することを確かめよ．

X を基本行列とするとき，行列 A に「左から ${}^tX$ をかけ，右から X をかける」という一連の操作を，ここでは**対称基本変形**とよぶことにする．対称基本変形をくり返しほどこすことによって，2 次形式のシルベスタ標準形を求めることができる（アルゴリズムは「要項」を参照）．

確認 例題 4.17

$$A=\begin{pmatrix}0&1&1\\1&0&1\\1&1&0\end{pmatrix}$$ とする．

(1) A に対称基本変形をくり返しほどこすことによって，2 次形式 ${}^t\boldsymbol{x}A\boldsymbol{x}$ のシルベスタ標準形と符号を求めよ．

(2) A の固有値を求めることによって，2 次形式 ${}^t\boldsymbol{x}A\boldsymbol{x}$ の符号を求め，これが小問 (1) の結果と一致していることを確かめよ．

【解答】 (1) A の**対角成分がすべて** 0 であるので，まず，R_1+R_2, C_1+C_2 をほどこして，$(1,1)$ **成分が** 0 **でないようにする**．

$$\begin{pmatrix}0&1&1\\1&0&1\\1&1&0\end{pmatrix}\xrightarrow{R_1+R_2}\begin{pmatrix}1&1&2\\1&0&1\\1&1&0\end{pmatrix}\xrightarrow{C_1+C_2}\begin{pmatrix}2&1&2\\1&0&1\\2&1&0\end{pmatrix}.$$

次に，$(1,1)$ 成分を中心として，$(2,1)$ **成分と** $(1,2)$ **成分を同時に掃き出す**．

$$\begin{pmatrix}2&1&2\\1&0&1\\2&1&0\end{pmatrix}\xrightarrow{R_2-\frac{1}{2}R_1}\begin{pmatrix}2&1&2\\0&-\frac{1}{2}&0\\2&1&0\end{pmatrix}\xrightarrow{C_2-\frac{1}{2}C_1}\begin{pmatrix}2&0&2\\0&-\frac{1}{2}&0\\2&0&0\end{pmatrix}.$$

同様に，$(3,1)$ **成分と** $(1,3)$ **成分を同時に掃き出す**．

$$\begin{pmatrix}2&0&2\\0&-\frac{1}{2}&0\\2&0&0\end{pmatrix}\xrightarrow{R_3-R_1}\begin{pmatrix}2&0&2\\0&-\frac{1}{2}&0\\0&0&-2\end{pmatrix}\xrightarrow{C_3-C_1}\begin{pmatrix}2&0&0\\0&-\frac{1}{2}&0\\0&0&-2\end{pmatrix}.$$

こうして，$(1,1)$ 成分を中心として，第 1 行と第 2 行を掃き出した．

一般には，第 2 行以降，第 2 列以降の部分について同様の操作をして対角行列を作るが，いまの場合，この段階ですでに対角行列ができている．

そこで，さらに $R_1\times\frac{1}{\sqrt{2}}$, $C_1\times\frac{1}{\sqrt{2}}$ をほどこすと，$(1,1)$ 成分が 1 となる．同様に，$R_2\times\sqrt{2}$, $C_2\times\sqrt{2}$ をほどこすと，$(2,2)$ 成分が -1 となり，$R_3\times\frac{1}{\sqrt{2}}$, $C_3\times\frac{1}{\sqrt{2}}$ をほどこすと，$(3,3)$ 成分が -1 となる．

こうして，対称行列 $\begin{pmatrix}1&0&0\\0&-1&0\\0&0&-1\end{pmatrix}$ が得られる．z_1, z_2, z_3 を変数として，対応するシルベスタ標準形を書けば，$z_1^2-z_2^2-z_3^2$ となる．符号は $(1,2)$ である．

(2) A の特性多項式は $(t-2)(t+1)^2$ である．**正の固有値が 1 個，負の固有値が重複を込めて 2 個**あるので，符号は $(1,2)$ であり，小問 (1) の結果と一致する．■

注意：対称行列 A に対応する 2 次形式の符号を求めるのに，対称基本変形による方法と，固有値を求める方法とがある．2 次形式の符号を求めるだけなら，対称基本変形を用いるほうが簡単であるが，対称基本変形による方法では，直交標準形を求めることができない．

問 4.25　問 4.15 の対称行列 A に対称基本変形をくり返しほどこすことによって，2 次形式 ${}^t\boldsymbol{x}A\boldsymbol{x}$ のシルベスタ標準形と符号を求めよ．

4.4　ジョルダン標準形

● **正方行列の直和** ●　正方行列 A_1, A_2 の**直和** $A_1 \oplus A_2$ を次のように定める．

$$A_1 \oplus A_2 = \begin{pmatrix} A_1 & O \\ O & A_2 \end{pmatrix}.$$

3 つ以上の正方行列の直和も同様に定める．

● **ジョルダン細胞（ジョルダンブロック）とジョルダン行列** ●　複素数 α と自然数 n に対して，n 次正方行列 $J(\alpha, n) \in M(n, n; \mathbb{C})$ を

$$J(\alpha, n) = \begin{pmatrix} \alpha & 1 & & & \\ & \alpha & 1 & & \\ & & \ddots & \ddots & \\ & & & \alpha & 1 \\ & & & & \alpha \end{pmatrix}$$

と定める（空白の部分の成分は 0）．この $J(\alpha, n)$ を**ジョルダン細胞**（**ジョルダンブロック**）という．いくつかのジョルダン細胞の直和の形の行列を**ジョルダン行列**とよぶ．

● **ジョルダン標準形** ●　任意の n 次複素正方行列 A に対して，n 次複素正則行列 P をうまく選べば，$P^{-1}AP$ はジョルダン行列になる．このジョルダン行列は，ジョルダン細胞の並べ方を別とすれば一意的である．このジョルダン行列を A の**ジョルダン標準形**とよぶ．

● **ケーリー-ハミルトンの定理，最小多項式** ●　n 次正方行列 A の特性多項式を $\Phi_A(t)$ とするとき

$$\Phi_A(A) = O$$

が成り立つ（**ケーリー-ハミルトンの定理**）．

$$f(A) = O$$

をみたす多項式 $f(t)$ のうち，次数が最小のものを A の**最小多項式**とよぶ．

A が対角化可能であることと，最小多項式が重根を持たないこととは同値である．

問題演習のねらい ジョルダン標準形に少しだけ触れてみよう！

導入 例題 4.14

次のジョルダン行列を成分を並べた形に表せ（$\alpha, \beta \in \mathbb{C}$）.

(1)　$J(\alpha, 2)$　　(2)　$J(\alpha, 3)$　　(3)　$J(\alpha, 2) \oplus J(\beta, 1)$

【解答】 (1) $\begin{pmatrix} \alpha & 1 \\ 0 & \alpha \end{pmatrix}$　(2) $\begin{pmatrix} \alpha & 1 & 0 \\ 0 & \alpha & 1 \\ 0 & 0 & \alpha \end{pmatrix}$　(3) $\begin{pmatrix} \alpha & 1 & 0 \\ 0 & \alpha & 0 \\ 0 & 0 & \beta \end{pmatrix}$ ■

導入 例題 4.15

$A, B, P \in M(n, n; \mathbb{C})$ とする．さらに，P は正則行列であって，$B = P^{-1}AP$ をみたすものとする．

(1)

$$tE_n - B = P^{-1}(tE_n - A)P$$

が成り立つことを示し，そのことを用いて，A の特性多項式と B の特性多項式が一致することを示せ．

(2)　変数 t に関する多項式

$f(t) = a_m t^m + a_{m-1} t^{m-1} + \cdots + a_1 t + a_0 \quad (a_m, a_{m-1}, \ldots, a_1, a_0 \in \mathbb{C})$

に対して，「$f(A) = O \Leftrightarrow f(B) = O$」が成り立つことを示せ．

【解答】 (1)　$P^{-1}(tE_n - A)P = tP^{-1}E_nP - P^{-1}AP = tE_n - B$. よって

$$\begin{aligned} \det(tE_n - B) &= \det\bigl(P^{-1}(tE_n - A)P\bigr) \\ &= \det(P^{-1})\det(tE_n - A)\det P = \frac{1}{\det P}\det(tE_n - A)\det P \\ &= \det(tE_n - A) \end{aligned}$$

である．すなわち，A の特性多項式と B の特性多項式は一致する．

(2)　導入例題 4.5 より $B^k = P^{-1}A^kP$ が成り立つので

$$f(B) = \sum_{k=0}^{m} a_k B^k = \sum_{k=0}^{m} a_k P^{-1} A^k P = P^{-1}\left(\sum_{k=0}^{m} a_k A^k\right) P = P^{-1} f(A) P$$

が得られる．よって，「$f(A) = O \Leftrightarrow f(B) = O$」が成り立つ． ■

確認 例題 4.18

$A \in M(3,3;\mathbb{C})$ とし，A の特性多項式が

$$\Phi_A(t) = (t-\alpha)^2(t-\beta) \quad (\alpha,\ \beta \text{ は相異なる複素数})$$

であるとする．A がある複素正則行列 P によって対角化可能ならば

$$(A - \alpha E_3)(A - \beta E_3) = O$$

が成り立つことを示せ．

ヒント：$B = P^{-1}AP$ が対角行列であるとして，まず

$$(B - \alpha E_3)(B - \beta E_3) = O$$

を示せ．

【解答】

$$B = P^{-1}AP = \begin{pmatrix} \alpha & 0 & 0 \\ 0 & \alpha & 0 \\ 0 & 0 & \beta \end{pmatrix}$$

が成り立つとすると

$$\begin{aligned}&(B - \alpha E_3)(B - \beta E_3) \\ &= \begin{pmatrix} 0 & 0 & 0 \\ 0 & 0 & 0 \\ 0 & 0 & \beta - \alpha \end{pmatrix}\begin{pmatrix} \alpha - \beta & 0 & 0 \\ 0 & \alpha - \beta & 0 \\ 0 & 0 & 0 \end{pmatrix} \\ &= O\end{aligned}$$

である．よって，導入例題 4.15 (2) より

$$(A - \alpha E_3)(A - \beta E_3) = O.$$

■

導入 例題 4.16

$A \in M(3,3;\mathbb{C})$ とし，A の特性多項式が

$$\Phi_A(t) = (t-\alpha)^2(t-\beta) \quad (\alpha,\ \beta\ \text{は相異なる複素数})$$

であるとする．さらに，$(A-\alpha E_3)(A-\beta E_3) \neq O$ であるとすると，A は対角化不可能である（確認例題 4.18 参照）．このとき，次の条件 (a), (b) をみたす $\boldsymbol{q}_2, \boldsymbol{q}_3 \in \mathbb{C}^3$ が存在することが知られている．

(a) $(A-\alpha E_3)\boldsymbol{q}_2 \neq \boldsymbol{0}$, $(A-\alpha E_3)^2\boldsymbol{q}_2 = \boldsymbol{0}$.

(b) $\boldsymbol{q}_3 \neq \boldsymbol{0}$, $(A-\beta E_3)\boldsymbol{q}_3 = \boldsymbol{0}$.

このとき，$\boldsymbol{q}_1 = (A-\alpha E_3)\boldsymbol{q}_2$ とおくと，$\boldsymbol{q}_1, \boldsymbol{q}_2, \boldsymbol{q}_3$ が線形独立であることも知られている（ここでは証明なしに認める）．

(1) $A\boldsymbol{q}_1 = \alpha\boldsymbol{q}_1$, $A\boldsymbol{q}_2 = \boldsymbol{q}_1 + \alpha\boldsymbol{q}_2$, $A\boldsymbol{q}_3 = \beta\boldsymbol{q}_3$ を示せ．

(2) $Q = (\ \boldsymbol{q}_1\ \ \boldsymbol{q}_2\ \ \boldsymbol{q}_3\ )$ とおくと，Q は正則行列であって，次が成り立つことを示せ．

$$Q^{-1}AQ = \begin{pmatrix} \alpha & 1 & 0 \\ 0 & \alpha & 0 \\ 0 & 0 & \beta \end{pmatrix}.$$

【解答】 (1)

$$(A-\alpha E_3)\boldsymbol{q}_1 = (A-\alpha E_3)^2\boldsymbol{q}_2 = \boldsymbol{0}$$

より，$A\boldsymbol{q}_1 = \alpha\boldsymbol{q}_1$ である．また

$$(A-\alpha E_3)\boldsymbol{q}_2 = \boldsymbol{q}_1$$

より，$A\boldsymbol{q}_2 = \boldsymbol{q}_1 + \alpha\boldsymbol{q}_2$ である．さらに

$$(A-\beta E_3)\boldsymbol{q}_3 = \boldsymbol{0}$$

より，$A\boldsymbol{q}_3 = \beta\boldsymbol{q}_3$ である．

(2) $\boldsymbol{q}_1, \boldsymbol{q}_2, \boldsymbol{q}_3$ は線形独立であるので，$Q = (\ \boldsymbol{q}_1\ \ \boldsymbol{q}_2\ \ \boldsymbol{q}_3\ )$ は正則行列である．さらに，小問 (1) を用いれば

$$AQ = A(\ \boldsymbol{q}_1\ \ \boldsymbol{q}_2\ \ \boldsymbol{q}_3\ ) = (\ A\boldsymbol{q}_1\ \ A\boldsymbol{q}_2\ \ A\boldsymbol{q}_3\ ) = (\ \alpha\boldsymbol{q}_1\ \ \boldsymbol{q}_1+\alpha\boldsymbol{q}_2\ \ \beta\boldsymbol{q}_3\ )$$

が得られる．一方，$B = \begin{pmatrix} \alpha & 1 & 0 \\ 0 & \alpha & 0 \\ 0 & 0 & \beta \end{pmatrix}$ とおくと

$$QB = (\ \boldsymbol{q}_1\ \ \boldsymbol{q}_2\ \ \boldsymbol{q}_3\ )\begin{pmatrix} \alpha & 1 & 0 \\ 0 & \alpha & 0 \\ 0 & 0 & \beta \end{pmatrix} = (\ \alpha\boldsymbol{q}_1\ \ \boldsymbol{q}_1+\alpha\boldsymbol{q}_2\ \ \beta\boldsymbol{q}_3\ )$$

が得られる．したがって，$AQ = QB$ が成り立つ．この式の両辺に左から Q^{-1} をかければ，$Q^{-1}AQ = B$ が得られる． ■

確認 例題 4.19

$A=\begin{pmatrix}1&0&-1\\-2&3&-3\\-1&1&0\end{pmatrix}$ に対して，$Q^{-1}AQ=\begin{pmatrix}1&1&0\\0&1&0\\0&0&2\end{pmatrix}$ となる正則行列 Q を1つ与えよ．

【解答】 A の特性多項式は $(t-1)^2(t-2)$ である．そこで，導入例題 4.16 に沿って，$Q=(\,\boldsymbol{q}_1\ \ \boldsymbol{q}_2\ \ \boldsymbol{q}_3\,)$ を求める（ここでは $\alpha=1,\ \beta=2$ である）．

まず，$\boldsymbol{x}=\begin{pmatrix}x_1\\x_2\\x_3\end{pmatrix}$ に対して

$$(A-2E_3)\boldsymbol{x}=\boldsymbol{0}\Leftrightarrow x_1=-x_2=-x_3$$

であるので，$\boldsymbol{q}_3=\begin{pmatrix}-1\\1\\1\end{pmatrix}$ とすれば

$$(A-2E_3)\boldsymbol{q}_3=\boldsymbol{0},\quad \boldsymbol{q}_3\neq\boldsymbol{0}$$

をみたす．

また

$$(A-E_3)\boldsymbol{x}=\boldsymbol{0}\Leftrightarrow x_1=x_2,\ x_3=0$$

である．さらに

$$(A-E_3)^2=\begin{pmatrix}1&-1&1\\-1&1&-1\\-1&1&-1\end{pmatrix}$$

であることを用いれば

$$(A-E_3)^2\boldsymbol{x}=\boldsymbol{0}\Leftrightarrow x_1-x_2+x_3=0$$

が成り立つことがわかる．たとえば $\boldsymbol{q}_2=\begin{pmatrix}0\\1\\1\end{pmatrix}$ とすれば

$$(A-E_3)\boldsymbol{q}_2\neq\boldsymbol{0},\quad (A-E_3)^2\boldsymbol{q}_2=\boldsymbol{0}$$

をみたす．さらに $\boldsymbol{q}_1=(A-E_3)\boldsymbol{q}_2=\begin{pmatrix}-1\\-1\\0\end{pmatrix}$ とおく．このとき導入例題 4.16 により，$Q=(\,\boldsymbol{q}_1\ \ \boldsymbol{q}_2\ \ \boldsymbol{q}_3\,)=\begin{pmatrix}-1&0&-1\\-1&1&1\\0&1&1\end{pmatrix}$ とおけば，Q は正則行列であって，$Q^{-1}AQ=\begin{pmatrix}1&1&0\\0&1&0\\0&0&2\end{pmatrix}$ をみたす． ■

問 4.26　$A = \begin{pmatrix} 0 & 1 \\ -4 & 4 \end{pmatrix}$ とする．

(1)

$$(A - 2E_2)\boldsymbol{p}_2 \neq \boldsymbol{0}, \quad (A - 2E_2)^2 \boldsymbol{p}_2 = \boldsymbol{0}$$

をみたす $\boldsymbol{p}_2$ を1つ求めよ．

(2)

$$\boldsymbol{p}_1 = (A - 2E_2)\boldsymbol{p}_2, \quad P = (\ \boldsymbol{p}_1 \quad \boldsymbol{p}_2\ )$$

とおくと，P は正則行列であって

$$P^{-1}AP = \begin{pmatrix} 2 & 1 \\ 0 & 2 \end{pmatrix}$$

が成り立つことを示せ．

ジョルダン標準形の応用についても少し考えてみよう．

導入 例題 4.17

k は自然数とし

$$A = \begin{pmatrix} \alpha & 1 \\ 0 & \alpha \end{pmatrix}$$

とする（$\alpha \in \mathbb{C}$）．A^k を求めよ．

【解答】

$$A^k = \begin{pmatrix} \alpha^k & k\alpha^{k-1} \\ 0 & \alpha^k \end{pmatrix}$$

である．実際，$k = 1$ のとき正しい．$k \geq 2$ とし

$$A^{k-1} = \begin{pmatrix} \alpha^{k-1} & (k-1)\alpha^{k-2} \\ 0 & \alpha^{k-1} \end{pmatrix}$$

が成り立つとすると

$$A^k = \begin{pmatrix} \alpha & 1 \\ 0 & \alpha \end{pmatrix} \begin{pmatrix} \alpha^{k-1} & (k-1)\alpha^{k-2} \\ 0 & \alpha^{k-1} \end{pmatrix}$$

$$= \begin{pmatrix} \alpha^k & k\alpha^{k-1} \\ 0 & \alpha^k \end{pmatrix}$$

が得られる．■

問 4.27　k は自然数とする．問 4.26 の行列 A に対して，A^k を求めよ．

確認 例題 4.20

α, β は実数とする．数列 $\{a_n\}$ は $a_1 = \alpha, a_2 = \beta$ をみたし，さらに，漸化式 $a_{n+2} = 4a_{n+1} - 4a_n$（$n \geq 1$）をみたすとする．この数列の一般項を求めよ．

【解答】 $b_n = a_{n+1}$（$n \geq 1$）とおくと

$$a_{n+1} = b_n, \quad b_{n+1} = a_{n+2} = -4a_n + 4a_{n+1} = -4a_n + 4b_n$$

であるので次式が成り立つ．

$$\begin{pmatrix} a_{n+1} \\ b_{n+1} \end{pmatrix} = \begin{pmatrix} 0 & 1 \\ -4 & 4 \end{pmatrix} \begin{pmatrix} a_n \\ b_n \end{pmatrix}. \tag{4.9}$$

ここで，$A = \begin{pmatrix} 0 & 1 \\ -4 & 4 \end{pmatrix}$ とおくと，これは問 4.26 の行列 A にほかならない．

いま，$a_1 = \alpha, b_1 = a_2 = \beta$ であることに注意すると，式 (4.9) より

$$\begin{pmatrix} a_n \\ b_n \end{pmatrix} = A^{n-1} \begin{pmatrix} \alpha \\ \beta \end{pmatrix} \tag{4.10}$$

であることがわかる．問 4.27 において A^k が求められているので，それを用いると

$$A^{n-1} = \begin{pmatrix} (2-n)\,2^{n-1} & (n-1)\,2^{n-2} \\ -(n-1)\,2^n & n \cdot 2^{n-1} \end{pmatrix}$$

である．これを式 (4.10) に代入すれば $a_n = (2-n)\,2^{n-1}\alpha + (n-1)\,2^{n-2}\beta$ が得られる．これが求める一般項である．■

最後にケーリー-ハミルトンの定理に関する問題を考えてみよう．

確認 例題 4.21

3 次複素正方行列 A のジョルダン標準形が $J = \begin{pmatrix} \alpha & 1 & 0 \\ 0 & \alpha & 0 \\ 0 & 0 & \beta \end{pmatrix}$ であるとする．

A, J の特性多項式をそれぞれ $\varPhi_A(t), \varPhi_J(t)$ とする．

(1)　$\varPhi_A(t)$ を求めよ．

(2)　ケーリー-ハミルトンの定理の等式 $\varPhi_A(A) = O$ がこの場合に成り立つことを示せ．

【解答】　(1)　導入例題 4.15 (1) により，$\varPhi_A(t) = \varPhi_J(t) = (t-\alpha)^2(t-\beta)$．

(2)　$\varPhi_A(J) = \varPhi_J(J) = (J - \alpha E_3)^2(J - \beta E_3) = O$ が計算によってわかる．よって，導入例題 4.15 (2) により，$\varPhi_A(A) = (A - \alpha E_3)^2(A - \beta E_3) = O$．■

第4章　章末問題

基本 例題 4.1

$A \in M(n,n;\mathbb{C})$ とする．α は A の固有値とし，$\boldsymbol{x}$ は α に対する固有ベクトルとする．

(1)　自然数 i に対して，$A^i\boldsymbol{x} = \alpha^i\boldsymbol{x}$ が成り立つことを示せ．

(2)　$f(t) = \sum_{i=0}^{k} a_i t^i$ （$a_i \in \mathbb{C};\ 0 \leq i \leq k$）とする．$f(A) = O$ が成り立つならば，α は $f(t) = 0$ の根であることを示せ．

【解答】　(1)　**i についての帰納法**により示す．$\boldsymbol{x}$ が α に対する固有ベクトルであるので，$i = 1$ のとき，主張は正しい．$i \geq 2$ とし，$A^{i-1}\boldsymbol{x} = \alpha^{i-1}\boldsymbol{x}$ が成り立つと仮定する．このとき

$$A^i\boldsymbol{x} = AA^{i-1}\boldsymbol{x} = A(\alpha^{i-1}\boldsymbol{x}) = \alpha^{i-1}A\boldsymbol{x} = \alpha^{i-1}\alpha\boldsymbol{x} = \alpha^i\boldsymbol{x}$$

である．

(2)　$\boldsymbol{0} = f(A)\boldsymbol{x} = \sum_{i=0}^{k} a_i A^i \boldsymbol{x} = \sum_{i=0}^{k} a_i \alpha^i \boldsymbol{x} = f(\alpha)\boldsymbol{x}$ より，$f(\alpha) = 0$.　■

基本 例題 4.2

$x_1, \ldots, x_n$ を変数とする2次形式

$${}^t\boldsymbol{x}A\boldsymbol{x} = x_1^2 + \cdots + x_s^2 - x_{s+1}^2 - \cdots - x_{s+t}^2 \quad (s \geq 0,\ t \geq 0,\ s+t \leq n)$$

が，変数変換

$$\boldsymbol{x} = P\boldsymbol{y}, \quad \boldsymbol{x} = \begin{pmatrix} x_1 \\ \vdots \\ x_n \end{pmatrix},\ \boldsymbol{y} = \begin{pmatrix} y_1 \\ \vdots \\ y_n \end{pmatrix},\ P = \begin{pmatrix} p_{11} & \cdots & p_{1n} \\ \vdots & \ddots & \vdots \\ p_{n1} & \cdots & p_{nn} \end{pmatrix}$$

（P は実数を成分とする正則行列）によって，$y_1, \ldots, y_n$ を変数とする2次形式

$${}^t\boldsymbol{y}B\boldsymbol{y} = y_1^2 + \cdots + y_u^2 - y_{u+1}^2 - \cdots - y_{u+v}^2 \quad (u \geq 0,\ v \geq 0,\ u+v \leq n)$$

に変換されたとする（ここで，A, B は対称行列である）．このとき，$s = u, t = v$ が成り立つことを示したい．

(1)　$\mathrm{rank}(A) = \mathrm{rank}(B)$ を示すことにより，$s + t = u + v$ を示せ．

ここで，仮に $s < u$ であるとする．

(2)　このとき，次の条件 (a), (b) を同時にみたす実数 $\beta_1, \ldots, \beta_u$ が存在することを示せ．

(a) $\begin{cases} p_{11}\beta_1 + \cdots + p_{1u}\beta_u = 0, \\ \quad\vdots \\ p_{s1}\beta_1 + \cdots + p_{su}\beta_u = 0. \end{cases}$

(b) $\beta_1, \ldots, \beta_u$ のうち，少なくとも 1 つは 0 でない．

(3) $\boldsymbol{\beta} = \begin{pmatrix} \beta_1 \\ \vdots \\ \beta_u \\ 0 \\ \vdots \\ 0 \end{pmatrix}, \boldsymbol{\alpha} = \begin{pmatrix} \alpha_1 \\ \vdots \\ \alpha_n \end{pmatrix} = P\boldsymbol{\beta}$ とおく．このとき，$\alpha_1 = \cdots = \alpha_s = 0$ であることを示せ．

(4) ${}^t\boldsymbol{\alpha}A\boldsymbol{\alpha}$ と ${}^t\boldsymbol{\beta}B\boldsymbol{\beta}$ とを比較することにより，矛盾を導け．

(5) 「$s < u$」という仮定が成り立たないことを示し，$s = u, t = v$ を示せ．

【解答】 (1) A は対角行列である．対角成分は，$(1, 1)$ 成分から (s, s) 成分までが 1，$(s+1, s+1)$ 成分から $(s+t, s+t)$ 成分までが -1 であり，残りの成分は 0 である．このことより $\mathrm{rank}(A) = s+t$ であることがわかる．同様に，$\mathrm{rank}(B) = u+v$ であることもわかる．さらに P は正則で，$B = {}^tPAP$ であるので，$\mathrm{rank}(A) = \mathrm{rank}(B)$ が成り立つ．よって，$s+t = u+v$ である．

(2) $Y_1, \ldots, Y_u$ を未知数とする斉次連立 1 次方程式

$$\begin{cases} p_{11}Y_1 + \cdots + p_{1u}Y_u = 0, \\ \quad\vdots \\ p_{s1}Y_1 + \cdots + p_{su}Y_u = 0 \end{cases}$$

を考えると，$s < u$ **である**ので，非自明な解 $Y_1 = \beta_1, \ldots, Y_u = \beta_u$ が存在する．この $\beta_1, \ldots, \beta_u$ が求める条件をみたす．

(3) 小問 (2) の条件 (a) より

$$\begin{cases} \alpha_1 = p_{11}\beta_1 + \cdots + p_{1u}\beta_u = 0, \\ \quad\vdots \\ \alpha_s = p_{s1}\beta_1 + \cdots + p_{su}\beta_u = 0 \end{cases}$$

が成り立つ．

(4) ${}^tPAP = B$ であるので，${}^t\boldsymbol{\alpha}A\boldsymbol{\alpha} = {}^t(P\boldsymbol{\beta})A(P\boldsymbol{\beta}) = {}^t\boldsymbol{\beta}\,{}^tPAP\boldsymbol{\beta} = {}^t\boldsymbol{\beta}B\boldsymbol{\beta}$ が成り立つ．このとき，$\alpha_1 = \cdots = \alpha_s = 0$ より

$${}^t\boldsymbol{\alpha}A\boldsymbol{\alpha} = -\alpha_{s+1}^2 - \cdots - \alpha_{s+u}^2 \leq 0$$

である．一方，$\beta_1, \ldots, \beta_u$ のうち，少なくとも 1 つは 0 でないので

$$ {}^t\boldsymbol{\beta} B \boldsymbol{\beta} = \beta_1^2 + \cdots + \beta_u^2 > 0 $$

である．これは矛盾である．

(5)　$s < u$ と仮定すると矛盾が生じた．同様に，$u < s$ と仮定しても矛盾が生じる．したがって，$s = u$ である．このとき，小問 (1) より $s + t = u + v$ であるので，$t = v$ も成り立つ．■

基本 例題 4.3

$A \in M(n, n; \mathbb{R})$ は対称行列とする．$x_1, \ldots, x_n$ を変数とする 2 次形式 ${}^t\boldsymbol{x}A\boldsymbol{x}$ $\left(\boldsymbol{x} = \begin{pmatrix} x_1 \\ \vdots \\ x_n \end{pmatrix}\right)$ が正定値であると仮定する．

(1)　この 2 次形式のシルベスタ標準形を変数 $y_1, \ldots, y_n$ を用いて表せ．また，そのシルベスタ標準形に対応する対称行列 B は何か．

(2)　$\det A > 0$ を示せ．

【解答】　(1)　シルベスタ標準形は $y_1^2 + y_2^2 + \cdots + y_n^2$．$B = E_n$．

(2)　ある n 次実正則行列 P に対して $B = E_n = {}^tPAP$ となるので

$$ 1 = \det B = \det({}^tPAP) = \det({}^tP) \det A \det P = (\det P)^2 \det A $$

が成り立つ．$(\det P)^2 > 0$ より $\det A > 0$ である．■

基本 例題 4.4

$A = (a_{ij}) \in M(n, n; \mathbb{R})$ は対称行列とし，変数 $x_1, \ldots, x_n$ に対して，2 次形式 ${}^t\boldsymbol{x}A\boldsymbol{x}$　$\left(\boldsymbol{x} = \begin{pmatrix} x_1 \\ \vdots \\ x_n \end{pmatrix}\right)$ を考える．また，$1 \leq k \leq n$ をみたす自然数 k に対し，A の第 1 行から第 k 行まで，第 1 列から第 k 列までの成分を取り出して作った k 次の小行列を A_k とする．

$$ A_k = \begin{pmatrix} a_{11} & \cdots & a_{1k} \\ \vdots & \ddots & \vdots \\ a_{k1} & \cdots & a_{kk} \end{pmatrix}. $$

このとき，次の 2 つの条件 (a), (b) が同値であることを示したい．

(a)　2 次形式 ${}^t\boldsymbol{x}A\boldsymbol{x}$ は正定値である．

(b)　$1 \leq k \leq n$ をみたすすべての自然数 k について，$\det A_k > 0$ が成り立つ．

まず，条件 (a) を仮定して，次の問いに答えよ．

(1)　$1 \leq k \leq n$ をみたす自然数 k について，k 次対称行列 A_k に対応する 2 次形式も正定値であることを示せ．

(2)　$1 \leq k \leq n$ をみたす自然数 k について，$\det A_k > 0$ を示せ．

次に，条件 (b) を仮定する．条件 (a) が成り立つことを n に関する数学的帰納法によって示したい．

(3)　$n = 1$ のとき，2 次形式 ${}^t\boldsymbol{x}A\boldsymbol{x}$ は正定値であることを示せ．

そこで，$n \geq 2$ とし，$n-1$ 次以下の対称行列については，「(b) ⇒ (a)」が成り立つと仮定する．いま，A は条件 (b) をみたす n 次対称行列とし，

$$A = \begin{pmatrix} A_{n-1} & \boldsymbol{b} \\ {}^t\boldsymbol{b} & a_{nn} \end{pmatrix}$$

$$\left(A_{n-1} \in M(n-1, n-1; \mathbb{R}),\ \boldsymbol{b} = \begin{pmatrix} a_{1n} \\ \vdots \\ a_{n-1,n} \end{pmatrix} \in \mathbb{R}^{n-1} \right)$$

と区分けする．さらに，変数変換

$$\boldsymbol{x} = P\boldsymbol{y}, \quad \boldsymbol{y} = \begin{pmatrix} y_1 \\ \vdots \\ y_n \end{pmatrix}, \quad P = \begin{pmatrix} E_{n-1} & -A_{n-1}^{-1}\boldsymbol{b} \\ {}^t\boldsymbol{0} & 1 \end{pmatrix}$$

によって，${}^t\boldsymbol{x}A\boldsymbol{x} = {}^t\boldsymbol{y}B\boldsymbol{y}$（$B = {}^tPAP$）を得たとする．

(4)　A_{n-1}, A_{n-1}^{-1} はいずれも対称行列であることを示せ．

(5)　$\lambda = a_{nn} - {}^t\boldsymbol{b}A_{n-1}^{-1}\boldsymbol{b}$ とおくとき

$$B = \begin{pmatrix} A_{n-1} & \boldsymbol{0} \\ {}^t\boldsymbol{0} & \lambda \end{pmatrix}$$

となることを示せ．

(6)　$\det B > 0$ を示すことにより，$\lambda > 0$ を示せ．

(7)　${}^t\boldsymbol{x}A\boldsymbol{x} = {}^t\boldsymbol{y}B\boldsymbol{y}$ が正定値 2 次形式であることを示せ．

【解答】　(1)　$\boldsymbol{a} \in \mathbb{R}^k$, $\boldsymbol{a} \neq \boldsymbol{0}$ とする．

$\widetilde{\boldsymbol{a}} = \begin{pmatrix} \boldsymbol{a} \\ \boldsymbol{0} \end{pmatrix} \in \mathbb{R}^n$ とおき，$A = \begin{pmatrix} A_k & F \\ {}^tF & G \end{pmatrix}$ と区分けすると

$$0 < {}^t\widetilde{\boldsymbol{a}}A\widetilde{\boldsymbol{a}} = \begin{pmatrix} {}^t\boldsymbol{a} & {}^t\boldsymbol{0} \end{pmatrix} \begin{pmatrix} A_k & F \\ {}^tF & G \end{pmatrix} \begin{pmatrix} \boldsymbol{a} \\ \boldsymbol{0} \end{pmatrix} = {}^t\boldsymbol{a}A_k\boldsymbol{a}$$

が成り立つ．よって，A_k に対応する 2 次形式は正定値である．

(2)　小問 (1) より，A_k に対応する 2 次形式が正定値であるので，基本例題 4.3 より，$\det A_k > 0$ である．

(3)　$n=1$ のとき，${}^t\boldsymbol{x}A\boldsymbol{x}=a_{11}x_1^2$ である．いま，条件 (b) より $\det A_1=a_{11}>0$ であるので，$n=1$ のとき，2 次形式 ${}^t\boldsymbol{x}A\boldsymbol{x}$ は正定値である

(4)　${}^tA=A$ より

$$ {}^tA_{n-1}=A_{n-1} $$

である．また，$E_{n-1}=A_{n-1}A_{n-1}^{-1}$ の両辺の転置行列をとると

$$ E_{n-1}={}^tE_{n-1}={}^t(A_{n-1}^{-1})\,{}^tA_{n-1}={}^t(A_{n-1}^{-1})A_{n-1} $$

となる．この式に右から A_{n-1}^{-1} をかければ

$$ A_{n-1}^{-1}={}^t(A_{n-1}^{-1}) $$

が得られる．よって，A_{n-1}, A_{n-1}^{-1} はいずれも対称行列である．

(5)

$$ {}^tP=\begin{pmatrix} {}^tE_{n-1} & \mathbf{0} \\ -{}^t(A_{n-1}^{-1}\boldsymbol{b}) & 1 \end{pmatrix} $$

$$ =\begin{pmatrix} E_{n-1} & \mathbf{0} \\ -{}^t\boldsymbol{b}\,{}^t(A_{n-1}^{-1}) & 1 \end{pmatrix}=\begin{pmatrix} E_{n-1} & \mathbf{0} \\ -{}^t\boldsymbol{b}A_{n-1}^{-1} & 1 \end{pmatrix} $$

に注意すれば，計算により，$B=\begin{pmatrix} A_{n-1} & \mathbf{0} \\ {}^t\mathbf{0} & \lambda \end{pmatrix}$ が確かめられる．

(6)　条件 (b) より，$\det A=\det A_n>0$ である．よって

$$ \det B=\det({}^tPAP)=\det({}^tP)\det A\det P $$
$$ =(\det P)^2\det A>0 $$

である．一方，小問 (5) の結果より

$$ \det B=\lambda\det A_{n-1} $$

であるので，$\lambda\det A_{n-1}>0$ である．さらに条件 (b) より $\det A_{n-1}>0$ であるので，$\lambda>0$ が得られる．

(7)　$\boldsymbol{w}\in\mathbb{R}^n$, $\boldsymbol{w}\neq\mathbf{0}$ とし

$$ \boldsymbol{w}=\begin{pmatrix} \boldsymbol{w}' \\ w'' \end{pmatrix}\quad(\boldsymbol{w}'\in\mathbb{R}^{n-1},\ w''\in\mathbb{R}) $$

と区分けすると

$$ {}^t\boldsymbol{w}B\boldsymbol{w}=\begin{pmatrix} {}^t\boldsymbol{w}' & w'' \end{pmatrix}\begin{pmatrix} A_{n-1} & \mathbf{0} \\ {}^t\mathbf{0} & \lambda \end{pmatrix}\begin{pmatrix} \boldsymbol{w}' \\ w'' \end{pmatrix} $$
$$ ={}^t\boldsymbol{w}'A_{n-1}\boldsymbol{w}'+\lambda w''^2 $$

となる．帰納法の仮定により，A_{n-1} に対応する 2 次形式は正定値であり，小問 (6) より $\lambda>0$ であるので，${}^t\boldsymbol{x}A\boldsymbol{x}={}^t\boldsymbol{y}B\boldsymbol{y}$ は正定値 2 次形式である．■

基本問題 4.1　その昔，ある村で，秘密の長老会議によって，2 人の候補 A, B の中から村長が選ばれた．その結果に関する噂は人から人へと伝わっていったが，この村では，人々が「A が村長である」と聞いて，次の人にそのまま伝える確率は $\frac{4}{5}$，「B が村長である」と伝える確率が $\frac{1}{5}$ であるという．また，「B が村長である」と聞いて，次の人にそのまま伝える確率は $\frac{4}{5}$，「A が村長である」と伝える確率が $\frac{1}{5}$ であるという．

(1)　n 番目に話を聞いた人が次の人（$(n+1)$ 番目の人）に「A が村長である」と伝える確率を a_n，「B が村長である」と伝える確率を b_n とする．ベクトル $\begin{pmatrix} a_n \\ b_n \end{pmatrix}$ を考えると，ある行列 C を用いて

$$\begin{pmatrix} a_{n+1} \\ b_{n+1} \end{pmatrix} = C \begin{pmatrix} a_n \\ b_n \end{pmatrix}$$

という関係が成り立つ．行列 C を求めよ．

(2)　最初の人（1 番目の人）が「A が村長である」という話を聞いていたとする．このとき，a_n を求め，さらに $\lim_{n\to\infty} a_n$ を求めよ．

基本問題 4.2　次の行列 A, B の組合せに対し，$B = P^{-1}AP$ となる正則行列 P が存在するならば，そのような P の例を 1 つあげよ．

(1)　$A = \begin{pmatrix} 3 & -2 \\ 1 & 0 \end{pmatrix}$, $B = \begin{pmatrix} 5 & -12 \\ 2 & -5 \end{pmatrix}$.

(2)　$A = \begin{pmatrix} 0 & -2 & 2 \\ -1 & -2 & 3 \\ -1 & -4 & 5 \end{pmatrix}$, $B = \begin{pmatrix} 16 & -8 & 4 \\ 26 & -13 & 7 \\ -4 & 2 & 0 \end{pmatrix}$.

基本問題 4.3　次の問いに答えよ．

(1)　$A = \begin{pmatrix} \cos\theta & -\sin\theta \\ \sin\theta & \cos\theta \end{pmatrix}$ とする．ただし，$\theta \in \mathbb{R}$, $\sin\theta \neq 0$ とする．このとき，複素正則行列 $P = (\,\boldsymbol{p}_1 \ \ \boldsymbol{p}_2\,)$ であって，$P^{-1}AP$ が対角行列であり，かつ，$\boldsymbol{p}_2 = \overline{\boldsymbol{p}}_1$ となるものの例を 1 つあげよ．

(2)　$f(t) = at^2 + bt + c$ とする．ただし，a, b, c は実数で，$a \neq 0$ とする．$\alpha \in \mathbb{C}$ について $f(\alpha) = 0$ が成り立つならば，$f(\overline{\alpha}) = 0$ も成り立つことを示せ．

(3)　B は 2 次実正方行列とし，B のどの固有値も実数でないと仮定する．このとき，ある実正則行列 Q が存在して

$$Q^{-1}BQ = \begin{pmatrix} r\cos\theta & -r\sin\theta \\ r\sin\theta & r\cos\theta \end{pmatrix} \qquad (r, \theta \in \mathbb{R})$$

の形になることを証明せよ．

総合問題

いままでに学んできたことを総動員して，総合問題にチャレンジしてみよう！

総合問題 A.1　$K=\mathbb{R}$ または $K=\mathbb{C}$ とし，V, V', V'' は K 上の線形空間とする．$T\colon V\to V'$, $S\colon V'\to V''$ は線形写像とし，$S\circ T$ は T と S の合成写像とする．

$$S\circ T\colon V\ni \boldsymbol{x}\mapsto (S\circ T)(\boldsymbol{x})=S\bigl(T(\boldsymbol{x})\bigr)\in V''.$$

また，S を $\mathrm{Im}(T)$ に制限した写像を $\widetilde{S}\colon \mathrm{Im}(T)\to V''$ とする．

$$\widetilde{S}\colon \mathrm{Im}(T)\ni \boldsymbol{x}\mapsto \widetilde{S}(\boldsymbol{x})=S(\boldsymbol{x})\in V''.$$

(1)　$\mathrm{Im}(S\circ T)=\mathrm{Im}(\widetilde{S})$ を示せ．

(2)　$\dim\bigl(\mathrm{Im}(S\circ T)\bigr)\leq \dim\bigl(\mathrm{Im}(T)\bigr)$ を示せ．

(3)　$A\in M(m,n;K)$, $B\in M(l,m;K)$ に対して

$$\mathrm{rank}(BA)\leq \mathrm{rank}(A)$$

が成り立つことを示せ．

(4)　$C\in M(m,n;K)$, $D\in M(n,m;K)$ とする．$m>n$ ならば，行列 CD は正則行列でないことを示せ（基本問題 1.4 参照）．

総合問題 A.2　$K=\mathbb{R}$ または $K=\mathbb{C}$ とする．V は K 上の線形空間とし，$T\colon V\to V$ は線形変換とする．自然数 k に対して，T を k 回合成した写像を $T^k\colon V\to V$ と表す．また，T を $\mathrm{Im}(T^k)$ に制限した写像を $T_k\colon \mathrm{Im}(T^k)\to V$ と表すことにする．

$$T_k\colon \mathrm{Im}(T^k)\ni \boldsymbol{x}\mapsto T_k(\boldsymbol{x})=T(\boldsymbol{x})\in V.$$

(1)　$\mathrm{Im}(T_k)=\mathrm{Im}(T^{k+1})$ を示せ．

(2)　$\mathrm{Im}(T^k)\supset \mathrm{Im}(T^{k+1})$ を示せ．

(3)　$\mathrm{Ker}(T_k)=\mathrm{Ker}(T)\cap \mathrm{Im}(T^k)$ を示せ．

(4)　$\dim\bigl(\mathrm{Im}(T^{k-1})\bigr)-\dim\bigl(\mathrm{Im}(T^k)\bigr)\geq \dim\bigl(\mathrm{Im}(T^k)\bigr)-\dim\bigl(\mathrm{Im}(T^{k+1})\bigr)$ を示せ．ただし，便宜上，$\mathrm{Im}(T^0)=V$ とし，$T_0=T\colon V\to V$ とする．

(5)　$A\in M(n,n;K)$ とし

$$a_k=\mathrm{rank}(A^k)$$

とおく．このとき，横軸に k $(k\geq 1)$，たて軸に a_k をプロットして折れ線グラフを作ると，下に凸な単調非増加グラフができることを示せ．さらに，k が十分大きくなると，a_k は一定の値をとることを示せ．

総合問題 A.3　1 から 15 までの数字の書かれたピースが枠の中に並んでいるパズルを考える．ピースの入っていない空の部分には，上下左右のピースが動くことができる．たとえば次図の (A) のような状態のとき，12 を右に動かし，続いて 15 を下に動かし，続いて 11 を左に動かし，さらに 12 を上に動かすことによって，(B) のような状態（これを**初期状態**とよぶことにする）にすることができる．

1	2	3	4
5	6	7	8
9	10	15	11
13	14	12	

(A)

$\Longrightarrow$

1	2	3	4
5	6	7	8
9	10	11	12
13	14	15	

(B)

次の (C) のような状態から，どのようにピースを動かしても，初期状態 (B) に戻すことはできないことを証明せよ．

1	2	3	4
5	6	7	8
9	10	11	12
13	15	14	

(C)

ヒント：

- ピースの入っていない空の部分に，仮想的に「16」をあてはめる．
- あるピース k が空の部分に移動すると，k と 16 とを入れかえる互換が生じる．
- ピースの移動を「置換」と考え，その符号に着目せよ．
- ピース 16 は 1 回の操作につき，上下左右いずれかの隣のコマに移動する．
- 偶数回（奇数回）の操作ののちに 16 が存在する可能性のある場所はどこか?

総合問題 A.4

$$A = \begin{pmatrix} \boldsymbol{a}_1 & \boldsymbol{a}_2 & \cdots & \boldsymbol{a}_n \end{pmatrix} \in M(n, n; \mathbb{C})$$

は正則行列であるとする．

(1)　$E = \langle \boldsymbol{a}_1, \boldsymbol{a}_2, \ldots, \boldsymbol{a}_n \rangle$ は $\mathbb{C}^n$ の基底であることを示せ．

(2)　$E = \langle \boldsymbol{a}_1, \boldsymbol{a}_2, \ldots, \boldsymbol{a}_n \rangle$ にグラム-シュミットの直交化法をほどこして，$\mathbb{C}^n$ の標準内積に関する正規直交基底 $F = \langle \boldsymbol{b}_1, \boldsymbol{b}_2, \ldots, \boldsymbol{b}_n \rangle$ を得たとする．基底 E から基底 F への変換行列を $P = (p_{ij})$ とするとき，P は上三角行列であること（すなわち

$$i > j \text{ ならば } p_{ij} = 0$$

をみたすこと）を示せ．

(3)　正則な上三角行列 Q をうまく選ぶと，AQ がユニタリ行列になることを示せ．

総合問題 A.5 $A \in M(2,2;\mathbb{C})$ は $A^2 = O$ かつ $A \neq O$ をみたすとする.

(1) A は正則でないことを示せ.

(2) A は固有値 0 を持つことを示せ.

(3) A は 0 以外に固有値を持たないことを示せ.

(4) 固有値 0 に対する固有空間を $W(0)$ とする.

$$W(0) = \{\, \boldsymbol{x} \in \mathbb{C}^2 \mid A\boldsymbol{x} = \boldsymbol{0} \,\}.$$

このとき

$$\dim W(0) = 1$$

であることを示せ.

(5) いかなる正則行列

$$Q \in GL(2,\mathbb{C})$$

に対しても，$Q^{-1}AQ$ は対角行列にならないことを示せ（$GL(2,\mathbb{C})$ は 2 次複素正則行列全体の集合を表す）.

(6) $\boldsymbol{p}_2 \in \mathbb{C}^2$ を

$$\boldsymbol{p}_2 \notin W(0)$$

となるようにとり

$$\boldsymbol{p}_1 = A\boldsymbol{p}_2$$

とおく．このとき，$\boldsymbol{p}_1 \neq \boldsymbol{0}$ かつ $A\boldsymbol{p}_1 = \boldsymbol{0}$ となることを示せ.

(7) $\boldsymbol{p}_1, \boldsymbol{p}_2$ は線形独立であることを示せ.

(8) $P = (\,\boldsymbol{p}_1 \quad \boldsymbol{p}_2\,)$ とおくとき，P は正則行列であることを示せ.

(9) $P^{-1}AP$ を求めよ.

問題解答

第1章

問 1.1 $\begin{pmatrix} b_{11} & b_{12} \\ b_{21} & b_{22} \\ b_{31} & b_{32} \end{pmatrix}$

問 1.2 (1) $\begin{pmatrix} 11 & -3 & -2 \\ 3 & 10 & 1 \\ 14 & 11 & -3 \end{pmatrix}$ (2) $\begin{pmatrix} 3 \\ 2 \\ 9 \end{pmatrix}$ (3) $\begin{pmatrix} 21 \\ 4 \\ 38 \end{pmatrix}$ (4) $\begin{pmatrix} 11 & 1 & -8 \\ 3 & 0 & -1 \\ 11 & 10 & -7 \end{pmatrix}$

(5) $\begin{pmatrix} -2 & -10 & 1 \\ 6 & 8 & -1 \\ 4 & -10 & -2 \end{pmatrix}$ (6) $\begin{pmatrix} 21 \\ 4 \\ 38 \end{pmatrix}$

問 1.3 A も E_mA も (m,n) 型行列である．また，E_mA の (i,j) 成分は

$$\sum_{k=1}^{m} \delta_{ik}a_{kj} = \delta_{ii}a_{ij} + \sum_{\substack{1\leq k\leq m \\ k\neq i}} \delta_{ik}a_{kj} = 1\cdot a_{ij} + \sum_{\substack{1\leq k\leq m \\ k\neq i}} 0\cdot a_{kj} = a_{ij}$$

である $(1 \leq i \leq m,\ 1 \leq j \leq n)$．型が一致し，対応する成分がすべて等しいので，$E_mA = A$ である．

問 1.4 (1) $D = B+C$ は (m,n) 型，$F = AD = A(B+C)$ は (l,n) 型である．$G = AB$, $H = AC$ は (l,n) 型，$P = G + H = AB + AC$ は (l,n) 型である．

(2) 次の式より，$f_{ij} = p_{ij}$ が成り立つことがわかる．

$$f_{ij} = \sum_{k=1}^{m} a_{ik}d_{kj} = \sum_{k=1}^{m} a_{ik}(b_{kj} + c_{kj}) = \sum_{k=1}^{m} a_{ik}b_{kj} + \sum_{k=1}^{m} a_{ik}c_{kj},$$

$$p_{ij} = g_{ij} + h_{ij} = \sum_{k=1}^{m} a_{ik}b_{kj} + \sum_{k=1}^{m} a_{ik}c_{kj}.$$

(3) 型が一致し，対応する成分がすべて等しいので，$A(B+C) = AB + AC$.

問 1.5 (1) $D = AB$ は (k,m) 型，$F = DC = (AB)C$ は (k,n) 型．また，$G = BC$ は (l,n) 型，$H = AG = A(BC)$ は (k,n) 型．

(2) 次の式より，$f_{ps} = h_{ps}$ が示される．

$$f_{ps} = \sum_{r=1}^{m} d_{pr}c_{rs} = \sum_{r=1}^{m} \left(\sum_{q=1}^{l} a_{pq}b_{qr}\right) c_{rs} = \sum_{r=1}^{m} \left(\sum_{q=1}^{l} a_{pq}b_{qr}c_{rs}\right),$$

$$h_{ps} = \sum_{q=1}^{l} a_{pq}g_{qs} = \sum_{q=1}^{l} a_{pq}\left(\sum_{r=1}^{m} b_{qr}c_{rs}\right) = \sum_{q=1}^{l} \left(\sum_{r=1}^{m} a_{pq}b_{qr}c_{rs}\right).$$

(3) F と H は型が同一で，対応する成分が等しいので，$F = H$ である．すなわち，

$(AB)C = A(BC)$ が成り立つ．

問 1.6　$k=1$ のときは，問題の式が成立する．そこで，$k \geq 2$ とし，$k-1$ のときに問題の式が成立すると仮定する．このとき

$$(A+B)^k = (A+B)(A+B)^{k-1} = (A+B)\left(\sum_{i=0}^{k-1}\binom{k-1}{i}A^iB^{k-1-i}\right)$$

$$= \sum_{i=0}^{k-1}\binom{k-1}{i}A^{i+1}B^{k-1-i} + \sum_{i=0}^{k-1}\binom{k-1}{i}BA^iB^{k-1-i}$$

となる．この式の最後の辺の前半部分において，$j=i+1$ とおき，さらに j をあらためて i と書き換えれば

$$\sum_{i=0}^{k-1}\binom{k-1}{i}A^{i+1}B^{k-1-i} = \sum_{j=1}^{k}\binom{k-1}{j-1}A^jB^{k-j} = \sum_{i=1}^{k}\binom{k-1}{i-1}A^iB^{k-i}$$

となる．一方，後半部分については，A と B が交換可能であることより

$$\sum_{i=0}^{k-1}\binom{k-1}{i}BA^iB^{k-1-i} = \sum_{i=0}^{k-1}\binom{k-1}{i}A^iB^{k-i}$$

となる．したがって

$$(A+B)^k = \sum_{i=1}^{k}\binom{k-1}{i-1}A^iB^{k-i} + \sum_{i=0}^{k-1}\binom{k-1}{i}A^iB^{k-i}$$

$$= \binom{k-1}{k-1}A^kB^0 + \sum_{i=1}^{k-1}\left(\binom{k-1}{i-1}+\binom{k-1}{i}\right)A^iB^{k-i} + \binom{k-1}{0}A^0B^k$$

$$= A^0B^k + \sum_{i=1}^{k-1}\binom{k}{i}A^iB^{k-i} + A^kB^0$$

$$= \sum_{i=0}^{k}\binom{k}{i}A^iB^{k-i}$$

となり，問題の式が成立することが示される．

問 1.7　仮定より，$b_{kq} = 0$ $(1 \leq k \leq n)$ である．B が逆行列 $Y = (y_{ij})$ を持つと仮定する．このとき，YB の (q,q) 成分は

$$\sum_{k=1}^{n} y_{qk}b_{kq} = \sum_{k=1}^{n} y_{qk}\cdot 0 = 0$$

である．一方，$YB = E_n$ より，その (q,q) 成分は 1 でなければならない．これは矛盾である．よって，B は逆行列を持たない．すなわち，B は正則行列でない．

問 1.8　$\begin{pmatrix} E_n & O \\ X & E_n \end{pmatrix}\begin{pmatrix} A & B \\ C & D \end{pmatrix} = \begin{pmatrix} A & B \\ XA+C & XB+D \end{pmatrix}$ であるので，$X = -CA^{-1}$ とおけばよい．実際，$XA+C = -CA^{-1}A+C = O$ である．

問 1.9 (1) $X = \begin{pmatrix} \frac{1}{\alpha_1} & & \\ & \ddots & \\ & & \frac{1}{\alpha_n} \end{pmatrix}$ とおく．導入例題 1.9 を用いれば，$AX = XA = E_n$ が得られる．よって，A は正則で，$A^{-1} = X$.

(2) ある p（$1 \leq p \leq n$）に対して $\alpha_p = 0$ ならば，A の第 p 行の成分がすべて 0 となるので，確認例題 1.6 より，A は正則でない．また，小問 (1) より，$\alpha_1\alpha_2\cdots\alpha_n \neq 0$ ならば，A は正則である．よって，A が正則 $\Leftrightarrow \alpha_1\alpha_2\cdots\alpha_n \neq 0$.

問 1.10 $k=1$ のときは正しい．$k \geq 2$ とし，$k-1$ について問題文の式が成り立つと仮定する．このとき，導入例題 1.9 を用いれば

$$A^k = A^{k-1}A = \begin{pmatrix} \alpha_1^{k-1} & & \\ & \ddots & \\ & & \alpha_n^{k-1} \end{pmatrix}\begin{pmatrix} \alpha_1 & & \\ & \ddots & \\ & & \alpha_n \end{pmatrix} = \begin{pmatrix} \alpha_1^k & & \\ & \ddots & \\ & & \alpha_n^k \end{pmatrix}.$$

問 1.11 (1) $\begin{pmatrix} 2 & 3 \\ 4 & 5 \end{pmatrix} \xrightarrow{R_1 \times \frac{1}{2}} \begin{pmatrix} 1 & \frac{3}{2} \\ 4 & 5 \end{pmatrix} \xrightarrow{R_2 - 4R_1} \begin{pmatrix} 1 & \frac{3}{2} \\ 0 & -1 \end{pmatrix}$

$\xrightarrow{R_2 \times (-1)} \begin{pmatrix} 1 & \frac{3}{2} \\ 0 & 1 \end{pmatrix} \xrightarrow{R_1 - \frac{3}{2}R_2} \begin{pmatrix} 1 & 0 \\ 0 & 1 \end{pmatrix}$.

(2) $\begin{pmatrix} 3 & 1 & 2 \\ 1 & 1 & 0 \\ 2 & 3 & 5 \end{pmatrix} \xrightarrow{R_1 \leftrightarrow R_2} \begin{pmatrix} 1 & 1 & 0 \\ 3 & 1 & 2 \\ 2 & 3 & 5 \end{pmatrix} \xrightarrow[R_3 - 2R_1]{R_2 - 3R_1} \begin{pmatrix} 1 & 1 & 0 \\ 0 & -2 & 2 \\ 0 & 1 & 5 \end{pmatrix}$

$\xrightarrow{R_2 \times \left(-\frac{1}{2}\right)} \begin{pmatrix} 1 & 1 & 0 \\ 0 & 1 & -1 \\ 0 & 1 & 5 \end{pmatrix} \xrightarrow[R_3 - R_2]{R_1 - R_2} \begin{pmatrix} 1 & 0 & 1 \\ 0 & 1 & -1 \\ 0 & 0 & 6 \end{pmatrix} \xrightarrow{R_3 \times \frac{1}{6}} \begin{pmatrix} 1 & 0 & 1 \\ 0 & 1 & -1 \\ 0 & 0 & 1 \end{pmatrix}$

$\xrightarrow[R_2 + R_3]{R_1 - R_3} \begin{pmatrix} 1 & 0 & 0 \\ 0 & 1 & 0 \\ 0 & 0 & 1 \end{pmatrix}$.

問 1.12 (1) $\begin{pmatrix} 2 & 3 & 0 \\ 4 & 5 & 1 \end{pmatrix} \xrightarrow{R_1 \times \frac{1}{2}} \begin{pmatrix} 1 & \frac{3}{2} & 0 \\ 4 & 5 & 1 \end{pmatrix} \xrightarrow{R_2 - 4R_1} \begin{pmatrix} 1 & \frac{3}{2} & 0 \\ 0 & -1 & 1 \end{pmatrix}$

$\xrightarrow{R_2 \times (-1)} \begin{pmatrix} 1 & \frac{3}{2} & 0 \\ 0 & 1 & -1 \end{pmatrix} \xrightarrow{R_1 - \frac{3}{2}R_2} \begin{pmatrix} 1 & 0 & \frac{3}{2} \\ 0 & 1 & -1 \end{pmatrix}$ より，求める解は，$x = \dfrac{3}{2}$, $y = -1$.

(2) $\begin{pmatrix} 3 & 1 & 2 & 0 \\ 1 & 1 & 0 & 0 \\ 2 & 3 & 5 & 1 \end{pmatrix} \xrightarrow{R_1 \leftrightarrow R_2} \begin{pmatrix} 1 & 1 & 0 & 0 \\ 3 & 1 & 2 & 0 \\ 2 & 3 & 5 & 1 \end{pmatrix} \xrightarrow[R_3 - 2R_1]{R_2 - 3R_1} \begin{pmatrix} 1 & 1 & 0 & 0 \\ 0 & -2 & 2 & 0 \\ 0 & 1 & 5 & 1 \end{pmatrix}$

$\xrightarrow{R_2 \times \left(-\frac{1}{2}\right)} \begin{pmatrix} 1 & 1 & 0 & 0 \\ 0 & 1 & -1 & 0 \\ 0 & 1 & 5 & 1 \end{pmatrix} \xrightarrow[R_3 - R_2]{R_1 - R_2} \begin{pmatrix} 1 & 0 & 1 & 0 \\ 0 & 1 & -1 & 0 \\ 0 & 0 & 6 & 1 \end{pmatrix}$

$\xrightarrow{R_3 \times \frac{1}{6}} \begin{pmatrix} 1 & 0 & 1 & 0 \\ 0 & 1 & -1 & 0 \\ 0 & 0 & 1 & \frac{1}{6} \end{pmatrix} \xrightarrow[R_2 + R_3]{R_1 - R_3} \begin{pmatrix} 1 & 0 & 0 & -\frac{1}{6} \\ 0 & 1 & 0 & \frac{1}{6} \\ 0 & 0 & 1 & \frac{1}{6} \end{pmatrix}$.

これより，求める解は $x = -\dfrac{1}{6}$, $y = \dfrac{1}{6}$, $z = \dfrac{1}{6}$.

問 1.13 (1)

$$\left(\begin{array}{cc|cc} 1 & a & 1 & 0 \\ 0 & 1 & 0 & 1 \end{array}\right) \xrightarrow{R_1 - aR_2} \left(\begin{array}{cc|cc} 1 & 0 & 1 & -a \\ 0 & 1 & 0 & 1 \end{array}\right)$$

より，逆行列は $\begin{pmatrix} 1 & -a \\ 0 & 1 \end{pmatrix}$.

(2) $\left(\begin{array}{ccc|ccc} 1 & a & 0 & 1 & 0 & 0 \\ 0 & 1 & b & 0 & 1 & 0 \\ 0 & 0 & 1 & 0 & 0 & 1 \end{array}\right) \xrightarrow{R_2 - bR_3} \left(\begin{array}{ccc|ccc} 1 & a & 0 & 1 & 0 & 0 \\ 0 & 1 & 0 & 0 & 1 & -b \\ 0 & 0 & 1 & 0 & 0 & 1 \end{array}\right)$

$\xrightarrow{R_1 - aR_2} \left(\begin{array}{ccc|ccc} 1 & 0 & 0 & 1 & -a & ab \\ 0 & 1 & 0 & 0 & 1 & -b \\ 0 & 0 & 1 & 0 & 0 & 1 \end{array}\right)$ より，逆行列は $\begin{pmatrix} 1 & -a & ab \\ 0 & 1 & -b \\ 0 & 0 & 1 \end{pmatrix}$.

問 1.14 行列 B に基本変形 $R_2 - bR_3$, $R_1 - aR_2$ を順にほどこせば単位行列になるので，$R_3(1,2;-a)R_3(2,3;-b)B = E_3$ となる．よって

$$B = R_3(2,3;-b)^{-1}R_3(1,2;-a)^{-1} = R_3(2,3;b)R_3(1,2;a).$$

問 1.15 $\begin{pmatrix} 0 & 1 & 0 & 2 & 1 \\ 0 & 1 & 1 & 5 & 1 \\ 0 & 0 & 1 & 3 & 1 \\ 0 & 2 & 2 & 10 & 4 \end{pmatrix} \xrightarrow[R_4 - 2R_1]{R_2 - R_1} \begin{pmatrix} 0 & 1 & 0 & 2 & 1 \\ 0 & 0 & 1 & 3 & 0 \\ 0 & 0 & 1 & 3 & 1 \\ 0 & 0 & 2 & 6 & 2 \end{pmatrix}$

$\xrightarrow[R_4 - 2R_2]{R_3 - R_2} \begin{pmatrix} 0 & 1 & 0 & 2 & 1 \\ 0 & 0 & 1 & 3 & 0 \\ 0 & 0 & 0 & 0 & 1 \\ 0 & 0 & 0 & 0 & 2 \end{pmatrix} \xrightarrow[R_4 - 2R_3]{R_1 - R_3} \begin{pmatrix} 0 & 1 & 0 & 2 & 0 \\ 0 & 0 & 1 & 3 & 0 \\ 0 & 0 & 0 & 0 & 1 \\ 0 & 0 & 0 & 0 & 0 \end{pmatrix}$. A の階数は 3.

問 1.16 (1) 拡大係数行列に行基本変形をくり返しほどこして，拡大行列の部分（最後の列を除いた部分）を階段行列にする．

$$\begin{pmatrix} 1 & 0 & -2 & 2 & 3 \\ 1 & 1 & -5 & 2 & 5 \\ 0 & 2 & -6 & 2 & 6 \\ 2 & 3 & -13 & 7 & 15 \end{pmatrix} \xrightarrow[R_4 - 2R_1]{R_2 - R_1} \begin{pmatrix} 1 & 0 & -2 & 2 & 3 \\ 0 & 1 & -3 & 0 & 2 \\ 0 & 2 & -6 & 2 & 6 \\ 0 & 3 & -9 & 3 & 9 \end{pmatrix}$$

$$\xrightarrow[R_4 - 3R_2]{R_3 - 2R_2} \begin{pmatrix} 1 & 0 & -2 & 2 & 3 \\ 0 & 1 & -3 & 0 & 2 \\ 0 & 0 & 0 & 2 & 2 \\ 0 & 0 & 0 & 3 & 3 \end{pmatrix} \xrightarrow{R_3 \times \frac{1}{2}} \begin{pmatrix} 1 & 0 & -2 & 2 & 3 \\ 0 & 1 & -3 & 0 & 2 \\ 0 & 0 & 0 & 1 & 1 \\ 0 & 0 & 0 & 3 & 3 \end{pmatrix}$$

$$\xrightarrow[R_4 - 3R_3]{R_1 - 2R_3} \begin{pmatrix} 1 & 0 & -2 & 0 & 1 \\ 0 & 1 & -3 & 0 & 2 \\ 0 & 0 & 0 & 1 & 1 \\ 0 & 0 & 0 & 0 & 0 \end{pmatrix}.$$

よって，問題文の連立 1 次方程式は，次の方程式と同値である．

$$\begin{cases} x_1 \qquad - 2x_3 \qquad = 1 \\ \qquad x_2 - 3x_3 \qquad = 2 \\ \qquad\qquad\qquad x_4 = 1 \end{cases}$$

そこで，$x_3 = \alpha$（任意定数）とおけば，一般解は $x_1 = 1 + 2\alpha$, $x_2 = 2 + 3\alpha$, $x_3 = \alpha$, $x_4 = 1$.

(2) 拡大係数行列に行基本変形をくり返しほどこす.

$$\begin{pmatrix} 1 & 0 & -2 & 2 & 3 \\ 1 & 1 & -5 & 2 & 5 \\ 0 & 2 & -6 & 2 & 6 \\ 2 & 3 & -13 & 7 & 18 \end{pmatrix} \xrightarrow[R_4-2R_1]{R_2-R_1} \begin{pmatrix} 1 & 0 & -2 & 2 & 3 \\ 0 & 1 & -3 & 0 & 2 \\ 0 & 2 & -6 & 2 & 6 \\ 0 & 3 & -9 & 3 & 12 \end{pmatrix}$$

$$\xrightarrow[R_4-3R_2]{R_3-2R_2} \begin{pmatrix} 1 & 0 & -2 & 2 & 3 \\ 0 & 1 & -3 & 0 & 2 \\ 0 & 0 & 0 & 2 & 2 \\ 0 & 0 & 0 & 3 & 6 \end{pmatrix} \xrightarrow{R_3\times\frac{1}{2}} \begin{pmatrix} 1 & 0 & -2 & 2 & 3 \\ 0 & 1 & -3 & 0 & 2 \\ 0 & 0 & 0 & 1 & 1 \\ 0 & 0 & 0 & 3 & 6 \end{pmatrix}$$

$$\xrightarrow[R_4-3R_3]{R_1-2R_3} \begin{pmatrix} 1 & 0 & -2 & 0 & 1 \\ 0 & 1 & -3 & 0 & 2 \\ 0 & 0 & 0 & 1 & 1 \\ 0 & 0 & 0 & 0 & 3 \end{pmatrix}.$$

最後に得られた行列の第4行は「$0=3$」という不合理な式に対応する. よって, 問題文の連立1次方程式には解がない.

問 1.17 $$\begin{pmatrix} 0 & 1 & 0 & 2 & 1 \\ 0 & 1 & 1 & 5 & 1 \\ 0 & 0 & 1 & 3 & 1 \\ 0 & 2 & 2 & 10 & 4 \end{pmatrix} \xrightarrow{C_1\leftrightarrow C_2} \begin{pmatrix} 1 & 0 & 0 & 2 & 1 \\ 1 & 0 & 1 & 5 & 1 \\ 0 & 0 & 1 & 3 & 1 \\ 2 & 0 & 2 & 10 & 4 \end{pmatrix}$$

$$\xrightarrow[R_4-2R_1]{R_2-R_1} \begin{pmatrix} 1 & 0 & 0 & 2 & 1 \\ 0 & 0 & 1 & 3 & 0 \\ 0 & 0 & 1 & 3 & 1 \\ 0 & 0 & 2 & 6 & 2 \end{pmatrix} \xrightarrow[C_5-C_1]{C_4-2C_1} \begin{pmatrix} 1 & 0 & 0 & 0 & 0 \\ 0 & 0 & 1 & 3 & 0 \\ 0 & 0 & 1 & 3 & 1 \\ 0 & 0 & 2 & 6 & 2 \end{pmatrix}$$

$$\xrightarrow{C_2\leftrightarrow C_3} \begin{pmatrix} 1 & 0 & 0 & 0 & 0 \\ 0 & 1 & 0 & 3 & 0 \\ 0 & 1 & 0 & 3 & 1 \\ 0 & 2 & 0 & 6 & 2 \end{pmatrix} \xrightarrow[R_4-2R_2]{R_3-R_2} \begin{pmatrix} 1 & 0 & 0 & 0 & 0 \\ 0 & 1 & 0 & 3 & 0 \\ 0 & 0 & 0 & 0 & 1 \\ 0 & 0 & 0 & 0 & 2 \end{pmatrix}$$

$$\xrightarrow{C_4-3C_2} \begin{pmatrix} 1 & 0 & 0 & 0 & 0 \\ 0 & 1 & 0 & 0 & 0 \\ 0 & 0 & 0 & 0 & 1 \\ 0 & 0 & 0 & 0 & 2 \end{pmatrix} \xrightarrow{C_3\leftrightarrow C_5} \begin{pmatrix} 1 & 0 & 0 & 0 & 0 \\ 0 & 1 & 0 & 0 & 0 \\ 0 & 0 & 1 & 0 & 0 \\ 0 & 0 & 2 & 0 & 0 \end{pmatrix}$$

$$\xrightarrow{R_4-2R_3} \left(\begin{array}{ccc|cc} 1 & 0 & 0 & 0 & 0 \\ 0 & 1 & 0 & 0 & 0 \\ 0 & 0 & 1 & 0 & 0 \\ \hline 0 & 0 & 0 & 0 & 0 \end{array}\right).$$ A の階数は 3.

問 1.18 A の右に E_2, 下に E_3 を配置し, 次のように基本変形をほどこす.

$$\left(\begin{array}{ccc|cc} 2 & 4 & 3 & 1 & 0 \\ 1 & 2 & 1 & 0 & 1 \\ \hline 1 & 0 & 0 & \times & \times \\ 0 & 1 & 0 & \times & \times \\ 0 & 0 & 1 & \times & \times \end{array}\right) \xrightarrow{R_1\leftrightarrow R_2} \left(\begin{array}{ccc|cc} 1 & 2 & 1 & 0 & 1 \\ 2 & 4 & 3 & 1 & 0 \\ \hline 1 & 0 & 0 & \times & \times \\ 0 & 1 & 0 & \times & \times \\ 0 & 0 & 1 & \times & \times \end{array}\right)$$

$$\xrightarrow{R_2-2R_1} \left(\begin{array}{ccc|cc} 1 & 2 & 1 & 0 & 1 \\ 0 & 0 & 1 & 1 & -2 \\ \hline 1 & 0 & 0 & \times & \times \\ 0 & 1 & 0 & \times & \times \\ 0 & 0 & 1 & \times & \times \end{array}\right) \xrightarrow[C_3-C_1]{C_2-2C_1} \left(\begin{array}{ccc|cc} 1 & 0 & 0 & 0 & 1 \\ 0 & 0 & 1 & 1 & -2 \\ \hline 1 & -2 & -1 & \times & \times \\ 0 & 1 & 0 & \times & \times \\ 0 & 0 & 1 & \times & \times \end{array}\right)$$

$$\xrightarrow{C_2 \leftrightarrow C_3} \left(\begin{array}{ccc|cc} 1 & 0 & 0 & 0 & 1 \\ 0 & 1 & 0 & 1 & -2 \\ \hline 1 & -1 & -2 & \times & \times \\ 0 & 0 & 1 & \times & \times \\ 0 & 1 & 0 & \times & \times \end{array}\right).$$

$P = \begin{pmatrix} 0 & 1 \\ 1 & -2 \end{pmatrix}$, $Q = \begin{pmatrix} 1 & -1 & -2 \\ 0 & 0 & 1 \\ 0 & 1 & 0 \end{pmatrix}$ とすれば，$PAB = \begin{pmatrix} 1 & 0 & 0 \\ 0 & 1 & 0 \end{pmatrix}$. A の階数は 2.

問 1.19 $(A|E_n)$ に行基本変形をくり返しほどこして，$(E_n|X)$ が得られたとする．変形に対応する基本行列の積を P とすると，$E_n = PA$, $X = PE_n$ が成り立つ．これより，$X = P = A^{-1}$ が得られる．

問 1.20 $\overline{a_k \overline{b}_k} = \overline{a}_k \overline{\overline{b}}_k = \overline{a}_k b_k = b_k \overline{a}_k$ $(1 \leq k \leq n)$ より

$$(\boldsymbol{b}, \boldsymbol{a}) = \sum_{k=1}^{n} b_k \overline{a}_k = \sum_{k=1}^{n} \overline{a_k \overline{b}_k} = \overline{\left(\sum_{k=1}^{n} a_k \overline{b}_k\right)} = \overline{(\boldsymbol{a}, \boldsymbol{b})}.$$

問 1.21 $\boldsymbol{b} = \boldsymbol{a}$ とすれば，$(\boldsymbol{a}, \boldsymbol{a}) = 0$ が得られるが，このとき，確認例題 1.19 より，$\boldsymbol{a} = \boldsymbol{0}$ である．

問 1.22 内積の性質を用いる．$\|c\boldsymbol{a}\|^2 = (c\boldsymbol{a}, c\boldsymbol{a}) = c\overline{c}(\boldsymbol{a}, \boldsymbol{a}) = c\overline{c}\,\|\boldsymbol{a}\|^2$ であるので，$\|c\boldsymbol{a}\| = \sqrt{c\overline{c}}\,\|\boldsymbol{a}\| = |c|\,\|\boldsymbol{a}\|$.

問 1.23 (1) $z = x + yi$ $(x, y \in \mathbb{R},\ i = \sqrt{-1})$ と表すと，
$z + \overline{z} = (x + yi) + (x - yi) = 2x$ となり，これは実数である．さらに
$z + \overline{z} = 2x \leq 2|x| = 2\sqrt{x^2} \leq 2\sqrt{x^2 + y^2} = 2|z|$.

(2)
$$\begin{aligned} &\bigl(\|\boldsymbol{a}\| + \|\boldsymbol{b}\|\bigr)^2 - \|\boldsymbol{a} + \boldsymbol{b}\|^2 \\ &= \|\boldsymbol{a}\|^2 + 2\|\boldsymbol{a}\|\,\|\boldsymbol{b}\| + \|\boldsymbol{b}\|^2 - \bigl(\|\boldsymbol{a}\|^2 + (\boldsymbol{a}, \boldsymbol{b}) + (\boldsymbol{b}, \boldsymbol{a}) + \|\boldsymbol{b}\|^2\bigr) \\ &= 2\|\boldsymbol{a}\|\,\|\boldsymbol{b}\| - \bigl((\boldsymbol{a}, \boldsymbol{b}) + \overline{(\boldsymbol{a}, \boldsymbol{b})}\bigr) \end{aligned}$$

である．小問 (1) より，$(\boldsymbol{a}, \boldsymbol{b}) + \overline{(\boldsymbol{a}, \boldsymbol{b})} \leq 2\bigl|(\boldsymbol{a}, \boldsymbol{b})\bigr|$ であるので

$$\bigl(\|\boldsymbol{a}\| + \|\boldsymbol{b}\|\bigr)^2 - \|\boldsymbol{a} + \boldsymbol{b}\|^2 \geq 2\|\boldsymbol{a}\|\,\|\boldsymbol{b}\| - 2\bigl|(\boldsymbol{a}, \boldsymbol{b})\bigr|$$

となるが，シュワルツの不等式より，$\|\boldsymbol{a}\|\,\|\boldsymbol{b}\| - \bigl|(\boldsymbol{a}, \boldsymbol{b})\bigr| \geq 0$ であるので，$\bigl(\|\boldsymbol{a}\| + \|\boldsymbol{b}\|\bigr)^2 - \|\boldsymbol{a} + \boldsymbol{b}\|^2 \geq 0$，すなわち，$\bigl(\|\boldsymbol{a}\| + \|\boldsymbol{b}\|\bigr)^2 \geq \|\boldsymbol{a} + \boldsymbol{b}\|^2$ が得られる．さらに，両辺の正の平方根をとれば三角不等式が得られる．

問 1.24 ${}^t BB = \begin{pmatrix} \cos^2 2\alpha + \sin^2 2\alpha & \cos 2\alpha \sin 2\alpha - \sin 2\alpha \cos 2\alpha \\ \sin 2\alpha \cos 2\alpha - \cos 2\alpha \sin 2\alpha & \sin^2 2\alpha + \cos^2 2\alpha \end{pmatrix}$

$= \begin{pmatrix} 1 & 0 \\ 0 & 1 \end{pmatrix}$ より，B は直交行列である．

問 1.25 $A^* = \begin{pmatrix} 1 & 1 + i \\ \overline{a} & 3 \end{pmatrix} = A$ より，$a = 1 + i$.

問 1.26 ${}^t AA = \begin{pmatrix} 1 & \frac{\sqrt{3}}{2}a - \frac{\sqrt{3}}{4} \\ \frac{\sqrt{3}}{2}a - \frac{\sqrt{3}}{4} & a^2 + \frac{3}{4} \end{pmatrix} = E_2$ であるので，$a = \dfrac{1}{2}$.

問 1.27
$$\begin{aligned}(A\boldsymbol{x}, A\boldsymbol{y}) &= \tfrac{1}{2}\left(\|A\boldsymbol{x}+A\boldsymbol{y}\|^2 - \|A\boldsymbol{x}\|^2 - \|A\boldsymbol{y}\|^2\right)\\ &= \tfrac{1}{2}\left(\|A(\boldsymbol{x}+\boldsymbol{y})\|^2 - \|A\boldsymbol{x}\|^2 - \|A\boldsymbol{y}\|^2\right)\\ &= \tfrac{1}{2}\left(\|\boldsymbol{x}+\boldsymbol{y}\|^2 - \|\boldsymbol{x}\|^2 - \|\boldsymbol{y}\|^2\right)\\ &= (\boldsymbol{x}, \boldsymbol{y}).\end{aligned}$$

問 1.28 n 次元基本ベクトル $\boldsymbol{e}_1 = \begin{pmatrix}1\\0\\\vdots\\0\end{pmatrix}$, $\boldsymbol{e}_2 = \begin{pmatrix}0\\1\\\vdots\\0\end{pmatrix}, \dots, \boldsymbol{e}_n = \begin{pmatrix}0\\0\\\vdots\\1\end{pmatrix}$ に対して，$A\boldsymbol{e}_i = \boldsymbol{a}_i$（$1 \leq i \leq n$）が成り立つ．$A$ がユニタリ行列であるので，確認例題 1.27 を用いれば

$$(\boldsymbol{a}_i, \boldsymbol{a}_j) = (A\boldsymbol{e}_i, A\boldsymbol{e}_j) = (\boldsymbol{e}_i, \boldsymbol{e}_j) = \delta_{ij} \quad (1 \leq i \leq n,\ 1 \leq j \leq n)$$

が得られる（δ_{ij} はクロネッカー記号）．

▶ 基本問題解答

1.1 (1)
$$\begin{aligned}&P^m - E - (P-E)(c_{m-1}P^{m-1} + c_{m-2}P^{m-2} + \cdots + c_1P + c_0E)\\ &= (1-c_{m-1})P^m + (c_{m-1}-c_{m-2})P^{m-1} + \cdots + (c_1-c_0)P + (c_0-1)E\end{aligned}$$

であるので，$c_{m-1} = c_{m-2} = \cdots = c_0 = 1$ とおけばよい．

(2) $(P-E)(P^{k-1} + P^{k-2} + \cdots + P + E) = P^k - E = -E$ より

$$(P-E)^{-1} = -P^{k-1} - P^{k-2} - \cdots - P - E = -\sum_{s=0}^{k-1} P^s.$$

(3) $Q = bE + A = b(E - A')$ である．ただし，A, A' は次の形の行列である．

$$A = \begin{pmatrix} 0 & a & 0 & \cdots & \cdots & 0\\ 0 & 0 & a & 0 & & \vdots\\ \vdots & 0 & \ddots & \ddots & \ddots & \vdots\\ \vdots & & \ddots & \ddots & \ddots & 0\\ \vdots & & & \ddots & \ddots & a\\ 0 & \cdots & \cdots & \cdots & 0 & 0\end{pmatrix}, \quad A' = \begin{pmatrix} 0 & -\frac{a}{b} & 0 & \cdots & \cdots & 0\\ 0 & 0 & -\frac{a}{b} & 0 & & \vdots\\ \vdots & 0 & \ddots & \ddots & \ddots & \vdots\\ \vdots & & \ddots & \ddots & \ddots & 0\\ \vdots & & & \ddots & \ddots & -\frac{a}{b}\\ 0 & \cdots & \cdots & \cdots & \cdots & 0\end{pmatrix}.$$

基本例題 1.1 より，$(A')^n = O$ であるので，小問 (2) を用いれば

$$Q^{-1} = \frac{1}{b}(E-A')^{-1} = \frac{1}{b}\sum_{s=0}^{n-1}(A')^s$$

が得られる．基本例題 1.1 より，$(A')^s$ の (i, j) 成分は，$j = i + s$ のときには $\left(-\dfrac{a}{b}\right)^s$ $\left(= \dfrac{(-a)^{j-i}}{b^{j-i}}\right)$，その他の場合は 0 である（$1 \leq i \leq n$, $1 \leq j \leq n$）．

よって，Q^{-1} の (i, j) 成分は次のように与えられる．

$$(Q^{-1}\text{ の }(i,j)\text{ 成分}) = \begin{cases} \frac{(-a)^{j-i}}{b^{j-i+1}} & (i \leq j \text{ のとき}), \\ 0 & (i > j \text{ のとき}). \end{cases}$$

すなわち，
$$Q^{-1} = \begin{pmatrix} \frac{1}{b} & -\frac{a}{b^2} & \frac{a^2}{b^3} & \cdots & \cdots & \frac{(-a)^{n-1}}{b^n} \\ 0 & \frac{1}{b} & -\frac{a}{b^2} & \frac{a^2}{b^3} & & \vdots \\ \vdots & 0 & \ddots & \ddots & \ddots & \vdots \\ \vdots & & \ddots & \ddots & \ddots & \frac{a^2}{b^3} \\ \vdots & & & \ddots & \ddots & -\frac{a}{b^2} \\ 0 & \cdots & \cdots & \cdots & 0 & \frac{1}{b} \end{pmatrix}.$$

1.2 拡大係数行列を $\widetilde{A}$ とし，$\widetilde{A}$ に次のような行基本変形をほどこして得られる行列を $\widetilde{B}$ とする．

$$\widetilde{A} = \begin{pmatrix} 1 & -2 & 0 & -1 & 1 \\ 2 & -4 & -(r+2)(r-1) & -2 & 3(p-q)+2 \\ 2-3p & -(4-6p) & 0 & 3p+r & 2 \end{pmatrix}$$

$$\xrightarrow[R_3-(2-3p)R_1]{R_2-2R_1} \begin{pmatrix} 1 & -2 & 0 & -1 & 1 \\ 0 & 0 & -(r+2)(r-1) & 0 & 3(p-q) \\ 0 & 0 & 0 & r+2 & 3p \end{pmatrix} = \widetilde{B}$$

次のように場合分けして考える．

【場合 1】 $r \neq 1$ かつ $r \neq -2$ のとき，$x_2 = \alpha$（任意定数）とおくことにより，解は次のように与えられる．

$$\begin{pmatrix} x_1 \\ x_2 \\ x_3 \\ x_4 \end{pmatrix} = \begin{pmatrix} 1+2\alpha+\frac{3p}{r+2} \\ \alpha \\ -\frac{3(p-q)}{(r+2)(r-1)} \\ \frac{3p}{r+2} \end{pmatrix} \quad (\alpha \in \mathbb{R}).$$

【場合 2】 $r = 1$ のとき，$\widetilde{B} = \begin{pmatrix} 1 & -2 & 0 & -1 & 1 \\ 0 & 0 & 0 & 0 & 3(p-q) \\ 0 & 0 & 0 & 3 & 3p \end{pmatrix}$ である．

【場合 2 (1)】 $r = 1$ かつ $p \neq q$ のとき，解は存在しない．

【場合 2 (2)】 $r = 1$ かつ $p = q$ のとき，$x_2 = \alpha, x_3 = \beta$（$\alpha, \beta$ は任意定数）とおくことにより，解は次のように与えられる．

$$\begin{pmatrix} x_1 \\ x_2 \\ x_3 \\ x_4 \end{pmatrix} = \begin{pmatrix} 1+2\alpha+p \\ \alpha \\ \beta \\ p \end{pmatrix} \quad (\alpha, \beta \in \mathbb{R}).$$

【場合 3】 $r = -2$ のとき，$\widetilde{B} = \begin{pmatrix} 1 & -2 & 0 & -1 & 1 \\ 0 & 0 & 0 & 0 & 3(p-q) \\ 0 & 0 & 0 & 0 & 3p \end{pmatrix}$ である．

【場合 3 (1)】 $r = -2$ かつ $(p,q) \neq (0,0)$ のとき，解は存在しない．

【場合 3 (2)】 $r=-2$ かつ $p=q=0$ のとき，$x_2=\alpha$, $x_3=\beta$, $x_4=\gamma$（α, β, γ は任意定数）とおくことにより，解は次のように与えられる．

$$\begin{pmatrix} x_1 \\ x_2 \\ x_3 \\ x_4 \end{pmatrix} = \begin{pmatrix} 1+2\alpha+\gamma \\ \alpha \\ \beta \\ \gamma \end{pmatrix} \quad (\alpha, \beta, \gamma \in \mathbb{R}).$$

1.3 (1) $F_{m,n}(r)$ からいったん A に戻り，そこから $F_{m,n}(s)$ を得る基本変形を考える．行基本変形に対応する基本行列の積を P とし，列基本変形に対応する基本行列の積を Q とすれば，$F_{m,n}(s)=PF_{m,n}(r)Q$ が成り立つ．

(2) $PF_{m,n}(r)Q = \begin{pmatrix} P_{11}Q_{11} & P_{11}Q_{12} \\ P_{21}Q_{11} & P_{21}Q_{12} \end{pmatrix}$ である．一方

$$F_{m,n}(s) = \left(\begin{array}{c|c} E_r & O \\ \hline O & X \end{array}\right)$$

という形に区分けされる．ただし，ここで，仕切り線は，第 r 行と第 $(r+1)$ 行の間，第 r 列と第 $(r+1)$ 列の間に入っている．もし $s=r$ ならば $X=O$ であり，もし $s>r$ ならば，X は $(s-r)$ 個の成分「1」を含む．$PF_{m,n}(r)Q=F_{m,n}(s)$ であるので，求める式 (a), (b), (c) が得られる．

(3) 小問 (2) の式 (a)：$P_{11}Q_{11}=E_r$ より，P_{11} は正則行列である．そこで，小問 (2) の式 (b)：$P_{11}Q_{12}=O$ の両辺に左から P_{11}^{-1} をかけることにより，$Q_{12}=O$ が得られる．したがって，$X=P_{21}Q_{12}=O$ である．すなわち，$s=r$ である．

(4) 小問 (3) よりしたがう（$r \geq s$ の場合も同様に $r=s$ が示される）．

1.4 (1) $\mathrm{rank}(A)=r$ であるので，$PAQ=F_{m,n}(r)$（P は m 次正則行列，Q は n 次正則行列）と表すことができる．$Q^{-1}B=C$ とおくと，C は (n,m) 型行列である．さらに，行列 B に左から正則行列 Q^{-1} をかけて行列 C が得られているので，$\mathrm{rank}(B)=\mathrm{rank}(C)$ である．また，$F_{m,n}(r)C=PAQQ^{-1}B=PAB$ である．行列 AB に左から正則行列 P をかけて行列 $F_{m,n}(r)C$ が得られているので，$\mathrm{rank}\bigl(F_{m,n}(r)C\bigr)=\mathrm{rank}(AB)$ である．

(2) $C=\left(\begin{array}{c|c} C_{11} & C_{12} \\ \hline C_{21} & C_{22} \end{array}\right)$ と区分けする．ここで，第 r 行と第 $(r+1)$ 行の間，第 r 列と第 $(r+1)$ 列の間に仕切り線を入れてある．このとき

$$F_{m,n}(r)C = \begin{pmatrix} E_r & O \\ O & O \end{pmatrix}\begin{pmatrix} C_{11} & C_{12} \\ C_{21} & C_{22} \end{pmatrix} = \begin{pmatrix} C_{11} & C_{12} \\ O & O \end{pmatrix}$$

が得られる．さらに，この行列の第 $(r+1)$ 行から第 m 行までの成分を 0 に保ったまま基本変形をくり返しほどこして標準形を得ることができるので，$\mathrm{rank}\bigl(F_{m,n}(r)C\bigr) \leq r$ である．ここで，$r=\mathrm{rank}(A) \leq n < m$ であることに注意すると

$$\mathrm{rank}(AB) = \mathrm{rank}\bigl(F_{m,n}(r)C\bigr) < m$$

が得られる．AB は m 次正則行列であり，その階数が m 未満であるので，AB は正則行列でない（確認例題 1.16 参照）．

第2章

問2.1 $\det B = 2 \times 1 - 4 \times 3 = -10 = -\det A$.

問2.2 (1) $\det(\boldsymbol{a}_1 + \boldsymbol{a}'_1, \boldsymbol{a}_2) = -\det(\boldsymbol{a}_2, \boldsymbol{a}_1 + \boldsymbol{a}'_1) = -\det(\boldsymbol{a}_2, \boldsymbol{a}_1) - \det(\boldsymbol{a}_2, \boldsymbol{a}'_1)$
$= \det(\boldsymbol{a}_1, \boldsymbol{a}_2) + \det(\boldsymbol{a}_1, \boldsymbol{a}'_2)$.

(2) $\det(c\boldsymbol{a}_1, \boldsymbol{a}_2) = -\det(\boldsymbol{a}_2, c\boldsymbol{a}_1) = -c\det(\boldsymbol{a}_2, \boldsymbol{a}_1) = c\det(\boldsymbol{a}_1, \boldsymbol{a}_2)$.

問2.3 $\boldsymbol{a}_1 = \boldsymbol{a}_2 = \boldsymbol{a}$ とおく．さらに，$d = \det(\boldsymbol{a}, \boldsymbol{a})$ とおくと

$$d = \det(\boldsymbol{a}, \boldsymbol{a}) = \det(\boldsymbol{a}_1, \boldsymbol{a}_2) = -\det(\boldsymbol{a}_2, \boldsymbol{a}_1) = -\det(\boldsymbol{a}, \boldsymbol{a}) = -d$$

である．よって $d = 0$，すなわち，$\det(\boldsymbol{a}, \boldsymbol{a}) = 0$ である．

問2.4 (1) 0　(2) $-c$　(3) c　(4) $-c$

問2.5 $\boldsymbol{e}_1 = \begin{pmatrix} 1 \\ 0 \end{pmatrix}$, $\boldsymbol{e}_2 = \begin{pmatrix} 0 \\ 1 \end{pmatrix}$ とし，$f(\boldsymbol{e}_1, \boldsymbol{e}_2) = c$ とおくと

$$\begin{aligned} f(\boldsymbol{x}, \boldsymbol{y}) &= f(x_1\boldsymbol{e}_1 + x_2\boldsymbol{e}_2, y_1\boldsymbol{e}_1 + y_2\boldsymbol{e}_2) \\ &= x_1y_1f(\boldsymbol{e}_1, \boldsymbol{e}_1) + x_1y_2f(\boldsymbol{e}_1, \boldsymbol{e}_2) + x_2y_1f(\boldsymbol{e}_2, \boldsymbol{e}_1) + x_2y_2f(\boldsymbol{e}_2, \boldsymbol{e}_2) \end{aligned}$$

である．ここで

$$f(\boldsymbol{e}_1, \boldsymbol{e}_1) = f(\boldsymbol{e}_2, \boldsymbol{e}_2) = 0, \quad f(\boldsymbol{e}_1, \boldsymbol{e}_2) = c, \quad f(\boldsymbol{e}_2, \boldsymbol{e}_1) = -f(\boldsymbol{e}_1, \boldsymbol{e}_2) = -c$$

であるので，$f(\boldsymbol{x}, \boldsymbol{y}) = c(x_1y_2 - x_2y_1) = c\det(\boldsymbol{x}, \boldsymbol{y})$.

問2.6 $\sigma\tau = \begin{pmatrix} 1 & 2 & 3 & 4 \\ 3 & 2 & 4 & 1 \end{pmatrix}$. $\tau\sigma = \begin{pmatrix} 1 & 2 & 3 & 4 \\ 1 & 4 & 2 & 3 \end{pmatrix}$. $\sigma^{-1} = \begin{pmatrix} 1 & 2 & 3 & 4 \\ 4 & 1 & 3 & 2 \end{pmatrix}$.

問2.7 (1) $t(\sigma) = 0$, $\mathrm{sgn}(\sigma) = 1$.　(2) $t(\sigma) = 1$, $\mathrm{sgn}(\sigma) = -1$.

(3) $t(\sigma) = 2$, $\mathrm{sgn}(\sigma) = 1$.

問2.8 (1) 恒等置換の転倒数は0であるので，$\mathrm{sgn}(\mathrm{id}) = 1$.

(2) $\sigma\sigma^{-1} = \mathrm{id}$ より $\mathrm{sgn}(\sigma)\,\mathrm{sgn}(\sigma^{-1}) = \mathrm{sgn}(\sigma\sigma^{-1}) = \mathrm{sgn}(\mathrm{id}) = 1$ が成り立つ．したがって，$\mathrm{sgn}(\sigma) = 1$ のときは，$\mathrm{sgn}(\sigma^{-1}) = 1$. $\mathrm{sgn}(\sigma) = -1$ のときは，$\mathrm{sgn}(\sigma^{-1}) = -1$. よって，$\mathrm{sgn}(\sigma^{-1}) = \mathrm{sgn}(\sigma)$.

問2.9 (1) たとえば $\sigma = (3\,4)(1\,3)(1\,2)$.　(2) たとえば $\tau = (3\,5)(1\,3)(1\,2)$.

問2.10 2文字の置換は2個存在する．$\sigma = \mathrm{id}$ のとき，$\mathrm{sgn}(\sigma)a_{\sigma(1)1}a_{\sigma(2)2} = a_{11}a_{22}$. $\sigma = (1\,2)$ のとき，$\mathrm{sgn}(\sigma)a_{\sigma(1)1}a_{\sigma(2)2} = -a_{21}a_{12}$. $\det A$ はこの2つの和であるので，$\det A = a_{11}a_{22} - a_{21}a_{12}$ となり，サラスの規則と一致する．

問2.11 A の (i, j) 成分を a_{ij}（$1 \leq i \leq 4$, $1 \leq j \leq 4$）とすると

$$a_{ij} = \begin{cases} \alpha_i & (i = j \text{ のとき}) \\ 0 & (i \neq j \text{ のとき}) \end{cases}$$

となる．$\det A = \displaystyle\sum_{\sigma \in S_4} \mathrm{sgn}(\sigma)a_{\sigma(1)1}a_{\sigma(2)2}a_{\sigma(3)3}a_{\sigma(4)4}$ の右辺において，$\sigma = \mathrm{id}$ のとき，$\mathrm{sgn}(\sigma)a_{\sigma(1)1}a_{\sigma(2)2}a_{\sigma(3)3}a_{\sigma(4)4} = a_{11}a_{22}a_{33}a_{44} = \alpha_1\alpha_2\alpha_3\alpha_4$ となる．$\sigma \neq \mathrm{id}$ のとき，$\sigma(j) \neq j$ となる j（$1 \leq j \leq 4$）が存在し，その j に対して，$a_{\sigma(j)j} = 0$ となる．したがって，$\det A = \alpha_1\alpha_2\alpha_3\alpha_4$ である．

特に $\alpha_1 = \alpha_2 = \alpha_3 = \alpha_4 = 1$ の場合を考えれば，$\det E_4 = 1$ が得られる．

問 2.12 仮定より，$a_{11} = a_{21} = a_{31} = a_{41} = 0$ である．$\det A$ の定義式

$$\det A = \sum_{\sigma \in S_4} \mathrm{sgn}(\sigma) a_{\sigma(1)1} a_{\sigma(2)2} a_{\sigma(3)3} a_{\sigma(4)4}$$

の右辺において，つねに $a_{\sigma(1)1} = 0$ であるので，$\det A = 0$.

問 2.13 $\det(\boldsymbol{a}_1, \boldsymbol{a}_2, c\boldsymbol{a}_3, \boldsymbol{a}_4) = \displaystyle\sum_{\sigma \in S_4} \mathrm{sgn}(\sigma) a_{\sigma(1)1} a_{\sigma(2)2} \bigl(c a_{\sigma(3)3}\bigr) a_{\sigma(4)4}$

$$= c \sum_{\sigma \in S_4} \mathrm{sgn}(\sigma) a_{\sigma(1)1} a_{\sigma(2)2} a_{\sigma(3)3} a_{\sigma(4)4} = c \det(\boldsymbol{a}_1, \boldsymbol{a}_2, \boldsymbol{a}_3, \boldsymbol{a}_4).$$

問 2.14 $\boldsymbol{a} = \boldsymbol{a}_2 = \boldsymbol{a}_3$ とおく．さらに，$d = \det(\boldsymbol{a}_1, \boldsymbol{a}, \boldsymbol{a}, \boldsymbol{a}_4)$ とおくと

$$d = \det(\boldsymbol{a}_1, \boldsymbol{a}_3, \boldsymbol{a}_2, \boldsymbol{a}_4) = -\det(\boldsymbol{a}_1, \boldsymbol{a}_2, \boldsymbol{a}_3, \boldsymbol{a}_4) = -d$$

である．よって $d = 0$ である．

問 2.15 転置を考えれば，確認例題 2.9 (6) に帰着する．

問 2.16 転置を考えれば，確認例題 2.11 に帰着する．

問 2.17 転置を考えれば，導入例題 2.9 に帰着する．

問 2.18 (1) $\begin{vmatrix} 1 & 2 & 0 & 0 \\ 2 & 5 & 1 & 2 \\ 1 & 3 & 4 & 2 \\ 2 & 4 & 1 & 1 \end{vmatrix} \underset{C_2 - 2C_1}{=} \begin{vmatrix} 1 & 0 & 0 & 0 \\ 2 & 1 & 1 & 2 \\ 1 & 1 & 4 & 2 \\ 2 & 0 & 1 & 1 \end{vmatrix} = \begin{vmatrix} 1 & 1 & 2 \\ 1 & 4 & 2 \\ 0 & 1 & 1 \end{vmatrix} = 3.$

(2) $\begin{vmatrix} 0 & 3 & 6 & 0 \\ 3 & 2 & 5 & 1 \\ 5 & 1 & 3 & 1 \\ 1 & 1 & 2 & 4 \end{vmatrix} \underset{C_1 \leftrightarrow C_2}{=} -\begin{vmatrix} 3 & 0 & 6 & 0 \\ 2 & 3 & 5 & 1 \\ 1 & 5 & 3 & 1 \\ 1 & 1 & 2 & 4 \end{vmatrix} \underset{C_3 - 2C_1}{=} -\begin{vmatrix} 3 & 0 & 0 & 0 \\ 2 & 3 & 1 & 1 \\ 1 & 5 & 1 & 1 \\ 1 & 1 & 0 & 4 \end{vmatrix}$

$$= -3 \begin{vmatrix} 3 & 1 & 1 \\ 5 & 1 & 1 \\ 1 & 0 & 4 \end{vmatrix} = 24.$$

問 2.19 第1行と第2行を入れかえ，引き続き第1列と第2列を入れかえる．

$$\begin{vmatrix} 1 & 0 & 1 & 3 \\ 0 & 4 & 2 & 1 \\ 2 & 0 & 1 & 1 \\ 1 & 0 & 4 & 3 \end{vmatrix} \underset{R_1 \leftrightarrow R_2}{=} -\begin{vmatrix} 0 & 4 & 2 & 1 \\ 1 & 0 & 1 & 3 \\ 2 & 0 & 1 & 1 \\ 1 & 0 & 4 & 3 \end{vmatrix} \underset{C_1 \leftrightarrow C_2}{=} \begin{vmatrix} 4 & 0 & 2 & 1 \\ 0 & 1 & 1 & 3 \\ 0 & 2 & 1 & 1 \\ 0 & 1 & 4 & 3 \end{vmatrix}$$

$$= 4 \begin{vmatrix} 1 & 1 & 3 \\ 2 & 1 & 1 \\ 1 & 4 & 3 \end{vmatrix}.$$

問 2.20 (1) $\det A = (-3) \times (-3) + 4 \times 15 - 2 \times (-3) + 5 \times (-9) = 30.$

(2) $\det A = \begin{vmatrix} 4 & 2 & 1 \\ 2 & 1 & 1 \\ 5 & 4 & 3 \end{vmatrix} - 3 \begin{vmatrix} 0 & 2 & 1 \\ 2 & 1 & 1 \\ 1 & 4 & 3 \end{vmatrix} + \begin{vmatrix} 0 & 4 & 1 \\ 2 & 2 & 1 \\ 1 & 5 & 3 \end{vmatrix} - 3 \begin{vmatrix} 0 & 4 & 2 \\ 2 & 2 & 1 \\ 1 & 5 & 4 \end{vmatrix}$

$= -3 - 3 \times (-3) - 12 - 3 \times (-12) = 30.$

問 2.21 (1) $2 \times 3 \times 1 + 1 \times 1 \times 3 + 1 \times 1 \times 2 - 2 \times 1 \times 2 - 1 \times 1 \times 1 - 1 \times 3 \times 3 = -3.$

(2) $2 \begin{vmatrix} 3 & 2 \\ 1 & 1 \end{vmatrix} - \begin{vmatrix} 1 & 3 \\ 1 & 1 \end{vmatrix} + \begin{vmatrix} 1 & 3 \\ 3 & 2 \end{vmatrix} = -3.$

(3) $-\begin{vmatrix} 1 & 3 \\ 1 & 1 \end{vmatrix} + 3\begin{vmatrix} 2 & 3 \\ 1 & 1 \end{vmatrix} - 2\begin{vmatrix} 2 & 1 \\ 1 & 1 \end{vmatrix} = -3.$

問 2.22 $\det A = -33$, $\widetilde{A}A = A\widetilde{A} = -33E_3 = (\det A)E_3$（計算は省略）.

2

問 2.23 $\widetilde{A}A = A\widetilde{A} = (\det A)E_n$ に辺々 $\dfrac{1}{\det A}$ をかければ

$$\left(\frac{1}{\det A}\widetilde{A}\right)A = A\left(\frac{1}{\det A}\widetilde{A}\right) = E_n$$

が得られる．これより $\dfrac{1}{\det A}\widetilde{A}$ が A の逆行列であることがわかる．

問 2.24 $A^{-1} = \dfrac{1}{\det A}\widetilde{A} = \dfrac{1}{33}\begin{pmatrix} 10 & -15 & 7 \\ -8 & 12 & 1 \\ 7 & 6 & -5 \end{pmatrix}.$

問 2.25 係数行列を A とすると $A = \begin{pmatrix} 1 & 1 & 3 \\ 3 & 1 & 2 \\ 2 & 4 & 1 \end{pmatrix}$ である．$\boldsymbol{b} = \begin{pmatrix} 10 \\ 11 \\ 3 \end{pmatrix}$ とし，A の第 j 列を $\boldsymbol{b}$ で置きかえた行列を A_j とする（$1 \leq j \leq 3$）．すると $A_1 = \begin{pmatrix} 10 & 1 & 3 \\ 11 & 1 & 2 \\ 3 & 4 & 1 \end{pmatrix}$, $A_2 = \begin{pmatrix} 1 & 10 & 3 \\ 3 & 11 & 2 \\ 2 & 3 & 1 \end{pmatrix}$, $A_3 = \begin{pmatrix} 1 & 1 & 10 \\ 3 & 1 & 11 \\ 2 & 4 & 3 \end{pmatrix}$ である．それぞれの行列式は $\det A = 24$, $\det A_1 = 48$, $\det A_2 = -24$, $\det A_3 = 72$ であるので，連立 1 次方程式の解は，$x_1 = \frac{48}{24} = 2$, $x_2 = -\frac{24}{24} = -1$, $x_3 = \frac{72}{24} = 3$.

問 2.26 (1) A が正則行列であるとすると，$AX = E_n$ をみたす n 次正方行列 X が存在する．このとき

$$1 = \det E_n = \det(AX) = \det A \det X$$

が成り立つので，$\det A \neq 0$ でなければならない．

(2) $1 = \det E_n = \det(AA^{-1}) = \det A \det(A^{-1})$ より，$\det(A^{-1}) = \dfrac{1}{\det A}$.

問 2.27 A の第 1 列と第 2 列を取り出して得られる 2 次の小行列式は

$$\begin{vmatrix} 1 & 1 \\ 2 & 3 \end{vmatrix} = 1 \neq 0$$

である．A の 0 でない小行列式の最大次数が 2 であるので，$\mathrm{rank}(A) = 2$ である．

▶ 基本問題解答

2.1 A から第 j 列を取り除いてできる $(n-1)$ 次正方行列を A_j とし，$\alpha_j = (-1)^{j+1}\det A_j$ とする（$1 \leq j \leq n$）．このとき

$$x_1 = \alpha_1, \quad x_2 = \alpha_2, \ \ldots, \ x_n = \alpha_n$$

が非自明解を与える．実際，$1 \leq i \leq n-1$ に対して，A の第 i 行のコピーを第 1 行の上に付け加えた行列の行列式は 0 である．すなわち

$$\begin{vmatrix} a_{i1} & a_{i2} & \cdots & a_{in} \\ a_{11} & a_{12} & \cdots & a_{1n} \\ a_{21} & a_{22} & \cdots & a_{2n} \\ \vdots & \vdots & & \vdots \\ a_{n-1,1} & a_{n-1,2} & \cdots & a_{n-1,n} \end{vmatrix} = 0$$

が成り立つ．そこで，この行列式を第1行に関して展開する．$(1, j)$ 余因子が上で定めた α_j にほかならないことに注意すれば（$1 \leq j \leq n$）

$$a_{i1}\alpha_1 + a_{i2}\alpha_2 + \cdots + a_{in}\alpha_n = 0 \quad (1 \leq i \leq n-1)$$

が得られる．よって

$$x_1 = \alpha_1, \quad x_2 = \alpha_2, \ \ldots, \ x_n = \alpha_n$$

は連立1次方程式 $A\boldsymbol{x} = \boldsymbol{0}$ の解である．さらに，A の階数が $n-1$ であるので，A の $(n-1)$ 次小行列式のうち，少なくともどれか1つは0でない．したがって，$\alpha_1, \alpha_2, \ldots, \alpha_n$ のうち，少なくともどれか1つは0でない．すなわち，これらは $A\boldsymbol{x} = \boldsymbol{0}$ の非自明解である．

2.2 求める行列式を d_n とする．$n = 1$ のとき，行列式は $d_1 = a$ である．次に，$n \geq 2$ とすると，第1行に第 i 行を加える操作を $2 \leq i \leq n$ に対して続け，さらに多重線形性を用いて第1行の共通因子をくくり出せば

$$d_n = \begin{vmatrix} a+n-1 & a+n-1 & \cdots & a+n-1 & a+n-1 \\ 1 & a & \cdots & 1 & 1 \\ \vdots & \vdots & \ddots & \vdots & \vdots \\ 1 & 1 & \cdots & a & 1 \\ 1 & 1 & \cdots & 1 & a \end{vmatrix}$$

$$= (a+n-1) \begin{vmatrix} 1 & 1 & \cdots & 1 & 1 \\ 1 & a & \cdots & 1 & 1 \\ \vdots & \vdots & \ddots & \vdots & \vdots \\ 1 & 1 & \cdots & a & 1 \\ 1 & 1 & \cdots & 1 & a \end{vmatrix}$$

が得られる．さらに，第 i 行から第1行を引くという操作を $2 \leq i \leq n$ に対して続け，第1列に関して展開すれば，次が得られる．

$$d_n = (a+n-1) \begin{vmatrix} 1 & 1 & \cdots & 1 & 1 \\ 0 & a-1 & \cdots & 0 & 0 \\ \vdots & \vdots & \ddots & \vdots & \vdots \\ 0 & 0 & \cdots & a-1 & 0 \\ 0 & 0 & \cdots & 0 & a-1 \end{vmatrix}$$

$$= (a+n-1) \begin{vmatrix} a-1 & \cdots & 0 & 0 \\ \vdots & \ddots & \vdots & \vdots \\ 0 & \cdots & a-1 & 0 \\ 0 & \cdots & 0 & a-1 \end{vmatrix} = (a+n-1)(a-1)^{n-1}.$$

2.3 $n = 2$ のとき，$\det A = \begin{vmatrix} 2 & 3 \\ 3 & 4 \end{vmatrix} = -1$．$n \geq 3$ のとき，A の第3行から第2行を引き，引き続き第2行から第1行を引くと，得られる行列の第2行と第3行はともに $(1, 1, \ldots, 1)$

である．同じ行を 2 つ含むので，その行列式は 0 である．よって $n \geq 3$ のとき，$\det A = 0$.

第 3 章

問 3.1 (1) V_1 は線形空間でない．実際, $\boldsymbol{x} = \begin{pmatrix} 1 \\ 0 \end{pmatrix}, \boldsymbol{y} = \begin{pmatrix} 0 \\ 1 \end{pmatrix} \in V_1$ であるが, $\boldsymbol{x}+\boldsymbol{y} \notin V_1$.

3

(2) V_2 は実線形空間である．実際，$\boldsymbol{x} = \begin{pmatrix} x_1 \\ x_2 \\ x_3 \end{pmatrix}, \boldsymbol{y} = \begin{pmatrix} y_1 \\ y_2 \\ y_3 \end{pmatrix} \in V_3$, $c \in \mathbb{R}$ とすると

$$2(x_1 + y_1) + 3(x_2 + y_2) = (2x_1 + 3x_2) + (2y_1 + 3y_2) = 0,$$
$$(x_1 + y_1) - (x_3 + y_3) = (x_1 - x_3) + (y_1 - y_3) = 0,$$
$$2(cx_1) + 3(cx_2) = c(2x_1 + 3x_2) = 0,$$
$$cx_1 - cx_3 = c(x_1 - x_3) = 0$$

が成り立つので，$\boldsymbol{x} + \boldsymbol{y} \in V_2$, $c\boldsymbol{x} \in V_2$ となる．よって，V_2 は $\mathbb{R}^3$ の線形部分空間であり，それ自身，実線形空間である．

問 3.2 線形写像でない．実際，$\boldsymbol{x} = \begin{pmatrix} 1 \\ 1 \end{pmatrix}$ に対して，$h(2\boldsymbol{x}) \neq 2h(\boldsymbol{x})$.

問 3.3 (1) $T(\boldsymbol{0}) = T(\boldsymbol{0} + \boldsymbol{0}) = T(\boldsymbol{0}) + T(\boldsymbol{0})$ から $T(\boldsymbol{0})$ を辺々引けば，$\boldsymbol{0} = T(\boldsymbol{0})$.

(2) $T(c_1\boldsymbol{a}_1 + c_2\boldsymbol{a}_2 + c_3\boldsymbol{a}_3) = T(c_1\boldsymbol{a}_1) + T(c_2\boldsymbol{a}_2 + c_3\boldsymbol{a}_3)$
$= T(c_1\boldsymbol{a}_1) + T(c_2\boldsymbol{a}_2) + T(c_3\boldsymbol{a}_3) = c_1T(\boldsymbol{a}_1) + c_2T(\boldsymbol{a}_2) + c_3T(\boldsymbol{a}_3)$.

問 3.4 (1) 線形独立である．実際，$c_1\boldsymbol{a}_1 + c_2\boldsymbol{a}_2 + c_3\boldsymbol{a}_3 = \boldsymbol{0}$（$c_1, c_2, c_3 \in \mathbb{R}$）とすると，この式の左辺の第 2 成分，第 3 成分，第 4 成分はそれぞれ c_1, c_2, c_3 であり，それらがすべて 0 であるので，$c_1 = c_2 = c_3 = 0$ が得られる．

(2) 線形従属である．たとえば，$\boldsymbol{b}_1 + \boldsymbol{b}_2 - 2\boldsymbol{b}_3 = \boldsymbol{0}$ である．

問 3.5 (1) (a) ⇒ (b) $\boldsymbol{a}_1, \ldots, \boldsymbol{a}_k$ が線形従属であるとすると，ある $c_1, \ldots, c_k \in K$ に対して $\displaystyle\sum_{i=1}^{k} c_i\boldsymbol{a}_i = \boldsymbol{0}$ が成り立ち，さらに，c_1 から c_k のうち少なくともどれか 1 つは 0 でない．たとえば，$c_j \neq 0$ とすると $\boldsymbol{a}_j = \displaystyle\sum_{\substack{1 \leq i \leq k \\ i \neq j}} \left(-\frac{c_i}{c_j}\right)\boldsymbol{a}_i$ となり，$\boldsymbol{a}_j$ が残りの $(k-1)$ 個の線形結合として表される．

(b) ⇒ (a) ある l（$1 \leq l \leq k$）に対して $\boldsymbol{a}_l = \displaystyle\sum_{\substack{1 \leq i \leq k \\ i \neq l}} d_i\boldsymbol{a}_i$（$d_i \in K$）が成り立つとすると

$$d_1\boldsymbol{a}_1 + \cdots + d_{l-1}\boldsymbol{a}_{l-1} + (-1)\cdot\boldsymbol{a}_l + d_{l+1}\boldsymbol{a}_{l+1} + \cdots + d_k\boldsymbol{a}_k = \boldsymbol{0}$$

となるので，$\boldsymbol{a}_1, \ldots, \boldsymbol{a}_k$ は線形従属である．

(2) 誤りである．たとえば $V = K^2$，$k = 3$, $\boldsymbol{a}_1 = \begin{pmatrix} 1 \\ 0 \end{pmatrix}, \boldsymbol{a}_2 = \begin{pmatrix} 0 \\ 1 \end{pmatrix}, \boldsymbol{a}_3 = \begin{pmatrix} 0 \\ 0 \end{pmatrix}$ とすると，$0\cdot\boldsymbol{a}_1 + 0\cdot\boldsymbol{a}_2 + 1\cdot\boldsymbol{a}_3 = \boldsymbol{0}$ が成り立つので，$\boldsymbol{a}_1$, $\boldsymbol{a}_2$, $\boldsymbol{a}_3$ は線形従属であるが，$\boldsymbol{a}_1$

は $\boldsymbol{a}_2$ と $\boldsymbol{a}_3$ の線形結合としては表されない．

問 3.6 仮に $\boldsymbol{a}_1, \ldots, \boldsymbol{a}_k$ がすべて $\boldsymbol{b}_1, \ldots, \boldsymbol{b}_l$ の線形結合として表されるとすると，導入例題 3.5 より，$\boldsymbol{x}$ は $\boldsymbol{b}_1, \ldots, \boldsymbol{b}_l$ の線形結合として表されることになり，仮定に反する．よって，$\boldsymbol{a}_1, \ldots, \boldsymbol{a}_k$ の中には $\boldsymbol{b}_1, \ldots, \boldsymbol{b}_l$ の線形結合として表されないものがある．

問 3.7 誤りである．たとえば，すべての $\boldsymbol{x} \in V$ に対して $T(\boldsymbol{x}) = \boldsymbol{0}$ となる写像 T は線形写像である．このとき，$T(\boldsymbol{a}_1), \ldots, T(\boldsymbol{a}_k)$ はすべて $\boldsymbol{0}$ と等しく，これらは線形独立でない．

問 3.8 V の基底 $E = \langle \boldsymbol{e}_1, \ldots, \boldsymbol{e}_n \rangle$ に対して，$\psi_E \colon K^n \to V$ は同型写像であるので，$V \cong K^n$ である．

問 3.9 (1) A の階数は 2 である． (2) $x_1 = x_2 = 0,\ x_3 = \alpha$（$\alpha$ は任意定数）．

(3) たとえば，$0 \cdot \boldsymbol{a}_1 + 0 \cdot \boldsymbol{a}_2 + 1 \cdot \boldsymbol{a}_3 = \boldsymbol{0}$．よって $\boldsymbol{a}_1, \boldsymbol{a}_2, \boldsymbol{a}_3$ は線形従属．

問 3.10 $\mathrm{rank}(A) \leq m < n$ より，$n - r > 0$ である．$A\boldsymbol{x} = \boldsymbol{0}$ は $(n-r)$ 個の線形独立な解を持つ．これらは非自明な解である．

問 3.11 W は方程式 $A\boldsymbol{x} = \boldsymbol{0}$ の解全体の集合と一致する．W の任意の元（一般解）が $(n-r)$ 個の線形独立な解の線形結合として表されるので，その $(n-r)$ 個の解が W の基底をなす．よって，$\dim W = n - r$ である．

問 3.12 $\boldsymbol{f}_1 = \boldsymbol{e}_1 + 2\boldsymbol{e}_2,\ \boldsymbol{f}_2 = \boldsymbol{e}_1 - \boldsymbol{e}_2$．変換行列は $\begin{pmatrix} 1 & 1 \\ 2 & -1 \end{pmatrix}$．

問 3.13 $\boldsymbol{f}_1 = \begin{pmatrix} f_{11} \\ \vdots \\ f_{n1} \end{pmatrix},\ \boldsymbol{f}_2 = \begin{pmatrix} f_{12} \\ \vdots \\ f_{n2} \end{pmatrix}, \ldots, \boldsymbol{f}_n = \begin{pmatrix} f_{1n} \\ \vdots \\ f_{nn} \end{pmatrix}$ とすると

$$\begin{aligned} \boldsymbol{f}_1 &= f_{11}\boldsymbol{e}_1 + f_{21}\boldsymbol{e}_2 + \cdots + f_{n1}\boldsymbol{e}_n, \\ \boldsymbol{f}_2 &= f_{12}\boldsymbol{e}_1 + f_{22}\boldsymbol{e}_2 + \cdots + f_{n2}\boldsymbol{e}_n, \\ &\vdots \\ \boldsymbol{f}_n &= f_{1n}\boldsymbol{e}_1 + f_{2n}\boldsymbol{e}_2 + \cdots + f_{nn}\boldsymbol{e}_n \end{aligned}$$

が成り立つので，基底の変換行列は

$$\begin{pmatrix} f_{11} & f_{12} & \cdots & f_{1n} \\ f_{21} & f_{22} & \cdots & f_{2n} \\ \vdots & \vdots & \ddots & \vdots \\ f_{n1} & f_{n2} & \cdots & f_{nn} \end{pmatrix} = (\ \boldsymbol{f}_1 \quad \boldsymbol{f}_2 \quad \cdots \quad \boldsymbol{f}_n\ ).$$

問 3.14 (1) 連立 1 次方程式 $x_1\boldsymbol{a}_1 + x_2\boldsymbol{a}_2 + x_3\boldsymbol{a}_3 = \boldsymbol{0}$ の解は $x_1 = x_2 = x_3 = 0$ のみであるので（計算は省略），$\boldsymbol{a}_1, \boldsymbol{a}_2, \boldsymbol{a}_3$ は線形独立である．これらは 3 次元線形空間 $\mathbb{R}^3$ の中の 3 つの線形独立な元であるので，$\mathbb{R}^3$ の基底である．

(2) 次のように基本変形をほどこすことにより，$\mathrm{rank}(A) = 3$ がわかる．

$$A = \begin{pmatrix} 2 & 2 & 1 \\ 1 & 2 & 1 \\ 1 & 1 & 1 \end{pmatrix} \xrightarrow{R_1 \leftrightarrow R_3} \begin{pmatrix} 1 & 1 & 1 \\ 1 & 2 & 1 \\ 2 & 2 & 1 \end{pmatrix} \xrightarrow[R_3 - 2R_1]{R_2 - R_1} \begin{pmatrix} 1 & 1 & 1 \\ 0 & 1 & 0 \\ 0 & 0 & -1 \end{pmatrix}$$

$$\xrightarrow{R_1-R_2}\begin{pmatrix}1&0&1\\0&1&0\\0&0&-1\end{pmatrix}\xrightarrow{R_3\times(-1)}\begin{pmatrix}1&0&1\\0&1&0\\0&0&1\end{pmatrix}\xrightarrow{R_1-R_3}\begin{pmatrix}1&0&0\\0&1&0\\0&0&1\end{pmatrix}.$$

よって，$\boldsymbol{a}_1$, $\boldsymbol{a}_2$, $\boldsymbol{a}_3$ は線形独立であり，これらは $\mathbb{R}^3$ の基底である．

(3) $\det A = 1 \neq 0$ であるので，$\boldsymbol{a}_1$, $\boldsymbol{a}_2$, $\boldsymbol{a}_3$ は線形独立であり，$\mathbb{R}^3$ の基底をなす．

問 3.15 次のように行基本変形をほどこす．

$$\begin{pmatrix}1&-1&1&-1&-2\\0&1&-2&1&-1\\2&0&-2&1&-7\end{pmatrix}\xrightarrow{R_3-2R_1}\begin{pmatrix}1&-1&1&-1&-2\\0&1&-2&1&-1\\0&2&-4&3&-3\end{pmatrix}$$

$$\xrightarrow[R_3-2R_2]{R_1+R_2}\begin{pmatrix}1&0&-1&0&-3\\0&1&-2&1&-1\\0&0&0&1&-1\end{pmatrix}\xrightarrow{R_2-R_3}\begin{pmatrix}1&0&-1&0&-3\\0&1&-2&0&0\\0&0&0&1&-1\end{pmatrix}.$$

これより，$\mathrm{rank}(A)=3$, $\dim W = 5-3 = 2$ である．また，連立 1 次方程式 $A\boldsymbol{x}=\boldsymbol{0}$ の一般解は $\boldsymbol{x} = \alpha\boldsymbol{b}_1 + \beta\boldsymbol{b}_2$（$\alpha$, $\beta \in \mathbb{R}$）と表される．ここで

$$\boldsymbol{b}_1 = \begin{pmatrix}1\\2\\1\\0\\0\end{pmatrix},\quad \boldsymbol{b}_2 = \begin{pmatrix}3\\0\\0\\1\\1\end{pmatrix}$$

である．このとき，$\langle \boldsymbol{b}_1, \boldsymbol{b}_2\rangle$ は W の基底である．

問 3.16 $A = \begin{pmatrix}1&1&1&1\\1&2&3&4\end{pmatrix}$ とおくと，$W_1\cap W_2 = \{\boldsymbol{x}\in\mathbb{R}^4 \mid A\boldsymbol{x}=\boldsymbol{0}\}$ である．

$$\begin{pmatrix}1&1&1&1\\1&2&3&4\end{pmatrix}\xrightarrow{R_2-R_1}\begin{pmatrix}1&1&1&1\\0&1&2&3\end{pmatrix}\xrightarrow{R_1-R_2}\begin{pmatrix}1&0&-1&-2\\0&1&2&3\end{pmatrix}$$

を利用して，連立 1 次方程式 $A\boldsymbol{x}=\boldsymbol{0}$ の一般解を求める．

$$\boldsymbol{b}_1 = \begin{pmatrix}1\\-2\\1\\0\end{pmatrix},\quad \boldsymbol{b}_2 = \begin{pmatrix}2\\-3\\0\\1\end{pmatrix}$$

とおけば，$A\boldsymbol{x}=\boldsymbol{0}$ の一般解は，この 2 つのベクトル $\boldsymbol{b}_1$, $\boldsymbol{b}_2$ の線形結合として表される．$\dim W = 4-2 = 2$ であるので，W の基底として $\langle \boldsymbol{b}_1, \boldsymbol{b}_2\rangle$ がとれる．

問 3.17 (1)

$$\boldsymbol{e}_1 = \begin{pmatrix}1\\0\\\vdots\\0\end{pmatrix}, \boldsymbol{e}_2 = \begin{pmatrix}0\\1\\\vdots\\0\end{pmatrix}, \ldots, \boldsymbol{e}_n = \begin{pmatrix}0\\0\\\vdots\\1\end{pmatrix} \in K^n$$

を基本ベクトルとすると，計算により，$A\boldsymbol{e}_i = \boldsymbol{a}_i$（$1\leq i\leq n$）が確かめられる．よって，$\boldsymbol{a}_i = A\boldsymbol{e}_i \in W_A$ である．

(2) W_A の任意の元 $\boldsymbol{z}$ をとる．このとき，ある $\boldsymbol{x} = \begin{pmatrix}x_1\\\vdots\\x_n\end{pmatrix}\in K^n$ に対して，$\boldsymbol{z} = A\boldsymbol{x}$ となる．このとき，$\boldsymbol{x} = x_1\boldsymbol{e}_1 + \cdots + x_n\boldsymbol{e}_n$ に注意すれば

$$z = A(x_1 e_1 + \cdots + x_n e_n) = x_1 Ae_1 + \cdots + x_n Ae_n = x_1 a_1 + \cdots + x_n a_n$$

が得られる．W_A の任意の元が $a_1, \ldots, a_n$ の線形結合として表されるので，W_A は $a_1, \ldots, a_n$ で生成される．

問 3.18　$x = \begin{pmatrix} x_1 \\ \vdots \\ x_n \end{pmatrix}$ に対して $Ax = x_1 a_1 + \cdots + x_n a_n$ であるので

$$W_A = \{Ax \mid x \in K^n\} = \{x_1 a_1 + \cdots + x_n a_n \mid x_1, \ldots, x_n \in K\} = W.$$

問 3.19　A に列基本変形をくり返しほどこして，階段行列を転置した形にする．

$$\begin{pmatrix} 1 & 1 & 0 & 2 \\ 3 & 3 & 0 & 6 \\ 1 & 2 & 2 & 2 \end{pmatrix} \xrightarrow[C_4 - 2C_1]{C_2 - C_1} \begin{pmatrix} 1 & 0 & 0 & 0 \\ 3 & 0 & 0 & 0 \\ 1 & 1 & 2 & 0 \end{pmatrix} \xrightarrow[C_3 - 2C_2]{C_1 - C_2} \begin{pmatrix} 1 & 0 & 0 & 0 \\ 3 & 0 & 0 & 0 \\ 0 & 1 & 0 & 0 \end{pmatrix}.$$

最後の行列の第 1 列と第 2 列の組合せ $\left\langle \begin{pmatrix} 1 \\ 3 \\ 0 \end{pmatrix}, \begin{pmatrix} 0 \\ 0 \\ 1 \end{pmatrix} \right\rangle$ は W_A の基底である．

問 3.20　問 3.18 より W は前問の W_A と一致するので，前問と同一の基底がとれる．

問 3.21　$f(h_1) = 2g'_1 + 11g'_2 + 5g'_3 = \begin{pmatrix} 7 \\ 7 \\ 5 \end{pmatrix}$ である．そこで $\begin{cases} 3x + 2y = 7 \\ x - 4y = 7 \\ 2x + y = 5 \end{cases}$ を解けば，

$x = 3, y = -1$ を得るので，$h_1 = \begin{pmatrix} 3 \\ -1 \end{pmatrix}$ である．同様に，$f(h_2) = 13g'_1 + 24g'_2 - 5g'_3$ をみたす h_2 を求めると，$h_2 = \begin{pmatrix} 2 \\ 1 \end{pmatrix}$ である．よって，$H = \left\langle \begin{pmatrix} 3 \\ -1 \end{pmatrix}, \begin{pmatrix} 2 \\ 1 \end{pmatrix} \right\rangle$.

問 3.22　$A = (a_{ij})$ とする．$T_A(e_j)$ は A の第 j 列ベクトル $\begin{pmatrix} a_{1j} \\ \vdots \\ a_{mj} \end{pmatrix}$ と一致する（$1 \leq j \leq n$）．よって

$$\begin{cases} T_A(e_1) = a_{11}e'_1 + a_{21}e'_2 + \cdots + a_{m1}e'_m, \\ T_A(e_2) = a_{12}e'_1 + a_{22}e'_2 + \cdots + a_{m2}e'_m, \\ \qquad \vdots \\ T_A(e_n) = a_{1n}e'_1 + a_{2n}e'_2 + \cdots + a_{mn}e'_m \end{cases}$$

となる．表現行列は，上の式の係数をたてと横を逆にして並べたものであるので

$$\begin{pmatrix} a_{11} & a_{12} & \cdots & a_{1n} \\ a_{21} & a_{22} & \cdots & a_{2n} \\ \vdots & \vdots & & \vdots \\ a_{m1} & a_{m2} & \cdots & a_{mn} \end{pmatrix} = A.$$

問 3.23　(1) $\begin{pmatrix} 3 & 2 \\ 1 & -4 \\ 2 & 1 \end{pmatrix}$　(2) $P = \begin{pmatrix} -1 & 2 \\ 1 & -1 \end{pmatrix}, Q = \begin{pmatrix} 1 & 0 & 1 \\ -2 & 1 & 0 \\ 3 & -1 & 2 \end{pmatrix}$.　(3) 省略.

問 3.24　(1) $A = (\, a_1 \;\; a_2 \;\; \cdots \;\; a_n \,)$ とし，$T_A \colon K^n \to K^m$ を $T_A(x) = Ax$（$x \in$

K^n）と定めると，$\mathrm{Im}(T_A) = W_A = \{A\boldsymbol{x} \mid \boldsymbol{x} \in K^n\}$ であり，$\dim W_A = r$ である（確認例題 3.16）．さらに，W_A は A の列ベクトル $\boldsymbol{a}_1, \ldots, \boldsymbol{a}_n$ で生成される（問 3.17）．したがって，r 個の列ベクトルを選んで W_A の基底を作ることができる．このとき，その r 個の列ベクトルは線形独立である．また，A の列ベクトルはすべて r 次元線形空間 W_A に属するので，$s > r$ ならば，A の s 個の列ベクトルは線形従属である（確認例題 3.8）．したがって，A の線形独立な列ベクトルの最大個数は，A の階数 r と一致する．

(2) 転置しても行列の階数が変わらないことからしたがう．

3

問 3.25 $c_1, c_2, \ldots, c_k \in K$ が $c_1\boldsymbol{a}_1 + c_2\boldsymbol{a}_2 + \cdots + c_k\boldsymbol{a}_k = \boldsymbol{0}$ をみたすとする．$1 \leq i \leq k$ をみたす自然数 i について，この式の両辺と $\boldsymbol{a}_i$ との内積をとると

$$0 = (\boldsymbol{0}, \boldsymbol{a}_i) = (c_1\boldsymbol{a}_1 + c_2\boldsymbol{a}_2 + \cdots + c_k\boldsymbol{a}_k, \boldsymbol{a}_i) = c_i\|\boldsymbol{a}_i\|^2$$

となるが，$\|\boldsymbol{a}_i\| \neq 0$ より $c_i = 0$ である．よって，$\boldsymbol{a}_1, \ldots, \boldsymbol{a}_k$ は線形独立である．

問 3.26 (1) 計算により，$(\boldsymbol{e}_1, \boldsymbol{e}_1) = (\boldsymbol{e}_2, \boldsymbol{e}_2) = 1$, $(\boldsymbol{e}_1, \boldsymbol{e}_2) = 0$ がわかる．さらに，問 3.25 より，$\boldsymbol{e}_1$, $\boldsymbol{e}_2$ は線形独立である．これらは 2 次元線形空間 $\mathbb{R}^2$ 内の 2 つの線形独立なベクトルであるので，$\mathbb{R}^2$ の基底をなす．以上のことより，E が正規直交基底であることが示される．F についても同様．

(2) $\boldsymbol{f}_1 = \dfrac{56}{65}\boldsymbol{e}_1 - \dfrac{33}{65}\boldsymbol{e}_2$, $\boldsymbol{f}_2 = \dfrac{33}{65}\boldsymbol{e}_1 + \dfrac{56}{65}\boldsymbol{e}_2$ より，$P = \dfrac{1}{65}\begin{pmatrix} 56 & 33 \\ -33 & 56 \end{pmatrix}$．

計算により，P の 2 つの列ベクトルはノルムが 1 であり，互いに直交することが確かめられるので，P は直交行列であることがわかる．

問 3.27 $\left\langle \dfrac{1}{\sqrt{3}}\begin{pmatrix} 1 \\ 1 \\ 1 \end{pmatrix}, \dfrac{1}{\sqrt{42}}\begin{pmatrix} -1 \\ 5 \\ -4 \end{pmatrix}, \dfrac{1}{\sqrt{14}}\begin{pmatrix} 3 \\ -1 \\ -2 \end{pmatrix} \right\rangle$.

問 3.28 (1) $A = (\boldsymbol{a}_1 \ \ \boldsymbol{a}_2 \ \ \boldsymbol{a}_3 \ \ \boldsymbol{a}_4)$ の階数が 4 であるので（詳細は省略），$\boldsymbol{a}_1$, $\boldsymbol{a}_2$, $\boldsymbol{a}_3$, $\boldsymbol{a}_4$ は線形独立である．

(2) $\boldsymbol{b}_1 = \boldsymbol{a}_1$, $\boldsymbol{b}_2 = \boldsymbol{a}_2 - \dfrac{(\boldsymbol{a}_2, \boldsymbol{b}_1)}{\|\boldsymbol{b}_1\|^2}\boldsymbol{b}_1 = \begin{pmatrix} 1 \\ 0 \\ 1 \\ -1 \end{pmatrix}$ とすればよい．

(3) $\boldsymbol{b}_3 = \boldsymbol{a}_3 - \dfrac{(\boldsymbol{a}_3, \boldsymbol{b}_1)}{\|\boldsymbol{b}_1\|^2}\boldsymbol{b}_1 - \dfrac{(\boldsymbol{a}_3, \boldsymbol{b}_2)}{\|\boldsymbol{b}_2\|^2}\boldsymbol{b}_2 = \dfrac{1}{3}\begin{pmatrix} 1 \\ -1 \\ -1 \\ 0 \end{pmatrix}$ とし，$\boldsymbol{b}'_3 = 3\boldsymbol{b}_3$ とおく．さらに，$\boldsymbol{b}_4 = \boldsymbol{a}_4 - \dfrac{(\boldsymbol{a}_4, \boldsymbol{b}_1)}{\|\boldsymbol{b}_1\|^2}\boldsymbol{b}_1 - \dfrac{(\boldsymbol{a}_4, \boldsymbol{b}_2)}{\|\boldsymbol{b}_2\|^2}\boldsymbol{b}_2 - \dfrac{(\boldsymbol{a}_4, \boldsymbol{b}'_3)}{\|\boldsymbol{b}'_3\|^2}\boldsymbol{b}'_3 = \dfrac{1}{3}\begin{pmatrix} 0 \\ 1 \\ -1 \\ -1 \end{pmatrix}$ とし，$\boldsymbol{b}'_4 = 3\boldsymbol{b}_4$ とおく．さらに

$$\boldsymbol{e}_3 = \frac{1}{\|\boldsymbol{b}'_3\|}\boldsymbol{b}'_3 = \frac{1}{\sqrt{3}}\begin{pmatrix} 1 \\ -1 \\ -1 \\ 0 \end{pmatrix}, \quad \boldsymbol{e}_4 = \frac{1}{\|\boldsymbol{b}'_4\|}\boldsymbol{b}'_4 = \frac{1}{\sqrt{3}}\begin{pmatrix} 0 \\ 1 \\ -1 \\ -1 \end{pmatrix}$$

とすれば，$\langle \boldsymbol{e}_3, \boldsymbol{e}_4 \rangle$ は $W^{\perp}$ の正規直交基底である．

▶ 基本問題解答

3.1 (1) V の定義式を連立 1 次方程式とみて解く．そのために，係数行列

$A = \begin{pmatrix} 2 & -2 & 9 & 5 & -3 \\ -1 & 1 & -4 & -2 & 1 \\ 4 & -4 & 11 & 3 & 1 \\ -3 & 3 & -10 & -4 & 1 \end{pmatrix}$ に行基本変形をくり返しほどこして，階段行列を作る．

$$\begin{pmatrix} 2 & -2 & 9 & 5 & -3 \\ -1 & 1 & -4 & -2 & 1 \\ 4 & -4 & 11 & 3 & 1 \\ -3 & 3 & -10 & -4 & 1 \end{pmatrix} \xrightarrow{R_1 \leftrightarrow R_2} \begin{pmatrix} -1 & 1 & -4 & -2 & 1 \\ 2 & -2 & 9 & 5 & -3 \\ 4 & -4 & 11 & 3 & 1 \\ -3 & 3 & -10 & -4 & 1 \end{pmatrix}$$

$$\xrightarrow{R_1 \times (-1)} \begin{pmatrix} 1 & -1 & 4 & 2 & -1 \\ 2 & -2 & 9 & 5 & -3 \\ 4 & -4 & 11 & 3 & 1 \\ -3 & 3 & -10 & -4 & 1 \end{pmatrix} \xrightarrow[\substack{R_3 - 4R_1 \\ R_4 + 3R_1}]{R_2 - 2R_1} \begin{pmatrix} 1 & -1 & 4 & 2 & -1 \\ 0 & 0 & 1 & 1 & -1 \\ 0 & 0 & -5 & -5 & 5 \\ 0 & 0 & 2 & 2 & -2 \end{pmatrix}$$

$$\xrightarrow[\substack{R_3 + 5R_2 \\ R_4 - 2R_2}]{R_1 - 4R_2} \begin{pmatrix} 1 & -1 & 0 & -2 & 3 \\ 0 & 0 & 1 & 1 & -1 \\ 0 & 0 & 0 & 0 & 0 \\ 0 & 0 & 0 & 0 & 0 \end{pmatrix}.$$

このとき，$y = \alpha$, $s = \beta$, $t = \gamma$（α, β, γ は任意定数）とおけば，連立 1 次方程式の一般解は

$$\begin{pmatrix} x \\ y \\ z \\ s \\ t \end{pmatrix} = \begin{pmatrix} \alpha + 2\beta - 3\gamma \\ \alpha \\ -\beta + \gamma \\ \beta \\ \gamma \end{pmatrix} = \alpha \begin{pmatrix} 1 \\ 1 \\ 0 \\ 0 \\ 0 \end{pmatrix} + \beta \begin{pmatrix} 2 \\ 0 \\ -1 \\ 1 \\ 0 \end{pmatrix} + \gamma \begin{pmatrix} -3 \\ 0 \\ 1 \\ 0 \\ 1 \end{pmatrix}$$

で与えられる．ここで

$$\boldsymbol{a}_1 = \begin{pmatrix} 1 \\ 1 \\ 0 \\ 0 \\ 0 \end{pmatrix}, \quad \boldsymbol{a}_2 = \begin{pmatrix} 2 \\ 0 \\ -1 \\ 1 \\ 0 \end{pmatrix}, \quad \boldsymbol{a}_3 = \begin{pmatrix} -3 \\ 0 \\ 1 \\ 0 \\ 1 \end{pmatrix}$$

とおくと，この 3 つのベクトルは線形独立であり，V はこの 3 つのベクトルで生成される．よって，$\langle \boldsymbol{a}_1, \boldsymbol{a}_2, \boldsymbol{a}_3 \rangle$ は V の基底である．

(2) $C = \begin{pmatrix} -1 & 3 & -3 & 5 & 4 \\ -1 & 4 & -2 & 9 & 5 \\ 4 & -5 & 9 & -2 & 1 \end{pmatrix}$ とおくと，$\boldsymbol{x} \in V$ に対して $f(\boldsymbol{x}) = C\boldsymbol{x}$ となる．

$\boldsymbol{b}_i = f(\boldsymbol{a}_i) = C\boldsymbol{a}_i$ $(1 \leq i \leq 3)$ とおくと

$$\boldsymbol{b}_1 = \begin{pmatrix} 2 \\ 3 \\ -1 \end{pmatrix}, \quad \boldsymbol{b}_2 = \begin{pmatrix} 6 \\ 9 \\ -3 \end{pmatrix}, \quad \boldsymbol{b}_3 = \begin{pmatrix} 4 \\ 6 \\ -2 \end{pmatrix}$$

である．このとき，$f(V)$ は 3 つのベクトル $\boldsymbol{b}_1, \boldsymbol{b}_2, \boldsymbol{b}_3$ で生成される．そこで，$B = (\ \boldsymbol{b}_1\ \ \boldsymbol{b}_2\ \ \boldsymbol{b}_3\ )$ とおき，B に列基本変形をほどこす．

$$B = \begin{pmatrix} 2 & 6 & 4 \\ 3 & 9 & 6 \\ -1 & -3 & -2 \end{pmatrix} \xrightarrow[C_3-2C_1]{C_2-3C_1} \begin{pmatrix} 2 & 0 & 0 \\ 3 & 0 & 0 \\ -1 & 0 & 0 \end{pmatrix}.$$

このことより，$f(V)$ がただ1つのベクトル $\boldsymbol{b}_1$ で生成されることがわかる．したがって，$f(V)$ の基底として $\langle \boldsymbol{b}_1 \rangle$ がとれる．

(3) 次元定理より

$$\begin{aligned} \dim \operatorname{Ker}(f) &= \dim V - \dim f(V) \\ &= 3 - 1 = 2. \end{aligned}$$

3

3.2 (1) A に行基本変形をほどこして $\begin{pmatrix} A' \\ O \end{pmatrix}$ を得たので，$\boldsymbol{x} \in \mathbb{R}^5$ に対して，「$A\boldsymbol{x} = \boldsymbol{0} \Leftrightarrow A'\boldsymbol{x} = \boldsymbol{0}$」が成り立つ．したがって

$$V = \{\boldsymbol{x} \in \mathbb{R}^4 \mid A'\boldsymbol{x} = \boldsymbol{0}\}$$

である．さらに，「$\begin{pmatrix} A' \\ C \end{pmatrix} \boldsymbol{x} = \boldsymbol{0} \Leftrightarrow$『$A'\boldsymbol{x} = \boldsymbol{0}$ かつ $C\boldsymbol{x} = \boldsymbol{0}$』」であるので

$$\begin{aligned} \operatorname{Ker}(f) &= \{\boldsymbol{x} \in V \mid C\boldsymbol{x} = \boldsymbol{0}\} = \{\boldsymbol{x} \in \mathbb{R}^5 \mid A'\boldsymbol{x} = \boldsymbol{0} \text{ かつ } C\boldsymbol{x} = \boldsymbol{0}\} \\ &= \left\{ \boldsymbol{x} \in \mathbb{R}^5 \;\middle|\; \begin{pmatrix} A' \\ C \end{pmatrix} \boldsymbol{x} = \boldsymbol{0} \right\} \end{aligned}$$

が成り立つ．よって，$\begin{pmatrix} A' \\ C \end{pmatrix} \boldsymbol{x} = \boldsymbol{0}$ を連立1次方程式とみて解くことにより，$\operatorname{Ker}(f)$ の基底が求まる．実際に $\begin{pmatrix} A' \\ C \end{pmatrix}$ を次のように変形する．

$$\begin{pmatrix} A' \\ C \end{pmatrix} = \begin{pmatrix} 1 & -1 & 0 & -2 & 3 \\ 0 & 0 & 1 & 1 & -1 \\ -1 & 3 & -3 & 5 & 4 \\ -1 & 4 & -2 & 9 & 5 \\ 4 & -5 & 9 & -2 & 1 \end{pmatrix}$$

$$\xrightarrow[\substack{R_4+R_1 \\ R_5-4R_1}]{R_3+R_1} \begin{pmatrix} 1 & -1 & 0 & -2 & 3 \\ 0 & 0 & 1 & 1 & -1 \\ 0 & 2 & -3 & 3 & 7 \\ 0 & 3 & -2 & 7 & 8 \\ 0 & -1 & 9 & 6 & -11 \end{pmatrix} \xrightarrow{R_2 \leftrightarrow R_5} \begin{pmatrix} 1 & -1 & 0 & -2 & 3 \\ 0 & -1 & 9 & 6 & -11 \\ 0 & 2 & -3 & 3 & 7 \\ 0 & 3 & -2 & 7 & 8 \\ 0 & 0 & 1 & 1 & -1 \end{pmatrix}$$

$$\xrightarrow{R_2 \times (-1)} \begin{pmatrix} 1 & -1 & 0 & -2 & 3 \\ 0 & 1 & -9 & -6 & 11 \\ 0 & 2 & -3 & 3 & 7 \\ 0 & 3 & -2 & 7 & 8 \\ 0 & 0 & 1 & 1 & -1 \end{pmatrix} \xrightarrow[\substack{R_3-2R_2 \\ R_4-3R_2}]{R_1+R_2} \begin{pmatrix} 1 & 0 & -9 & -8 & 14 \\ 0 & 1 & -9 & -6 & 11 \\ 0 & 0 & 15 & 15 & -15 \\ 0 & 0 & 25 & 25 & -25 \\ 0 & 0 & 1 & 1 & -1 \end{pmatrix}$$

$$\xrightarrow{R_3 \leftrightarrow R_5} \begin{pmatrix} 1 & 0 & -9 & -8 & 14 \\ 0 & 1 & -9 & -6 & 11 \\ 0 & 0 & 1 & 1 & -1 \\ 0 & 0 & 25 & 25 & -25 \\ 0 & 0 & 15 & 15 & -15 \end{pmatrix} \xrightarrow[\substack{R_4-25R_3 \\ R_5-15R_3}]{\substack{R_1+9R_3 \\ R_2+9R_3}} \begin{pmatrix} 1 & 0 & 0 & 1 & 5 \\ 0 & 1 & 0 & 3 & 2 \\ 0 & 0 & 1 & 1 & -1 \\ 0 & 0 & 0 & 0 & 0 \\ 0 & 0 & 0 & 0 & 0 \end{pmatrix}.$$

よって，$\boldsymbol{x} = \begin{pmatrix} x \\ y \\ z \\ s \\ t \end{pmatrix}$ に関する連立 1 次方程式 $\begin{pmatrix} A' \\ C \end{pmatrix} \boldsymbol{x} = \boldsymbol{0}$ の一般解は，次のように与えられる（α, β は任意定数）．

$$\begin{pmatrix} x \\ y \\ z \\ s \\ t \end{pmatrix} = \begin{pmatrix} -\alpha - 5\beta \\ -3\alpha - 2\beta \\ -\alpha + \beta \\ \alpha \\ \beta \end{pmatrix} = \alpha \begin{pmatrix} -1 \\ -3 \\ -1 \\ 1 \\ 0 \end{pmatrix} + \beta \begin{pmatrix} -5 \\ -2 \\ 1 \\ 0 \\ 1 \end{pmatrix}.$$

そこで，$\boldsymbol{v}_1 = \begin{pmatrix} -1 \\ -3 \\ -1 \\ 1 \\ 0 \end{pmatrix}$, $\boldsymbol{v}_2 = \begin{pmatrix} -5 \\ -2 \\ 1 \\ 0 \\ 1 \end{pmatrix}$ とおけば，これらは線形独立であり，V はこれらのベクトルで生成されるので，$\mathrm{Ker}(f)$ の基底として $\langle \boldsymbol{v}_1, \boldsymbol{v}_2 \rangle$ がとれる．

(2) $\langle \boldsymbol{a}_1, \boldsymbol{a}_2, \boldsymbol{a}_3 \rangle$ は V の基底であるので，V の元はこれらの 3 個のベクトルの線形結合として表される．

さらに，$\boldsymbol{b}_2 = 3\boldsymbol{b}_1$, $\boldsymbol{b}_3 = 2\boldsymbol{b}_1$ であるので，z_1, z_2, $z_3 \in \mathbb{R}$ に対して

$$f(z_1\boldsymbol{a}_1 + z_2\boldsymbol{a}_2 + z_3\boldsymbol{a}_3) = z_1\boldsymbol{b}_1 + z_2\boldsymbol{b}_2 + z_3\boldsymbol{b}_3 = (z_1 + 3z_2 + 2z_3)\boldsymbol{b}_1$$

が成り立つ．したがって

$$\begin{aligned} \mathrm{Ker}(f) &= \left\{ z_1\boldsymbol{a}_1 + z_2\boldsymbol{a}_2 + z_3\boldsymbol{a}_3 \mid f(z_1\boldsymbol{a}_1 + z_2\boldsymbol{a}_2 + z_3\boldsymbol{a}_3) = \boldsymbol{0} \right\} \\ &= \left\{ z_1\boldsymbol{a}_1 + z_2\boldsymbol{a}_2 + z_3\boldsymbol{a}_3 \mid z_1 + 3z_2 + 2z_3 = 0 \right\} \end{aligned}$$

である．z_1, z_2, z_3 についての方程式 $z_1 + 3z_2 + 2z_3 = 0$ の一般解は

$$\begin{pmatrix} z_1 \\ z_2 \\ z_3 \end{pmatrix} = \begin{pmatrix} -3\alpha - 2\beta \\ \alpha \\ \beta \end{pmatrix} = \alpha \begin{pmatrix} -3 \\ 1 \\ 0 \end{pmatrix} + \beta \begin{pmatrix} -2 \\ 0 \\ 1 \end{pmatrix} \quad (\alpha,\ \beta \text{ は任意定数})$$

で与えられるので，$\mathrm{Ker}(f)$ は

$$-3\boldsymbol{a}_1 + \boldsymbol{a}_2 = \begin{pmatrix} -1 \\ -3 \\ -1 \\ 1 \\ 0 \end{pmatrix}, \quad -2\boldsymbol{a}_1 + \boldsymbol{a}_3 = \begin{pmatrix} -5 \\ -2 \\ 1 \\ 0 \\ 1 \end{pmatrix}$$

で生成されることがわかる．これらは線形独立であるので，この 2 個のベクトルの組合せが $\mathrm{Ker}(f)$ の基底を与える．

3.3 (1) $(\boldsymbol{a}_1, \boldsymbol{a}_2) = 2a + 2b = 0$ より，$b = -a$. $\|\boldsymbol{a}_2\|^2 = 2a^2 + 1 = 3$ より $a^2 = 1$. さらに a が正の実数であるので，$a = 1$. よって，$\boldsymbol{a}_2 = \begin{pmatrix} 1 \\ 1 \\ -1 \end{pmatrix}$.

(2) $\boldsymbol{b}_1 = \dfrac{1}{2}\boldsymbol{a}_1 = \begin{pmatrix} 1 \\ 0 \\ 1 \end{pmatrix}$ とし，$\boldsymbol{b}_2 = \boldsymbol{a}_3 - \dfrac{(\boldsymbol{a}_3, \boldsymbol{b}_1)}{\|\boldsymbol{b}_1\|^2}\boldsymbol{b}_1 = \begin{pmatrix} 1 \\ 1 \\ -1 \end{pmatrix}$ とすれば，$\boldsymbol{b}_1$ と $\boldsymbol{b}_2$

は直交する．求める正射影 $\boldsymbol{y}$ は

$$\boldsymbol{y} = \frac{(\boldsymbol{x}, \boldsymbol{b}_1)}{\|\boldsymbol{b}_1\|^2}\boldsymbol{b}_1 + \frac{(\boldsymbol{x}, \boldsymbol{b}_2)}{\|\boldsymbol{b}_2\|^2}\boldsymbol{b}_2 = \frac{1}{3}\begin{pmatrix} 4 \\ 1 \\ 2 \end{pmatrix}.$$

(3) 小問 (2) の解答の中のベクトル $\boldsymbol{b}_2$ は $\boldsymbol{a}_2$ と一致している．したがって，$\boldsymbol{a}_2$ は $\boldsymbol{a}_1$ と $\boldsymbol{a}_3$ の線形結合として表される．よって，$\boldsymbol{a}_1, \boldsymbol{a}_2, \boldsymbol{a}_3$ の張る空間 W は，$\boldsymbol{a}_1, \boldsymbol{a}_3$ の張る空間 V と一致し，それは，小問 (2) の解答の中のベクトル $\boldsymbol{b}_1, \boldsymbol{b}_2$ で生成される．さらに，$\boldsymbol{b}_1, \boldsymbol{b}_2$ は線形独立であるので，この 2 つのベクトルは W の基底をなす．さらに，小問 (2) の $\boldsymbol{y}$ は，$\boldsymbol{x}$ の V への正射影であるので

$$\boldsymbol{b}_3 = \boldsymbol{x} - \boldsymbol{y} = \frac{1}{3}\begin{pmatrix} -1 \\ 2 \\ 1 \end{pmatrix}$$

とおくと，$\boldsymbol{b}_1, \boldsymbol{b}_2, \boldsymbol{b}_3$ は互いに直交する．特にこれらは線形独立であるので，$\mathbb{R}^3$ の基底をなす．このうち，$\boldsymbol{b}_1, \boldsymbol{b}_2$ が W の基底をなし，$\boldsymbol{b}_3$ がこれらと直交するので，$\langle \boldsymbol{b}_3 \rangle$ は $W^\perp$ の基底である．特に，$\dim W^\perp = 1$ である．

そこで，$\boldsymbol{b}'_3 = 3\boldsymbol{b}_3$ とおき，さらに

$$\boldsymbol{e} = \frac{1}{\|\boldsymbol{b}'_3\|}\boldsymbol{b}'_3 = \frac{1}{\sqrt{6}}\begin{pmatrix} -1 \\ 2 \\ 1 \end{pmatrix}$$

とすれば，$\|\boldsymbol{e}\| = 1$ であり，$\langle \boldsymbol{e} \rangle$ は $W^\perp$ の正規直交基底である．

3.4 仮定より $\|\boldsymbol{a}\|^2 = (\boldsymbol{a}, \boldsymbol{c})$ が成り立つ．これより特に $(\boldsymbol{a}, \boldsymbol{c})$ は実数であるので

$$(\boldsymbol{a}, \boldsymbol{c}) = \overline{(\boldsymbol{a}, \boldsymbol{c})} = \|\boldsymbol{a}\|^2$$

が得られる．同様に

$$(\boldsymbol{b}, \boldsymbol{c}) = \overline{(\boldsymbol{b}, \boldsymbol{c})} = \|\boldsymbol{b}\|^2$$

も得られる．このとき

$$\begin{aligned}\left\|\boldsymbol{a} - \frac{1}{2}\boldsymbol{c}\right\|^2 &= \|\boldsymbol{a}\|^2 - \frac{1}{2}(\boldsymbol{a}, \boldsymbol{c}) - \frac{1}{2}\overline{(\boldsymbol{a}, \boldsymbol{c})} + \frac{1}{4}\|\boldsymbol{c}\|^2 \\ &= \|\boldsymbol{a}\|^2 - \frac{1}{2}\|\boldsymbol{a}\|^2 - \frac{1}{2}\|\boldsymbol{a}\|^2 + \frac{1}{4}\|\boldsymbol{c}\|^2 = \frac{1}{4}\|\boldsymbol{c}\|^2\end{aligned}$$

が成り立つ．したがって

$$\left\|\boldsymbol{a} - \frac{1}{2}\boldsymbol{c}\right\| = \frac{1}{2}\|\boldsymbol{c}\|$$

が得られる．同様に

$$\left\|\frac{1}{2}\boldsymbol{c} - \boldsymbol{b}\right\| = \left\|-\left(\boldsymbol{b} - \frac{1}{2}\boldsymbol{c}\right)\right\| = \left\|\boldsymbol{b} - \frac{1}{2}\boldsymbol{c}\right\| = \frac{1}{2}\|\boldsymbol{c}\|$$

も得られる．よって，三角不等式により

$$\|\boldsymbol{a} - \boldsymbol{b}\| = \left\|\left(\boldsymbol{a} - \frac{1}{2}\boldsymbol{c}\right) + \left(\frac{1}{2}\boldsymbol{c} - \boldsymbol{b}\right)\right\| \leq \left\|\boldsymbol{a} - \frac{1}{2}\boldsymbol{c}\right\| + \left\|\frac{1}{2}\boldsymbol{c} - \boldsymbol{b}\right\| = \frac{1}{2}\left\|\boldsymbol{c}\right\| + \frac{1}{2}\|\boldsymbol{c}\| = \|\boldsymbol{c}\|.$$

第 4 章

問 4.1 (1) 省略. (2) $P^{-1}=\begin{pmatrix}1 & -1\\ -1 & 2\end{pmatrix}$, $P^{-1}AP=\begin{pmatrix}2 & 0\\ 0 & 3\end{pmatrix}$.

(3) $\det(2E_2-A)=\begin{vmatrix}1 & -2\\ 1 & -2\end{vmatrix}=0$, $\det(3E_2-A)=\begin{vmatrix}2 & -2\\ 1 & -1\end{vmatrix}=0$.

(4) $A\boldsymbol{p}_1'=2\boldsymbol{p}_1'$ の確認は省略. $\boldsymbol{p}_1$, $\boldsymbol{p}_1'$ は線形従属であるので，P' は正則でない.

問 4.2 $\det(tE_3-A)=t(t-1)(t+1)$ より，A の固有値は $0, 1, -1$ である．連立 1 次方程式 $A\boldsymbol{x}=\boldsymbol{0}$, $(A-E_3)\boldsymbol{x}=\boldsymbol{0}$, $(A+E_3)\boldsymbol{x}=\boldsymbol{0}$ を解き，固有値 $0, 1, -1$ に対する固有ベクトルとして，それぞれ次の $\boldsymbol{p}_1$, $\boldsymbol{p}_2$, $\boldsymbol{p}_3$ を選ぶ.

$$\boldsymbol{p}_1=\begin{pmatrix}1\\1\\1\end{pmatrix},\quad \boldsymbol{p}_2=\begin{pmatrix}1\\1\\0\end{pmatrix},\quad \boldsymbol{p}_3=\begin{pmatrix}0\\1\\1\end{pmatrix}.$$

$P=(\,\boldsymbol{p}_1\quad \boldsymbol{p}_2\quad \boldsymbol{p}_3\,)=\begin{pmatrix}1 & 1 & 0\\ 1 & 1 & 1\\ 1 & 0 & 1\end{pmatrix}$ とすれば，$P^{-1}AP=\begin{pmatrix}0 & 0 & 0\\ 0 & 1 & 0\\ 0 & 0 & -1\end{pmatrix}$.

問 4.3 A は相異なる n 個の固有値を持つので，対応する固有ベクトル $\boldsymbol{p}_1,\ldots,\boldsymbol{p}_n$ は線形独立．よって $P=(\,\boldsymbol{p}_1\quad\ldots\quad\boldsymbol{p}_n\,)$ は正則行列で，$P^{-1}AP$ は対角行列である.

問 4.4 c_1, c_2, c_3, $c_4\in\mathbb{C}$ が $c_1\boldsymbol{p}_1+c_2\boldsymbol{p}_2+c_3\boldsymbol{p}_3+c_4\boldsymbol{p}_4=\boldsymbol{0}$ をみたすと仮定する. $\boldsymbol{p}=c_1\boldsymbol{p}_1+c_2\boldsymbol{p}_2$, $\boldsymbol{q}=c_3\boldsymbol{p}_3+c_4\boldsymbol{p}_4$ とおくと，$\boldsymbol{p}+\boldsymbol{q}=\boldsymbol{0}$ が成り立つ．特に，$\boldsymbol{p}$, $\boldsymbol{q}$ は線形従属である．仮に $\boldsymbol{p}\neq\boldsymbol{0}$ であるとすると，$\boldsymbol{q}\neq\boldsymbol{0}$ であり，$\boldsymbol{p}$ は固有値 α に対する固有ベクトル，$\boldsymbol{q}$ は固有値 β に対する固有ベクトルとなる．このとき，$\alpha\neq\beta$ より，$\boldsymbol{p}$, $\boldsymbol{q}$ は線形独立であるので，矛盾が生ずる．よって，$\boldsymbol{p}=\boldsymbol{0}$, $\boldsymbol{q}=\boldsymbol{0}$ でなければならない．すなわち，$c_1\boldsymbol{p}_1+c_2\boldsymbol{p}_2=\boldsymbol{0}$, $c_3\boldsymbol{p}_3+c_4\boldsymbol{p}_4=\boldsymbol{0}$ である．このとき，仮定より $\boldsymbol{p}_1$, $\boldsymbol{p}_2$ は線形独立であるので，$c_1=c_2=0$ である．同様に，$\boldsymbol{p}_3$, $\boldsymbol{p}_4$ は線形独立であるので，$c_3=c_4=0$ である．結局，$c_1=c_2=c_3=c_4=0$ が得られた．よって，4 つのベクトル $\boldsymbol{p}_1$, $\boldsymbol{p}_2$, $\boldsymbol{p}_3$, $\boldsymbol{p}_4$ は線形独立である.

問 4.5 問 4.4 より，$\boldsymbol{p}_1$, $\boldsymbol{p}_2$, $\boldsymbol{p}_3$, $\boldsymbol{p}_4$ は線形独立であるので，P は正則行列である．$\boldsymbol{p}_1$, $\boldsymbol{p}_2$, $\boldsymbol{p}_3$, $\boldsymbol{p}_4$ がそれぞれ α, α, β, β に対する固有ベクトルであることから，$P^{-1}AP=\begin{pmatrix}\alpha & 0 & 0 & 0\\ 0 & \alpha & 0 & 0\\ 0 & 0 & \beta & 0\\ 0 & 0 & 0 & \beta\end{pmatrix}$ がわかる.

問 4.6 A の特性多項式は $\Phi_A(t)=(t-1)^2(t+1)^2$ であるので，固有値は $1, -1$．たとえば，$\boldsymbol{p}_1=\begin{pmatrix}0\\1\\1\\0\end{pmatrix}$, $\boldsymbol{p}_2=\begin{pmatrix}-1\\0\\0\\1\end{pmatrix}$ は固有値 1 に対する線形独立な固有ベクトルである．また，$\boldsymbol{p}_3=\begin{pmatrix}1\\1\\0\\0\end{pmatrix}$, $\boldsymbol{p}_4=\begin{pmatrix}0\\0\\1\\0\end{pmatrix}$ は固有値 -1 に対する線形独立な固有ベクトルである．そこ

で，$P = (\,\boldsymbol{p}_1 \quad \boldsymbol{p}_2 \quad \boldsymbol{p}_3 \quad \boldsymbol{p}_4\,) = \begin{pmatrix} 0 & -1 & 1 & 0 \\ 1 & 0 & 1 & 0 \\ 1 & 0 & 0 & 1 \\ 0 & 1 & 0 & 0 \end{pmatrix}$ とおけば，P は正則行列で

$$P^{-1}AP = \begin{pmatrix} 1 & 0 & 0 & 0 \\ 0 & 1 & 0 & 0 \\ 0 & 0 & -1 & 0 \\ 0 & 0 & 0 & -1 \end{pmatrix}.$$

問 4.7　A の固有値は α のみである．α に対する固有空間を $W(\alpha)$ とすると

$$W(\alpha) = \left\{ c \begin{pmatrix} 1 \\ 0 \\ 0 \end{pmatrix} \,\middle|\, c \in \mathbb{C} \right\}, \quad \dim W(\alpha) = 1$$

であるので，3 個の線形独立な固有ベクトルを選ぶことができない．よって，問題の条件をみたす P は存在しない．

問 4.8　$P = \begin{pmatrix} 1 & -3 & 3 \\ 1 & 1 & 0 \\ 1 & 0 & 1 \end{pmatrix}$，$B = P^{-1}AP$ とすれば，$B = \begin{pmatrix} 0 & 0 & 0 \\ 0 & 2 & 0 \\ 0 & 0 & 2 \end{pmatrix}$.

このとき，$P^{-1} = \begin{pmatrix} 1 & 3 & -3 \\ -1 & -2 & 3 \\ -1 & -3 & 4 \end{pmatrix}$．$A^k = PB^kP^{-1} = 2^k \begin{pmatrix} 0 & -3 & 3 \\ -1 & -2 & 3 \\ -1 & -3 & 4 \end{pmatrix}$.

問 4.9　$\boldsymbol{p}_1 = \begin{pmatrix} 1 \\ 1 \end{pmatrix}$, $\boldsymbol{p}_2 = \begin{pmatrix} 1 \\ 2 \end{pmatrix}$ は，それぞれ固有値 1, 2 に対する固有ベクトル．$P = \begin{pmatrix} 1 & 1 \\ 1 & 2 \end{pmatrix}$ とおけば，$P^{-1}AP = \begin{pmatrix} 1 & 0 \\ 0 & 2 \end{pmatrix}$.

問 4.10　$b_n = a_{n+1}$　$(n \geq 1)$ とおくと

$$\begin{pmatrix} a_{n+1} \\ b_{n+1} \end{pmatrix} = \begin{pmatrix} b_n \\ -2a_n + 3b_n \end{pmatrix} = \begin{pmatrix} 0 & 1 \\ -2 & 3 \end{pmatrix} \begin{pmatrix} a_n \\ b_n \end{pmatrix} = A \begin{pmatrix} a_n \\ b_n \end{pmatrix}$$

である．ここで，A は問 4.9 の行列である．$P = \begin{pmatrix} 1 & 1 \\ 1 & 2 \end{pmatrix}$ とおけば，$P^{-1}AP = \begin{pmatrix} 1 & 0 \\ 0 & 2 \end{pmatrix}$.
さらに，$\begin{pmatrix} c_n \\ d_n \end{pmatrix} = P^{-1} \begin{pmatrix} a_n \\ b_n \end{pmatrix}$ とおけば，$\begin{pmatrix} c_{n+1} \\ d_{n+1} \end{pmatrix} = P^{-1}AP \begin{pmatrix} c_n \\ d_n \end{pmatrix}$ が成り立つので，$c_{n+1} = c_n$, $d_{n+1} = 2d_n$.

さらに，$\begin{pmatrix} c_1 \\ d_1 \end{pmatrix} = P^{-1} \begin{pmatrix} \alpha \\ \beta \end{pmatrix} = \begin{pmatrix} 2\alpha - \beta \\ -\alpha + \beta \end{pmatrix}$ であるので

$$c_n = 2\alpha - \beta, \quad d_n = (-\alpha + \beta) \cdot 2^{n-1}$$

となる．$\begin{pmatrix} a_n \\ b_n \end{pmatrix} = P \begin{pmatrix} c_n \\ d_n \end{pmatrix} = \begin{pmatrix} 1 & 1 \\ 1 & 2 \end{pmatrix} \begin{pmatrix} c_n \\ d_n \end{pmatrix}$ であるので

$$a_n = c_n + d_n = 2\alpha - \beta + (-\alpha + \beta) \cdot 2^{n-1}.$$

問 4.11　$y(t) = x'(t)$ とおくと

$$\begin{pmatrix} x'(t) \\ y'(t) \end{pmatrix} = \begin{pmatrix} y(t) \\ -2x(t) + 3y(t) \end{pmatrix} = \begin{pmatrix} 0 & 1 \\ -2 & 3 \end{pmatrix} \begin{pmatrix} x(t) \\ y(t) \end{pmatrix} = A \begin{pmatrix} x(t) \\ y(t) \end{pmatrix}$$

である．ここで，A は問 4.9 の行列である．そこで，$P = \begin{pmatrix} 1 & 1 \\ 1 & 2 \end{pmatrix}$ とおけば，$P^{-1}AP = \begin{pmatrix} 1 & 0 \\ 0 & 2 \end{pmatrix}$ となる．

さらに，$\begin{pmatrix} z(t) \\ w(t) \end{pmatrix} = P^{-1} \begin{pmatrix} x(t) \\ y(t) \end{pmatrix}$ とおけば，$\begin{pmatrix} z(0) \\ w(0) \end{pmatrix} = \begin{pmatrix} 2\alpha - \beta \\ -\alpha + \beta \end{pmatrix}$ であり，$\begin{pmatrix} z'(t) \\ w'(t) \end{pmatrix} = P^{-1}AP \begin{pmatrix} z(t) \\ w(t) \end{pmatrix} = \begin{pmatrix} 1 & 0 \\ 0 & 2 \end{pmatrix} \begin{pmatrix} z(t) \\ w(t) \end{pmatrix}$ となる．すなわち，$z'(t) = z(t)$，$w'(t) = 2w(t)$ が成り立つ．以上のことより

$$z(t) = (2\alpha - \beta)e^t, \quad w(t) = (-\alpha + \beta)e^{2t}$$

が得られる．$\begin{pmatrix} x(t) \\ y(t) \end{pmatrix} = \begin{pmatrix} 1 & 1 \\ 1 & 2 \end{pmatrix} \begin{pmatrix} z(t) \\ w(t) \end{pmatrix}$ であるので

$$x(t) = z(t) + w(t) = (2\alpha - \beta)\,e^t + (-\alpha + \beta)\,e^{2t}.$$

問 4.12 (1) A の特性多項式は $(t-1)(t-3)$ であるので，固有値は 1, 3.

(2) $\boldsymbol{p}_1 = \begin{pmatrix} 1 \\ -1 \end{pmatrix}$ は固有値 1 に対する固有ベクトルであり，$\boldsymbol{p}_2 = \begin{pmatrix} 1 \\ 1 \end{pmatrix}$ は固有値 3 に対する固有ベクトルである．このとき，$(\boldsymbol{p}_1, \boldsymbol{p}_2) = 0$.

問 4.13 問 4.12 の解答の中の記号を用いる．$\boldsymbol{q}_i = \dfrac{1}{\|\boldsymbol{p}_i\|}\boldsymbol{p}_i$ $(1 \leq i \leq 2)$ とおき，$Q = (\ \boldsymbol{q}_1 \ \ \boldsymbol{q}_2\ ) = \dfrac{1}{\sqrt{2}} \begin{pmatrix} 1 & 1 \\ -1 & 1 \end{pmatrix}$ とすれば，Q は直交行列で，$Q^{-1}AQ = \begin{pmatrix} 1 & 0 \\ 0 & 3 \end{pmatrix}$.

問 4.14 A の固有値は -2, 0, 4 である．固有値 -2 に対する固有ベクトルとして $\boldsymbol{q}_1 = \begin{pmatrix} 1 \\ 1 \\ -2 \end{pmatrix}$ がとれるので，$\boldsymbol{p}_1 = \dfrac{1}{\|\boldsymbol{q}_1\|}\boldsymbol{q}_1 = \dfrac{1}{\sqrt{6}} \begin{pmatrix} 1 \\ 1 \\ -2 \end{pmatrix}$ とすれば，$\boldsymbol{p}_1$ はノルム 1 の固有ベクトルである．同様に，$\boldsymbol{p}_2 = \dfrac{1}{\sqrt{2}} \begin{pmatrix} 1 \\ -1 \\ 0 \end{pmatrix}$, $\boldsymbol{p}_3 = \dfrac{1}{\sqrt{3}} \begin{pmatrix} 1 \\ 1 \\ 1 \end{pmatrix}$ は，それぞれ固有値 0, 4 に対するノルム 1 の固有ベクトルである．よって

$$P = (\ \boldsymbol{p}_1 \quad \boldsymbol{p}_2 \quad \boldsymbol{p}_3\ ) = \begin{pmatrix} \frac{1}{\sqrt{6}} & \frac{1}{\sqrt{2}} & \frac{1}{\sqrt{3}} \\ \frac{1}{\sqrt{6}} & -\frac{1}{\sqrt{2}} & \frac{1}{\sqrt{3}} \\ -\frac{2}{\sqrt{6}} & 0 & \frac{1}{\sqrt{3}} \end{pmatrix}$$

とおけば，$P^{-1}AP = \begin{pmatrix} -2 & 0 & 0 \\ 0 & 0 & 0 \\ 0 & 0 & 4 \end{pmatrix}$.

問 4.15 A の特性多項式は $(t+1)(t-1)^2$ であるので，固有値は -1, 1 である．$\boldsymbol{p}_1 = \dfrac{1}{\sqrt{2}} \begin{pmatrix} 1 \\ -1 \\ 0 \end{pmatrix}$ は固有値 -1 に対するノルム 1 の固有ベクトルである．また，$\boldsymbol{q}_2 = \begin{pmatrix} 1 \\ 1 \\ 0 \end{pmatrix}$,

$\boldsymbol{q}_3 = \begin{pmatrix} 0 \\ 0 \\ 1 \end{pmatrix}$ とおけば，これらは固有値 1 に対する固有空間の基底をなす．この基底にグラム-シュミットの直交化法を適用することにより，$\boldsymbol{p}_2 = \dfrac{1}{\sqrt{2}}\begin{pmatrix} 1 \\ 1 \\ 0 \end{pmatrix}$, $\boldsymbol{p}_3 = \begin{pmatrix} 0 \\ 0 \\ 1 \end{pmatrix}$ が固有値 1 に対する固有空間の正規直交基底として得られる．そこで，$P = (\,\boldsymbol{p}_1 \ \ \boldsymbol{p}_2 \ \ \boldsymbol{p}_3\,) = \begin{pmatrix} \frac{1}{\sqrt{2}} & \frac{1}{\sqrt{2}} & 0 \\ -\frac{1}{\sqrt{2}} & \frac{1}{\sqrt{2}} & 0 \\ 0 & 0 & 1 \end{pmatrix}$ とすれば，P は直交行列であり，$P^{-1}AP = \begin{pmatrix} -1 & 0 & 0 \\ 0 & 1 & 0 \\ 0 & 0 & 1 \end{pmatrix}$.

4

問 4.16 (1) A がエルミート行列ならば，$A^* = A$ であるので，$AA^* = A^*A$.

(2) A がユニタリ行列ならば，$A^* = A^{-1}$ であるので，$AA^* = A^*A = E_n$.

問 4.17 $i = \sqrt{-1}$ とする．A の固有値は $\alpha = \cos\theta + i\sin\theta$, $\beta = \cos\theta - i\sin\theta$. $\boldsymbol{p}_1 = \dfrac{1}{2}\begin{pmatrix} i \\ 1 \end{pmatrix}$, $\boldsymbol{p}_2 = \dfrac{1}{2}\begin{pmatrix} -i \\ 1 \end{pmatrix}$ は，それぞれ固有値 α, β に対するノルム 1 の固有ベクトルであり，互いに直交する．よって，$P = (\,\boldsymbol{p}_1 \ \ \boldsymbol{p}_2\,) = \dfrac{1}{2}\begin{pmatrix} i & -i \\ 1 & 1 \end{pmatrix}$ はユニタリ行列であり，

$P^{-1}AP = \begin{pmatrix} \cos\theta + i\sin\theta & 0 \\ 0 & \cos\theta - i\sin\theta \end{pmatrix}$.

問 4.18 (1) $x_1^2 - 2x_1x_2 + 2x_2^2$. (2) $(\,x_1 \ \ x_2\,)\begin{pmatrix} 3 & \frac{5}{2} \\ \frac{5}{2} & -2 \end{pmatrix}\begin{pmatrix} x_1 \\ x_2 \end{pmatrix}$.

問 4.19 (1) $\begin{pmatrix} y_1 \\ y_2 \end{pmatrix} = \begin{pmatrix} 1 & -1 \\ 0 & 1 \end{pmatrix}\begin{pmatrix} x_1 \\ x_2 \end{pmatrix}$ であるので，

$$P = \begin{pmatrix} 1 & -1 \\ 0 & 1 \end{pmatrix}^{-1} = \begin{pmatrix} 1 & 1 \\ 0 & 1 \end{pmatrix}.$$

(2) $A = \begin{pmatrix} 1 & -1 \\ -1 & 2 \end{pmatrix}$, $B = \begin{pmatrix} 1 & 0 \\ 0 & 1 \end{pmatrix}$ である．${}^tPAP = B$ の確認は省略.

問 4.20 $A = \begin{pmatrix} 2 & 1 \\ 1 & 2 \end{pmatrix}$, $Q = \dfrac{1}{\sqrt{2}}\begin{pmatrix} 1 & 1 \\ -1 & 1 \end{pmatrix}$, $B = \begin{pmatrix} 1 & 0 \\ 0 & 3 \end{pmatrix}$ である．また，$\boldsymbol{x} = Q\boldsymbol{y}$ より，$x_1 = \dfrac{1}{\sqrt{2}}(y_1 + y_2)$, $x_2 = \dfrac{1}{\sqrt{2}}(-y_1 + y_2)$ であるので

$$\begin{aligned} {}^t\boldsymbol{x}A\boldsymbol{x} &= 2x_1^2 + 2x_1x_2 + 2x_2^2 = (y_1 + y_2)^2 + (y_1 + y_2)(-y_1 + y_2) + (-y_1 + y_2)^2 \\ &= y_1^2 + 3y_2^2 = {}^t\boldsymbol{y}B\boldsymbol{y}. \end{aligned}$$

問 4.21 問 4.15 の解答の直交行列 P を用いて，変数変換 $\boldsymbol{x} = P\boldsymbol{y}$, $\boldsymbol{y} = \begin{pmatrix} y_1 \\ y_2 \\ y_3 \end{pmatrix}$ をほどこせば，${}^t\boldsymbol{x}A\boldsymbol{x} = -y_1^2 + y_2^2 + y_3^2$.

問 4.22 (1) $A = \begin{pmatrix} \frac{1}{2} & \frac{\sqrt{3}}{2} \\ \frac{\sqrt{3}}{2} & -\frac{1}{2} \end{pmatrix}$ とすればよい．

(2) A の固有値は $1, -1$．$\boldsymbol{p}_1 = \frac{1}{2}\begin{pmatrix} \sqrt{3} \\ 1 \end{pmatrix}$ は固有値 1 に対するノルム 1 の固有ベクトル．$\boldsymbol{p}_2 = \frac{1}{2}\begin{pmatrix} -1 \\ \sqrt{3} \end{pmatrix}$ は固有値 -1 に対するノルム 1 の固有ベクトル．そこで，$P = \begin{pmatrix} \boldsymbol{p}_1 & \boldsymbol{p}_2 \end{pmatrix} = \begin{pmatrix} \frac{\sqrt{3}}{2} & -\frac{1}{2} \\ \frac{1}{2} & \frac{\sqrt{3}}{2} \end{pmatrix}$ とすれば，${}^tPAP = \begin{pmatrix} 1 & 0 \\ 0 & -1 \end{pmatrix}$．

(3) $y_1^2 - y_2^2 = 1$．これは双曲線を表す．この双曲線は，$y_1 y_2$ 平面において，2 点 $(1, 0)$，$(-1, 0)$ を通る．また，2 本の漸近線は，それぞれ原点を通り，$\begin{pmatrix} 1 \\ 1 \end{pmatrix}$，$\begin{pmatrix} 1 \\ -1 \end{pmatrix}$ を方向ベクトルとする直線である．

(4) P はベクトルを反時計回りに角度 $\frac{\pi}{6}$ 回転させる回転行列である．

$$P\begin{pmatrix} \pm 1 \\ 0 \end{pmatrix} = \begin{pmatrix} \pm\frac{\sqrt{3}}{2} \\ \pm\frac{1}{2} \end{pmatrix}, \quad P\begin{pmatrix} 1 \\ \pm 1 \end{pmatrix} = \begin{pmatrix} \frac{\sqrt{3}}{2} \mp \frac{1}{2} \\ \frac{1}{2} \pm \frac{\sqrt{3}}{2} \end{pmatrix} \quad \text{（複号同順）}$$

であるので，求める図形は，$x_1 x_2$ 平面において，2 点 $\left(\frac{\sqrt{3}}{2}, \frac{1}{2}\right)$，$\left(-\frac{\sqrt{3}}{2}, -\frac{1}{2}\right)$ を通る双曲線である．2 本の漸近線は，原点を通り，$\begin{pmatrix} \frac{\sqrt{3}}{2} - \frac{1}{2} \\ \frac{1}{2} + \frac{\sqrt{3}}{2} \end{pmatrix}$，$\begin{pmatrix} \frac{\sqrt{3}}{2} + \frac{1}{2} \\ \frac{1}{2} - \frac{\sqrt{3}}{2} \end{pmatrix}$ をそれぞれ方向ベクトルとする直線である．

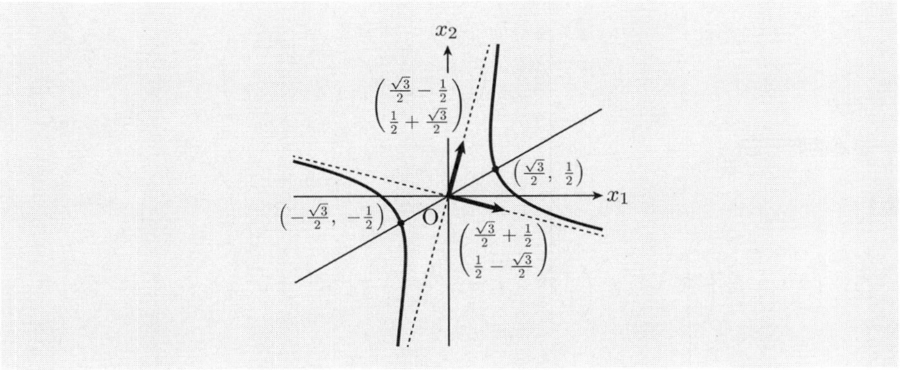

問 4.23 問 4.21 の解答の形より，符号は $(2, 1)$ であることがわかる．

問 4.24 (1) $A = \begin{pmatrix} 0 & 1 \\ 1 & 0 \end{pmatrix} \xrightarrow{R_1 + R_2} \begin{pmatrix} 1 & 1 \\ 1 & 0 \end{pmatrix} \xrightarrow{C_1 + C_2} \begin{pmatrix} 2 & 1 \\ 1 & 0 \end{pmatrix}$．

(2) $\begin{pmatrix} 2 & 1 \\ 1 & 0 \end{pmatrix} \xrightarrow{R_2 - \frac{1}{2}R_1} \begin{pmatrix} 2 & 1 \\ 0 & -\frac{1}{2} \end{pmatrix} \xrightarrow{C_2 - \frac{1}{2}C_1} \begin{pmatrix} 2 & 0 \\ 0 & -\frac{1}{2} \end{pmatrix}$.

(3) 省略.

問 4.25 $A = \begin{pmatrix} 0 & 1 & 0 \\ 1 & 0 & 0 \\ 0 & 0 & 1 \end{pmatrix} \xrightarrow[C_1 \leftrightarrow C_3]{R_1 \leftrightarrow R_3} \begin{pmatrix} 1 & 0 & 0 \\ 0 & 0 & 1 \\ 0 & 1 & 0 \end{pmatrix} \xrightarrow[C_2 + C_3]{R_2 + R_3} \begin{pmatrix} 1 & 0 & 0 \\ 0 & 2 & 1 \\ 0 & 1 & 0 \end{pmatrix}$

$\xrightarrow[C_3 - \frac{1}{2}C_2]{R_3 - \frac{1}{2}R_2} \begin{pmatrix} 1 & 0 & 0 \\ 0 & 2 & 0 \\ 0 & 0 & -\frac{1}{2} \end{pmatrix} \xrightarrow[C_2 \times \frac{1}{\sqrt{2}}]{R_2 \times \frac{1}{\sqrt{2}}} \begin{pmatrix} 1 & 0 & 0 \\ 0 & 1 & 0 \\ 0 & 0 & -\frac{1}{2} \end{pmatrix} \xrightarrow[C_3 \times \sqrt{2}]{R_3 \times \sqrt{2}} \begin{pmatrix} 1 & 0 & 0 \\ 0 & 1 & 0 \\ 0 & 0 & -1 \end{pmatrix}$ となる．z_1, z_2, z_3 を変数としてシルベスタ標準形を書けば，$z_1^2 + z_2^2 - z_3^2$ である．符号は $(2, 1)$ である．

問 4.26 (1) $A - 2E_2 = \begin{pmatrix} -2 & 1 \\ -4 & 2 \end{pmatrix}$, $(A - 2E_2)^2 = O$ であるので，$(A - 2E_2)\boldsymbol{p}_2 \neq \boldsymbol{0}$ をみたすものを選べばよい．たとえば $\boldsymbol{p}_2 = \begin{pmatrix} 0 \\ 1 \end{pmatrix}$.

(2) $\boldsymbol{p}_1 = \begin{pmatrix} 1 \\ 2 \end{pmatrix}$ である．$\boldsymbol{p}_1$, $\boldsymbol{p}_2$ は線形独立であり，P は正則行列である．また，$\boldsymbol{p}_1$, $\boldsymbol{p}_2$ の作り方より，$A\boldsymbol{p}_1 = 2\boldsymbol{p}_1$, $A\boldsymbol{p}_2 = \boldsymbol{p}_1 + 2\boldsymbol{p}_2$ であるので

$$AP = \begin{pmatrix} A\boldsymbol{p}_1 & A\boldsymbol{p}_2 \end{pmatrix} = \begin{pmatrix} 2\boldsymbol{p}_1 & \boldsymbol{p}_1 + 2\boldsymbol{p}_2 \end{pmatrix} = \begin{pmatrix} \boldsymbol{p}_1 & \boldsymbol{p}_2 \end{pmatrix} \begin{pmatrix} 2 & 1 \\ 0 & 2 \end{pmatrix} = P \begin{pmatrix} 2 & 1 \\ 0 & 2 \end{pmatrix}$$

となる．よって，$P^{-1}AP = \begin{pmatrix} 2 & 1 \\ 0 & 2 \end{pmatrix}$ である（直接計算しても確かめられる）.

問 4.27 問 4.26 の結果を利用する．$P = \begin{pmatrix} 1 & 0 \\ 2 & 1 \end{pmatrix}$ とし，$B = P^{-1}AP$ とおくと，$B = \begin{pmatrix} 2 & 1 \\ 0 & 2 \end{pmatrix}$ である．導入例題 4.17 により，$B^k = \begin{pmatrix} 2^k & k \cdot 2^{k-1} \\ 0 & 2^k \end{pmatrix}$ であるので

$$A^k = PB^kP^{-1} = \begin{pmatrix} (1-k)2^k & k \cdot 2^{k-1} \\ -k \cdot 2^{k+1} & (k+1)2^k \end{pmatrix}.$$

▶ 基本問題解答

4.1 (1) $a_{n+1} = \dfrac{4}{5}a_n + \dfrac{1}{5}b_n$, $b_{n+1} = \dfrac{1}{5}a_n + \dfrac{4}{5}b_n$ より，$C = \begin{pmatrix} \frac{4}{5} & \frac{1}{5} \\ \frac{1}{5} & \frac{4}{5} \end{pmatrix}$.

(2) $\begin{pmatrix} a_1 \\ b_1 \end{pmatrix} = \begin{pmatrix} \frac{4}{5} \\ \frac{1}{5} \end{pmatrix} = C \begin{pmatrix} 1 \\ 0 \end{pmatrix}$ であることに注意すれば，小問 (1) より

$$\begin{pmatrix} a_n \\ b_n \end{pmatrix} = C^n \begin{pmatrix} 1 \\ 0 \end{pmatrix}$$

であることがわかる．

いま，$P = \begin{pmatrix} 1 & 1 \\ -1 & 1 \end{pmatrix}$ とすれば，$P^{-1}CP = \begin{pmatrix} \frac{3}{5} & 0 \\ 0 & 1 \end{pmatrix}$ であり

$$C^n = P\begin{pmatrix} \left(\frac{3}{5}\right)^n & 0 \\ 0 & 1 \end{pmatrix} P^{-1} = \frac{1}{2}\begin{pmatrix} 1+\left(\frac{3}{5}\right)^n & 1-\left(\frac{3}{5}\right)^n \\ 1-\left(\frac{3}{5}\right)^n & 1+\left(\frac{3}{5}\right)^n \end{pmatrix}$$

である．したがって $a_n = \dfrac{1}{2}\left\{1+\left(\dfrac{3}{5}\right)^n\right\}$, $\displaystyle\lim_{n\to\infty} a_n = \frac{1}{2}$.

4.2 (1) 導入例題 4.15 によれば，$B = P^{-1}AP$ となる正則行列 P が存在するならば，A と B の特性多項式は一致する．いまの場合

$$\Phi_A(t) = (t-1)(t-2), \quad \Phi_B(t) = (t+1)(t-1)$$

であるので，このような P は存在しない．

(2) $\Phi_A(t) = \Phi_B(t) = t(t-1)(t-2)$ である．そこで，A と B を対角化する．

$$Q = \begin{pmatrix} 1 & 0 & 1 \\ 1 & 1 & 2 \\ 1 & 1 & 3 \end{pmatrix}, \quad R = \begin{pmatrix} 1 & 0 & 2 \\ 2 & 1 & 3 \\ 0 & 2 & -1 \end{pmatrix}, \quad C = \begin{pmatrix} 0 & 0 & 0 \\ 0 & 1 & 0 \\ 0 & 0 & 2 \end{pmatrix}$$

とすれば

$$Q^{-1}AQ = R^{-1}BR = C$$

となる．このとき $P = QR^{-1} = \begin{pmatrix} -3 & 2 & -1 \\ 3 & -1 & 1 \\ 7 & -3 & 2 \end{pmatrix}$ とすれば，

$B = RCR^{-1} = RQ^{-1}AQR^{-1} = (QR^{-1})^{-1}A(QR^{-1}) = P^{-1}AP$.

4.3 (1) $i = \sqrt{-1}$ とする．A の固有値は $\cos\theta \pm i\sin\theta$ である．

$\boldsymbol{p}_1 = \begin{pmatrix} i \\ 1 \end{pmatrix}$, $\boldsymbol{p}_2 = \overline{\boldsymbol{p}}_1 = \begin{pmatrix} -i \\ 1 \end{pmatrix}$ とすれば，$\boldsymbol{p}_1, \boldsymbol{p}_2$ は，それぞれ $\cos\theta + i\sin\theta$, $\cos\theta - i\sin\theta$ に対する固有ベクトルである．よって，$P = (\ \boldsymbol{p}_1 \ \ \boldsymbol{p}_2\ ) = \begin{pmatrix} i & -i \\ 1 & 1 \end{pmatrix}$ とすればよい．

(2) $0 = \overline{f(\alpha)} = \overline{a\alpha^2 + b\alpha + c} = \overline{a}\,\overline{\alpha}^2 + \overline{b}\,\overline{\alpha} + \overline{c} = a\overline{\alpha}^2 + b\overline{\alpha} + c = f(\overline{\alpha})$.

(3) 小問 (2) より，B の固有値は $u \pm vi$（$u, v \in \mathbb{R}$, $v \neq 0$）の形である．

いま，$r = \sqrt{u^2+v^2}$ とおき，$u = r\cos\theta$, $v = r\sin\theta$ となる θ を選ぶと，固有値は $r(\cos\theta \pm i\sin\theta)$ となる．$\alpha = r(\cos\theta + i\sin\theta)$ に対する固有ベクトルの 1 つを $\boldsymbol{s}$ とすると，$B\boldsymbol{s} = \alpha\boldsymbol{s}$ が成り立つ．両辺の複素共役をとれば，$B\overline{\boldsymbol{s}} = \overline{\alpha}\,\overline{\boldsymbol{s}}$ となる．そこで $S = (\ \boldsymbol{s} \ \ \overline{\boldsymbol{s}}\ )$ とおけば

$$S^{-1}BS = r\begin{pmatrix} \cos\theta + i\sin\theta & 0 \\ 0 & \cos\theta - i\sin\theta \end{pmatrix} = rP^{-1}AP$$

となる．ここで A, P は小問 (1) のものとする．そこで，$SP^{-1} = Q$ とおけば

$$Q^{-1}BQ = rA$$

が成り立つ．ここで，$P^{-1} = \dfrac{1}{2}\begin{pmatrix} -i & 1 \\ i & 1 \end{pmatrix}$ であるので

$$Q = SP^{-1} = \frac{1}{2}(\ \boldsymbol{s} \ \ \overline{\boldsymbol{s}}\ )\begin{pmatrix} -i & 1 \\ i & 1 \end{pmatrix} = \begin{pmatrix} \dfrac{\boldsymbol{s}-\overline{\boldsymbol{s}}}{2i} & \dfrac{\boldsymbol{s}+\overline{\boldsymbol{s}}}{2} \end{pmatrix}$$

であり，これは実行列である．実際，第 1 列は $\boldsymbol{s}$ の虚部，第 2 列は実部である．

4

総合問題

A.1 (1) $\mathrm{Im}(S \circ T) = \{S(T(\boldsymbol{x})) \mid \boldsymbol{x} \in V\} = \{S(\boldsymbol{y}) \mid \boldsymbol{y} \in \mathrm{Im}(T)\}$
$= \{\widetilde{S}(\boldsymbol{y}) \mid \boldsymbol{y} \in \mathrm{Im}(T)\} = \mathrm{Im}(\widetilde{S})$.

(2) 線形写像 $\widetilde{S}\colon \mathrm{Im}(T) \to V''$ に対する次元定理からしたがう不等式

$$\dim(\mathrm{Im}(T)) = \dim(\mathrm{Ker}(\widetilde{S})) + \dim(\mathrm{Im}(\widetilde{S})) \geq \dim(\mathrm{Im}(\widetilde{S}))$$

と小問 (1) をあわせれば，$\dim(\mathrm{Im}(S \circ T)) = \dim(\mathrm{Im}(\widetilde{S})) \leq \dim(\mathrm{Im}(T))$.

(3) $V = K^n$, $V' = K^m$, $V'' = K^l$ とし，$T\colon V \to V'$, $S\colon V' \to V''$ を

$$T(\boldsymbol{x}) = A\boldsymbol{x}, \quad S(\boldsymbol{y}) = B\boldsymbol{y} \quad (\boldsymbol{x} \in K^n,\ \boldsymbol{y} \in K^m)$$

と定める．このとき，次が成り立つ．

$$\dim(\mathrm{Im}(S)) = \mathrm{rank}(B), \quad \dim(\mathrm{Im}(S \circ T)) = \mathrm{rank}(BA).$$

よって，小問 (2) より $\mathrm{rank}(BA) \leq \mathrm{rank}(A)$.

(4) 小問 (3) の不等式を $A = D$, $B = C$ に対して適用することにより

$$\mathrm{rank}(CD) \leq \mathrm{rank}(D) \leq n < m$$

が得られる．CD は m 次正方行列であって，その階数が m より小さいので，CD は正則行列でない．

A.2 (1) $\mathrm{Im}(T_k) = \{T(\boldsymbol{y}) \mid \boldsymbol{y} \in \mathrm{Im}(T^k)\} = \{T(T^k(\boldsymbol{x})) \mid \boldsymbol{x} \in V\}$
$= \{T^{k+1}(\boldsymbol{x}) \mid \boldsymbol{x} \in V\} = \mathrm{Im}(T^{k+1})$.

(2) $\mathrm{Im}(T^{k+1})$ の任意の元 $\boldsymbol{z}$ をとると，ある V の元 $\boldsymbol{x}$ が存在して，$\boldsymbol{z} = T^{k+1}(\boldsymbol{x})$ をみたす．ここで，$\boldsymbol{y} = T(\boldsymbol{x})$ とおくと

$$\boldsymbol{z} = T^{k+1}(\boldsymbol{x}) = T^k(T(\boldsymbol{x})) = T^k(\boldsymbol{y})$$

となるので，$\boldsymbol{z} \in \mathrm{Im}(T^k)$ である．よって，$\mathrm{Im}(T^{k+1}) \subset \mathrm{Im}(T^k)$.

(3) $\mathrm{Ker}(T_k) = \{\boldsymbol{x} \in \mathrm{Im}(T^k) \mid T_k(\boldsymbol{x}) = \boldsymbol{0}\} = \{\boldsymbol{x} \in \mathrm{Im}(T^k) \mid T(\boldsymbol{x}) = \boldsymbol{0}\}$
$= \{\boldsymbol{x} \in V \mid T(\boldsymbol{x}) = \boldsymbol{0}$ かつ $\boldsymbol{x} \in \mathrm{Im}(T^k)\} = \{\boldsymbol{x} \in V \mid T(\boldsymbol{x}) = \boldsymbol{0}\} \cap \mathrm{Im}(T^k)$
$= \mathrm{Ker}(T) \cap \mathrm{Im}(T^k)$.

(4) 線形写像 $T_{k-1}\colon \mathrm{Im}(T^{k-1}) \to V$ に対して次元定理を適用すると

$$\dim(\mathrm{Im}(T^{k-1})) = \dim(\mathrm{Ker}(T_{k-1})) + \dim(\mathrm{Im}(T_{k-1}))$$

が得られる．ここで，小問 (1) と小問 (3) を用いると

$$\dim(\mathrm{Im}(T^{k-1})) - \dim(\mathrm{Im}(T^k)) = \dim(\mathrm{Im}(T^{k-1})) - \dim(\mathrm{Im}(T_{k-1}))$$
$$= \dim(\mathrm{Ker}(T_{k-1})) = \dim(\mathrm{Ker}(T) \cap \mathrm{Im}(T^{k-1}))$$

が得られる．写像 T_k についても同様の考察により

$$\dim(\mathrm{Im}(T^k)) - \dim(\mathrm{Im}(T^{k+1})) = \dim(\mathrm{Ker}(T) \cap \mathrm{Im}(T^k))$$

が得られる．さらに，小問 (2) より

$$\mathrm{Ker}(T) \cap \mathrm{Im}(T^{k-1}) \supset \mathrm{Ker}(T) \cap \mathrm{Im}(T^k)$$

となる．したがって

$$\begin{aligned}\dim\bigl(\mathrm{Im}(T^{k-1})\bigr)-\dim\bigl(\mathrm{Im}(T^{k})\bigr)&=\dim\left(\mathrm{Ker}(T)\cap\mathrm{Im}(T^{k-1})\right)\\ \geq\ \dim\left(\mathrm{Ker}(T)\cap\mathrm{Im}(T^{k})\right)&=\dim\bigl(\mathrm{Im}(T^{k})\bigr)-\dim\bigl(\mathrm{Im}(T^{k+1})\bigr)\end{aligned}$$

が示される．

(5) $V=K^n$ とし，$T\colon V\to V$ を

$$T\colon K^n\ni \boldsymbol{x}\mapsto T(\boldsymbol{x})=A\boldsymbol{x}\in K^n$$

により定めると，$a_k=\mathrm{rank}(A^k)=\dim\bigl(\mathrm{Im}(T^k)\bigr)$ が成り立つ．ここで，小問 (2) を用いると $a_k\geq a_{k+1}$ が得られる．よって，数列 $\{a_k\}$ は単調非増加である．また，a_k は 0 以上の整数値をとるので，k が十分大きくなると a_k は一定の値になる．さらに，小問 (4) より

$$a_{k-1}-a_k\geq a_k-a_{k+1}$$

が成り立つ．これは，問題の折れ線グラフが下に凸であることを意味する．

A.3 ピースの入っていない空の部分に，仮想的に 16 という数字をあてはめて考える．あるピース k が空の部分に移動すると，k と 16 を入れかえる互換が生じる．このとき，ピース 16 は 1 回の操作につき，上下左右いずれかの隣のコマに移動する（下図参照）．

*	*	*	*
*	*	k	*
*	*	(16)	*
*	*	*	*

⇒

*	*	*	*
*	*	(16)	*
*	*	k	*
*	*	*	*

（k を下に動かした）

状態 (C) においては，ピース 16 は右下の隅にあるが，そこから偶数回の操作ののちには，ピース 16 は次図の●の部分のどこかに存在する．また，奇数回の操作ののちには，ピース 16 は○の部分にある．1 コマ移動するごとに，ピース 16 は●と○とを交互にたどるからである．

●	○	●	○
○	●	○	●
●	○	●	○
○	●	○	●

初期状態 (B) は空のピース 16 が右下の隅にあるので，もし，状態 (C) から (B) に移すことができたとすれば，その操作を置換とみたとき，それは偶置換（符号が 1 の置換）でなければならない．

しかし，(C) から (B) へ移す置換は奇置換（符号が -1 の置換）である．パズルの制約を取り去って，単なる置換とみれば，14 と 15 の入れかえ（互換）に過ぎないからである．

これは矛盾である．したがって，状態 (C) から状態 (B) にうつすことは不可能である．

A.4 (1) A が正則であるので，$\boldsymbol{a}_1,\ldots,\boldsymbol{a}_n$ は線形独立である．$\dim\mathbb{C}^n=n$ であるので，これら n 個のベクトルは $\mathbb{C}^n$ の基底をなす．

(2) $\boldsymbol{b}_j=\displaystyle\sum_{i=1}^{n}p_{ij}\boldsymbol{a}_i$ $(1\leq j\leq n)$ と表せるが，グラム-シュミットの直交化法の構成方法により，各 $\boldsymbol{b}_j$ は $\boldsymbol{a}_1,\ldots,\boldsymbol{a}_j$ の線形結合であるので，「$i>j$ ならば $p_{ij}=0$」が成り立つことがわかる．よって，P は上三角行列である．

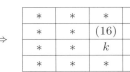

(3) $B = (\,\boldsymbol{b}_1 \quad \cdots \quad \boldsymbol{b}_n\,)$ とおくと，B は，その列ベクトルがすべてノルム 1 であり，互いに直交するので，ユニタリ行列である．さらに

$$(B \text{ の } (k,l) \text{ 成分}) = (\boldsymbol{b}_l \text{ の第 } k \text{ 成分})$$
$$= \left(\sum_{i=1}^{n} p_{il}\boldsymbol{a}_i \text{ の第 } k \text{ 成分} \right) = \sum_{i=1}^{n} a_{ki}p_{il} = (AP \text{ の } (k,l) \text{ 成分})$$

$(1 \leq k \leq n,\ 1 \leq l \leq n)$ となるので，$B = AP$ である．よって，$Q = P$ とすればよい．

A.5 (1) A が正則であるとすると，$A^2 = O$ の両辺に左から A^{-1} をかければ $A = O$ となり，$A \neq O$ という仮定に反する．

(2) A が正則でないので，ある $\mathbf{0}$ でないベクトル $\boldsymbol{x}$ に対して $A\boldsymbol{x} = \mathbf{0}$ が成り立つ．これは $\boldsymbol{x}$ が固有値 0 に対する固有ベクトルであることを意味する．

(3) α を A の固有値とすると，ある $\mathbf{0}$ でないベクトル $\boldsymbol{y}$ に対して $A\boldsymbol{y} = \alpha\boldsymbol{y}$ となる．このとき $\mathbf{0} = A^2\boldsymbol{y} = A(\alpha\boldsymbol{y}) = \alpha A\boldsymbol{y} = \alpha^2\boldsymbol{y}$ となるので，$\alpha = 0$ である．

(4) $\dim W(0) = 1$ または $\dim W(0) = 2$ である．仮に $\dim W(0) = 2$ とすると，$W(0) = \mathbb{C}^2$ である．このとき，任意の $\boldsymbol{x} \in \mathbb{C}^2$ に対して，$A\boldsymbol{x} = \mathbf{0}$ であるので，$A = O$ となり，仮定に反する．よって，$\dim W(0) = 1$ である．

(5) A が固有値を 0 しか持たず，$W(0) \neq \mathbb{C}^2$ であるので，A の固有ベクトルからなる $\mathbb{C}^2$ の基底は存在しない．よって，A は対角化不可能である．

(6) $A\boldsymbol{p}_1 = A^2\boldsymbol{p}_2 = \mathbf{0}$ である．仮に $\boldsymbol{p}_1 = \mathbf{0}$ ならば，$A\boldsymbol{p}_2 = \mathbf{0}$ より $\boldsymbol{p}_2 \in W(0)$ となり，仮定に反する．

(7) $c_1\boldsymbol{p}_1 + c_2\boldsymbol{p}_2 = \mathbf{0}$ が成り立つと仮定する．両辺に A をかければ $c_2\boldsymbol{p}_1 = \mathbf{0}$ が得られるので，$c_2 = 0$ となる．これをもとの式に代入すれば，$c_1 = 0$ も得られる．よって $\boldsymbol{p}_1, \boldsymbol{p}_2$ は線形独立である．

(8) P の 2 つの列ベクトルが線形独立であるので，P は正則である．

(9) $AP = (\,A\boldsymbol{p}_1 \quad A\boldsymbol{p}_2\,) = (\,\mathbf{0} \quad \boldsymbol{p}_1\,) = (\,\boldsymbol{p}_1 \quad \boldsymbol{p}_2\,)\begin{pmatrix} 0 & 1 \\ 0 & 0 \end{pmatrix} = P\begin{pmatrix} 0 & 1 \\ 0 & 0 \end{pmatrix}$ より

$$P^{-1}AP = \begin{pmatrix} 0 & 1 \\ 0 & 0 \end{pmatrix}.$$

索　引

た 行

な 行

は 行

著者略歴

海老原　円（えびはら　まどか）

1987年　東京大学大学院理学系研究科修士課程数学専攻修了
　　　　学習院大学理学部助手，埼玉大学理学部講師を経て
現　在　埼玉大学大学院理工学研究科准教授
　　　　博士（理学）（東京大学）
　　　　専門は代数幾何学

主要著書

『線形代数』（数学書房）
『14日間でわかる代数幾何学事始』（日本評論社）
『詳解と演習　大学院入試問題〈数学〉』（共著，数理工学社）
『例題から展開する線形代数』（サイエンス社）

ライブラリ　例題から展開する大学数学＝別巻 **1**

例題から展開する線形代数演習

2017年2月10日©　　　　初　版　発　行

著　者　海老原　円　　　　発行者　森　平　敏　孝
　　　　　　　　　　　　　印刷者　大　道　成　則

発行所　**株式会社　サ イ エ ン ス 社**

〒151-0051　東京都渋谷区千駄ヶ谷1丁目3番25号
営業　☎(03)5474–8500（代）　振替 00170–7–2387
編集　☎(03)5474–8600（代）
FAX　☎(03)5474–8900

印刷・製本　太洋社

《検印省略》

ISBN978–4–7819–1393–3

PRINTED IN JAPAN

サイエンス社のホームページのご案内
http://www.saiensu.co.jp
ご意見・ご要望は
rikei@saiensu.co.jp　まで．